高等职业教育系列教材

Linux 系统管理与服务器配置
（CentOS Stream 9/RHEL 9）

⁞ 杨琼　廖建飞　姜庆玲 ● 主编
⁞ 邱清辉　薛立强　张晖 ● 副主编
⁞ 杨　云　陈蔚　张诚　陈翊　孙金杨　沈艳洪 ● 参　编

机械工业出版社
CHINA MACHINE PRESS

本书是国家精品课程、国家级精品资源共享课和国家在线精品课程配套教材，以目前被广泛应用的 CentOS Stream 9 服务器为例，完全兼容 RHEL 9、Rocky 9。本书采用教、学、做相结合的模式，着眼应用，全面系统地介绍了 Linux 的系统管理及网络服务器配置方法与技巧。内容包括 CentOS Stream 9/RHEL 9 安装与基本配置、管理用户和组、管理文件权限、配置网络服务、配置与管理 MySQL 数据库管理系统、使用 shell 与 vim 编辑器、配置与管理 NFS 服务器、配置与管理 samba 服务器、配置与管理 DHCP 服务器、配置与管理 DNS 服务器、配置与管理 Apache 服务器、配置与管理 FTP 服务器、配置与管理电子邮件服务器。每个项目后面有"项目实训"和"练习题"。知识点微课、课堂慕课、项目实训慕课，辅以国家在线精品课程，使"教、学、做、导、考"融为一体，实现理论与实践的完美统一。

本书可作为职业本科、高职高专、中职院校计算机类相关专业的理论与实践一体化教材，也可作为网络管理人员的 Linux 系统管理、服务器维护的自学参考书。

本书配有微课视频，读者扫描书中二维码即可观看，另外，本书配有丰富的数字化教学资源，需要的教师可登录机械工业出版社教育服务网（www.cmpedu.com）免费注册，审核通过后下载，或联系编辑索取（微信：13261377872，电话：010-88379739）。

图书在版编目（CIP）数据

Linux 系统管理与服务器配置：CentOS Stream 9 / RHEL 9 / 杨琼，廖建飞，姜庆玲主编. -- 北京：机械工业出版社，2025.7. --（高等职业教育系列教材）.
ISBN 978-7-111-78667-2

Ⅰ. TP316.85

中国国家版本馆 CIP 数据核字第 2025MZ2100 号

机械工业出版社（北京市百万庄大街22号　邮政编码100037）
策划编辑：李培培　　　　　　　　　　责任编辑：李培培
责任校对：赵玉鑫　张慧敏　景　飞　　责任印制：单爱军
唐山三艺印务有限公司印刷
2025年8月第1版第1次印刷
184mm×260mm・16.5 印张・430 千字
标准书号：ISBN 978-7-111-78667-2
定价：69.00 元

电话服务　　　　　　　　　　网络服务
客服电话：010-88361066　　　机　工　官　网：www.cmpbook.com
　　　　　010-88379833　　　机　工　官　博：weibo.com/cmp1952
　　　　　010-68326294　　　金　书　网：www.golden-book.com
封底无防伪标均为盗版　　　　机工教育服务网：www.cmpedu.com

Preface 前言

"Linux 网络操作系统"既是高等院校计算机网络类专业的专业核心课,也是大数据技术、云计算技术应用等计算机类专业的专业基础课,是一门理论与实践紧密结合的"理实一体化"课程。

本书采用"项目导向、任务驱动"的"双元"模式进行编写,共包含 13 个项目,真正做到"易教易学",微课等配套教学资源丰富而实用。本书的特点如下。

（1）落实立德树人根本任务

本书精心设计,每个项目都配有"拓展阅读"（电子文档）,这些内容融入了我国计算机领域的重要事件和人物,厚植家国情怀,弘扬精益求精的专业精神、科学精神、职业精神和工匠精神,培养学生的创新意识,激发爱国热情,引导学生树立正确的世界观、人生观和价值观,努力成为德、智、体、美、劳全面发展的社会主义建设者和接班人。

（2）国家精品课程、国家级精品资源共享课和国家精品在线开放课程的配套教材

本书配有教学视频、实验视频、电子课件、电子教案、实践教学、授课计划、课程标准、题库、论坛、学习指南、习题解答、补充材料等教学资源,有需要的读者可从国家级精品资源共享课和国家精品在线开放课程网站下载。

（3）提供"教、学、做、导、考"一站式课程解决方案

本书教学资源建设获省级教学成果二等奖。本书提供"微课+3A 学习平台+共享课程+资源库"四位一体教学平台,配有知识点微课和项目实训慕课,国家级精品资源共享课程建有开放共享型资源 1321 条,国家资源库有相关资源 700 多条,为院校提供"教、学、做、导、考"一站式课程解决方案。

（4）产教融合、书证融通、课证融通,校企"双元"合作开发"理实一体化"教材

本书内容对接职业标准和岗位需求,以企业"真实工程项目"为素材进行项目设计及实施,将教学内容与 Linux 资格认证相融合,由业界专家拍摄项目实录,实现书证融通、课证融通。每个项目呈现一体化设计,全书也一脉相承进行一体化设计。

（5）符合"三教"改革精神,创新教材形态

将教材、课堂、教学资源、LEEPEE 教学法四者融合,实现线上线下有机结合,为"翻转课堂"和"混合课堂"改革奠定基础。采用"纸质教材+电子活页"的形式编写教材。

本书由杨琼、廖建飞、姜庆玲担任主编,邱清辉、薛立强、张晖担任副主编,杨云、陈蔚、张诚、陈翊、孙金杨、沈艳洪也参加了编写。特别感谢浪潮云信息技术股份公司、山东鹏森信息科技有限公司提供的教学案例,订购教材后请向编者索要全套备课包,编者 QQ 号为 3883864976（仅限教师）。欢迎加入计算机研讨 & 资源共享教师 QQ 群：774974869（仅限教师）。

编 者

目 录 Contents

前言

项目 1 CentOS Stream 9/RHEL 9 安装与基本配置 …… 1

项目导入 …… 1
知识和能力目标 …… 1
素养目标 …… 1
1.1 项目知识准备 …… 1
   1.1.1 Linux 操作系统的历史 …… 2
   1.1.2 Linux 的版权问题及特点 …… 2
   1.1.3 理解 Linux 的体系结构 …… 2
   1.1.4 Linux 的版本 …… 3
   1.1.5 CentOS Stream 9 与 RHEL 9 …… 4
1.2 项目设计与准备 …… 4
   1.2.1 项目设计 …… 5
   1.2.2 项目准备 …… 5
1.3 项目实施 …… 6
   任务 1-1 安装 VMware Workstation Pro 17 …… 6
   任务 1-2 利用虚拟机软件 VM 17 新建虚拟机 …… 7
   任务 1-3 安装 CS9 …… 11
   任务 1-4 启动 shell …… 17
   任务 1-5 使用 yum 和 dnf …… 18
   任务 1-6 系统和服务管理 …… 22
   任务 1-7 制作系统快照 …… 25
1.4 项目实训：Linux 操作系统安装与基本配置 …… 25
1.5 练习题 …… 26

项目 2 管理用户和组 …… 28

项目导入 …… 28
知识和能力目标 …… 28
素养目标 …… 28
2.1 项目知识准备 …… 28
   2.1.1 理解用户账户和组 …… 28
   2.1.2 理解用户账户文件 …… 29
   2.1.3 理解组文件 …… 31
2.2 项目设计与准备 …… 32
2.3 项目实施 …… 32
   任务 2-1 新建用户 …… 33
   任务 2-2 设置用户账户密码 …… 34
   任务 2-3 维护用户账户 …… 35
   任务 2-4 管理组 …… 38
   任务 2-5 使用 su 命令 …… 39
   任务 2-6 使用常用的账户管理命令 …… 40
2.4 企业实战与应用——账户管理实例 …… 42
2.5 项目实训：管理用户和组 …… 43
2.6 练习题 …… 43

项目 3 管理文件权限 …… 45

项目导入 …… 45
知识和能力目标 …… 45
素养目标 …… 45
3.1 项目知识准备 …… 45

3.1.1	认识文件系统	45	任务 3-2	修改文件与目录的默认权限与隐藏权限 54
3.1.2	理解 Linux 文件系统结构	46	任务 3-3	使用文件访问控制列表 58
3.1.3	理解绝对路径与相对路径	47		

3.2 项目设计与准备 …………………… 48
3.3 项目实施 …………………………… 48
　　任务 3-1 管理 Linux 文件权限 …… 48
3.4 企业实战与应用 …………………… 60
3.5 项目实训：管理文件权限 ………… 62
3.6 练习题 ……………………………… 62

项目 4　配置网络服务 …………………………………………………………… 64

项目导入 ………………………………… 64
知识和能力目标 ………………………… 64
素养目标 ………………………………… 64
4.1 项目知识准备 ……………………… 64
　　4.1.1 设置主机名 ………………… 64
　　4.1.2 CS9 中的网络配置文件 …… 66
4.2 项目设计与准备 …………………… 68
4.3 项目实施 …………………………… 69
　　任务 4-1 使用系统菜单配置网络 … 69
　　任务 4-2 使用图形界面配置网络 … 70
　　任务 4-3 使用 nmcli 命令配置网络 … 74
4.4 项目实训：配置 TCP/IP 网络接口 … 77
4.5 练习题 ……………………………… 78

项目 5　配置与管理 MySQL 数据库管理系统 …… 80

项目导入 ………………………………… 80
知识和能力目标 ………………………… 80
素养目标 ………………………………… 80
5.1 项目知识准备 ……………………… 80
　　5.1.1 数据库管理系统的特性和功能 … 81
　　5.1.2 MySQL 数据库管理系统 …… 81
5.2 项目设计与准备 …………………… 83
5.3 项目实施 …………………………… 83
　　任务 5-1 安装 MySQL …………… 83
　　任务 5-2 修改初始密码 …………… 84
　　任务 5-3 运行安全配置脚本 ……… 85
　　任务 5-4 让防火墙放行 MySQL 服务 … 87
　　任务 5-5 管理 MySQL 账户 ……… 88
　　任务 5-6 对 MySQL 账户权限的基本操作 … 89
　　任务 5-7 创建数据库与表 ………… 92
　　任务 5-8 插入表数据并验证 ……… 97
5.4 项目实训：配置与管理 MySQL 数据库管理系统 … 101
5.5 练习题 ……………………………… 101

项目 6　使用 shell 与 vim 编辑器 …………………………… 104

项目导入 ………………………………… 104
知识和能力目标 ………………………… 104
素养目标 ………………………………… 104
6.1 项目知识准备 ……………………… 104
　　6.1.1 shell 概述 …………………… 104
　　6.1.2 shell 环境变量 ……………… 106
6.2 项目设计与准备 …………………… 109
6.3 项目实施 …………………………… 109
　　任务 6-1 使用正则表达式 ………… 110
　　任务 6-2 使用输入输出重定向与管道 … 111
　　任务 6-3 编写 shell 脚本 ………… 114
　　任务 6-4 使用 vim 编辑器 ……… 117
6.4 项目实训 …………………………… 120
　　项目实训 1：shell 编程 …………… 120
　　项目实训 2：vim 编辑器 ………… 121
6.5 练习题 ……………………………… 121

V

项目 7　配置与管理 NFS 服务器 ... 123

项目导入 ... 123
知识和能力目标 ... 123
素养目标 ... 123
7.1　项目知识准备 ... 123
　7.1.1　NFS 服务概述 ... 123
　7.1.2　NFS 服务的守护进程 ... 125
7.2　项目设计与准备 ... 126
7.3　项目实施 ... 126
　任务 7-1　配置一台完整的 NFS 服务器 ... 126
　任务 7-2　在客户端挂载 NFS ... 131
　任务 7-3　了解 NFS 服务的文件存取权限 ... 133
7.4　企业 NFS 服务器实用案例 ... 134
　7.4.1　企业环境及需求 ... 134
　7.4.2　解决方案 ... 135
7.5　排除 NFS 故障 ... 139
7.6　项目实训：配置与管理 NFS 服务器 ... 140
7.7　练习题 ... 141

项目 8　配置与管理 samba 服务器 ... 143

项目导入 ... 143
知识和能力目标 ... 143
素养目标 ... 143
8.1　项目知识准备 ... 143
　8.1.1　了解 samba 应用环境 ... 144
　8.1.2　了解 SMB 协议 ... 144
8.2　项目设计与准备 ... 144
8.3　项目实施 ... 145
　任务 8-1　安装并启动 samba 服务 ... 145
　任务 8-2　了解主要配置文件 smb.conf ... 145
　任务 8-3　samba 服务的日志文件和密码文件 ... 148
　任务 8-4　user 服务器实例解析 ... 149
　任务 8-5　配置可匿名访问的 samba 服务器 ... 156
8.4　项目实训：配置与管理 samba 服务器 ... 156
8.5　练习题 ... 157

项目 9　配置与管理 DHCP 服务器 ... 159

项目导入 ... 159
知识和能力目标 ... 159
素养目标 ... 159
9.1　项目知识准备 ... 159
　9.1.1　DHCP 服务器概述 ... 159
　9.1.2　DHCP 的工作过程 ... 160
　9.1.3　DHCP 服务器分配给客户端的 IP 地址类型 ... 161
9.2　项目设计与准备 ... 161
　9.2.1　项目设计 ... 161
　9.2.2　项目准备 ... 162
9.3　项目实施 ... 163
　任务 9-1　在服务器 Server01 上安装 DHCP 服务器 ... 163
　任务 9-2　熟悉 DHCP 主配置文件 ... 163
　任务 9-3　配置 DHCP 服务器的应用实例 ... 167
9.4　项目实训：配置与管理 DHCP 服务器 ... 173
9.5　练习题 ... 175

项目 10　配置与管理 DNS 服务器 ……… 177

- 项目导入 …………………………… 177
- 知识和能力目标 …………………… 177
- 素养目标 …………………………… 177
- 10.1　项目知识准备 ……………… 177
  - 10.1.1　域名空间 ………………… 178
  - 10.1.2　域名解析过程 …………… 178
- 10.2　项目设计与准备 …………… 179
  - 10.2.1　项目设计 ………………… 179
  - 10.2.2　项目准备 ………………… 179
- 10.3　项目实施 …………………… 180
  - 任务 10-1　安装与启动 DNS …… 180
  - 任务 10-2　掌握 BIND 配置文件 … 180
  - 任务 10-3　配置主 DNS 服务器实例 … 185
  - 任务 10-4　配置缓存 DNS 服务器 … 190
  - 任务 10-5　测试 DNS 的常用命令及常见错误 …………………… 191
- 10.4　项目实训：配置与管理 DNS 服务器 ……………………… 192
- 10.5　练习题 ……………………… 193

项目 11　配置与管理 Apache 服务器 ……… 195

- 项目导入 …………………………… 195
- 知识和能力目标 …………………… 195
- 素养目标 …………………………… 195
- 11.1　项目知识准备 ……………… 195
  - 11.1.1　Web 服务概述 …………… 195
  - 11.1.2　HTTP ……………………… 196
- 11.2　项目设计与准备 …………… 196
  - 11.2.1　项目设计 ………………… 196
  - 11.2.2　项目准备 ………………… 196
- 11.3　项目实施 …………………… 196
  - 任务 11-1　安装、启动与停止 Apache 服务器 ………………… 196
  - 任务 11-2　认识 Apache 服务器的配置文件 ………………… 198
  - 任务 11-3　设置文档根目录和首页文件的实例 ……………… 200
  - 任务 11-4　用户个人主页实例 …… 202
  - 任务 11-5　虚拟目录实例 ………… 204
  - 任务 11-6　配置基于 IP 地址的虚拟主机 ………………… 205
  - 任务 11-7　配置基于域名的虚拟主机 … 206
  - 任务 11-8　配置基于端口号的虚拟主机 … 208
- 11.4　项目实训：配置与管理 Web 服务器 ……………………… 210
- 11.5　练习题 ……………………… 211

项目 12　配置与管理 FTP 服务器 ……… 213

- 项目导入 …………………………… 213
- 知识和能力目标 …………………… 213
- 素养目标 …………………………… 213
- 12.1　项目知识准备 ……………… 213
  - 12.1.1　FTP 的工作原理 ………… 213
  - 12.1.2　匿名用户 ………………… 214
- 12.2　项目设计与准备 …………… 214
- 12.3　项目实施 …………………… 215
  - 任务 12-1　安装、启动与停止 vsftpd 服务 ………………… 215
  - 任务 12-2　认识 vsftpd 的配置文件 … 216
  - 任务 12-3　配置匿名访问模式的 FTP 服务器实例 ……………… 216
  - 任务 12-4　配置本地用户认证模式的 FTP 服务器实例 ……………… 220
  - 任务 12-5　构建安全的支持虚拟用户访问的 FTP 服务器 … 225
- 12.4　项目实训：配置与管理 FTP

服务器 ……………………………… 229

项目 13 配置与管理电子邮件服务器 …………… 232

项目导入 ………………………………… 232
知识和能力目标 ………………………… 232
素养目标 ………………………………… 232
13.1 项目知识准备 …………………… 232
 13.1.1 电子邮件服务概述 …………… 232
 13.1.2 电子邮件系统的组成 ………… 233
 13.1.3 电子邮件传输过程 …………… 233
 13.1.4 与电子邮件相关的协议 ……… 234
 13.1.5 邮件中继 ……………………… 235
13.2 项目设计与准备 ………………… 236
 13.2.1 项目设计 ……………………… 236
 13.2.2 项目准备 ……………………… 236
13.3 项目实施 ………………………… 236
 任务 13-1 配置 postfix 邮件服务器 …… 236
 任务 13-2 配置 dovecot 服务程序 …… 242
 任务 13-3 配置一个完整的收发邮件
    服务器并测试 ……………… 244
 任务 13-4 使用 Cyrus-SASL 实现 SMTP
    认证 ………………………… 250
13.4 项目实训：配置与管理电子邮件
  服务器 ……………………………… 253
13.5 练习题 …………………………… 254

12.5 练习题 ……………………………… 230

参考文献 …………………………………… 256

项目 1　CentOS Stream 9/RHEL 9 安装与基本配置

项目导入

在校园网中需要部署具有 Web、FTP、DNS、DHCP、samba、VPN 等功能的服务器来为用户提供服务，现需要选择一种既安全又易于管理的网络操作系统。Linux 由于其开源、稳定的性能越来越受到用户的欢迎，本书的核心内容是 CentOS Stream 9（简称 CS9）操作系统的安装、配置与使用。本项目将主要介绍安装与配置 CS9 的相关知识和基本技能。通过该项目的学习，学生应达到以下学习目标和要求。

知识和能力目标

- 理解 Linux 操作系统的体系结构。
- 掌握搭建 CentOS Stream 9/RHEL 9 服务器的方法。
- 掌握登录、退出 Linux 服务器的方法。

- 掌握 systemd 初始化进程服务的方法。
- 掌握 yum 软件仓库的使用方法。
- 掌握启动和退出系统的方法。

素养目标

- 了解核高基和国产操作系统，理解自主可控对于我国的重大意义，培养学生的民族自豪感与爱国情怀，培养科技认知素养与自主创新精神。

- 明确操作系统在新一代信息技术中的重要地位，激发科技报国的家国情怀和使命担当。

1.1　项目知识准备

Linux 是一个类似 UNIX 的操作系统。Linux 操作系统是 UNIX 在计算机上的完整实现，它的标志是一个名为 Tux 的可爱小企鹅形象，如图 1-1 所示。UNIX 操作系统是 1969 年由肯·莱恩·汤普森（Kenneth Lane Thompson）和丹尼斯·里奇（Dennis Ritchie）在美国贝尔实验室开发的。由于其良好且稳定的性能，该操作系统迅速在计算机中得到广泛应用，在随后的几十年中又不断地被改进。

图 1-1　Linux 的标志 Tux

1.1.1　Linux 操作系统的历史

1991 年，芬兰人莱纳斯·贝内迪克特·托瓦尔兹（Linus Benedict Torvalds）（以下简称莱纳斯）接触了为教学而设计的 Minix 系统后，开始着手开发一个开放的、与 Minix 系统兼容的操作系统。
1991 年 10 月 5 日，莱纳斯在芬兰赫尔辛基大学的一台文件传输协议（File Transfer Protocol，FTP）服务器上发布了一个消息。这标志着 Linux 操作系统的诞生。莱纳斯公布了第一个 Linux 的内核 0.02 版本。刚开始，莱纳斯的兴趣在于了解操作系统的运行原理，因此 Linux 早期的版本并没有考虑最终用户的使用，只是提供了最核心的框架，使得 Linux 开发人员可以享受编制内核的乐趣，但这样也保证了 Linux 操作系统内核的强大与稳定。互联网（Internet）的兴起，使得 Linux 操作系统也十分迅速地发展起来，很快就有许多程序员加入 Linux 操作系统的编写行列。

随着编程小组的扩大和完整操作系统基础软件的出现，Linux 开发人员认识到，Linux 已经逐渐变成一个成熟的操作系统。1994 年 3 月，内核 1.0 版本的推出，标志着 Linux 第一个正式版本诞生。

1.1.2　Linux 的版权问题及特点

1. Linux 的版权问题

Linux 是基于 Copyleft（非盈利版权）的软件模式进行发布的。其实 Copyleft 是与 Copyright（版权所有）相对立的新名称，它是 GNU 项目制定的通用公共许可证（General Public License，GPL）。GNU 项目是由理查德·斯托尔曼（Richard Stallman）于 1984 年提出的。他建立了自由软件基金会（Free Software Foundation，FSF），并提出 GNU 计划的目的是开发一个完全自由的、与 UNIX 类似但功能更强大的操作系统，以便为所有的计算机用户提供一个功能齐全、性能良好的基本系统。GNU 的标志（角马）如图 1-2 所示。

图 1-2　GNU 的标志（角马）

> **小资料**
>
> GNU 这个名字使用了有趣的递归缩写，它是"GNU's Not UNIX"的缩写形式。由于递归缩写是一种在全称中递归引用自身的缩写，因此无法精确地解释出它的真正全称。

2. Linux 操作系统的特点

Linux 操作系统作为一个自由、开放的操作系统，其发展势不可当。它拥有高效、安全、稳定，支持多种硬件平台，用户界面友好，网络功能强大，以及支持多任务、多用户等特点。

1.1.3　理解 Linux 的体系结构

Linux 一般由 3 个部分组成：内核（Kernel）、命令解释层（shell 或其他操作环境）、实用工具。

1. 内核

内核是系统的"心脏"，是运行程序、管理磁盘及打印机等硬件设备的核心程序。由于内核提供的都是操作系统最基本的功能，所以如果内核发生问题，那么整个计算机系统就可能会崩溃。

2. 命令解释层

shell 是系统的用户界面，提供用户与内核进行交互的接口。它接收用户输入的命令，并且将命令送入内核去执行。

命令解释层在操作系统内核与用户之间提供操作界面，可以称其为一个解释器。操作系统对用户输入的命令进行解释，再将其发送到内核。Linux 存在几种操作环境，分别是桌面（desktop）、窗口管理器（window manager）和命令行 shell（command line shell）。Linux 操作系统中的每个用户都可以拥有自己的用户操作界面，即根据自己的需求进行定制。

shell 也是一个命令解释器，解释由用户输入的命令，并把命令送到内核。不仅如此，shell 还有自己的编程语言，可用于命令的编辑，它允许用户编写由 shell 命令组成的程序。shell 编程语言具有普通编程语言的很多特点，例如，它也有循环和分支控制等结构。用这种编程语言编写的 shell 程序与其他应用程序具有同样的效果。

3. 实用工具

标准的 Linux 操作系统都有一套叫作实用工具的程序，它们是专门的程序，如编辑器、执行标准的计算操作等。用户也可以使用自己的工具。

实用工具可分为以下 3 类。
- 编辑器：用于编辑文件。
- 过滤器：用于接收数据并过滤数据。
- 交互程序：允许用户发送信息或接收来自其他用户的信息。

1.1.4 Linux 的版本

Linux 的版本分为内核版本和发行版本两种。

1. 内核版本

内核提供了一个在设备与应用程序之间的抽象层。例如，程序本身不需要了解用户的主板芯片集或磁盘控制器的细节就能在高层次上读/写磁盘。

内核的开发和规范一直由莱纳斯领导的开发小组控制着，版本也是唯一的。开发小组每隔一段时间会公布新的版本或其修订版，从 1991 年 10 月莱纳斯向世界公开发布的内核 0.0.2 版本（0.0.1 版本功能相当"简陋"，所以没有公开发布），到目前最新的内核版本，Linux 的功能越来越强大。

Linux 内核的版本命名是有一定规则的，版本号的格式通常为"主版本号.次版本号.修正号"。主版本号和次版本号标志着重要的功能变更，修正号表示较小的功能变更。以 2.6.12 为例，2 代表主版本号，6 代表次版本号，12 代表修正号。读者可以到 Linux 内核官方网站下载最新的内核代码，如图 1-3 所示。

2. 发行版本

仅有内核而没有应用软件的操作系统是无法使用的，所以许多公司或社团将内核、源代码及相关的应用程序组织成一个完整的操作系统，让一般的用户可以简便地安装和使用，这就是所谓的发行版（Distribution）。一般讨论的 Linux 操作系统便是针对这些发行版的。目前各种发行版超过 300 种，它们的发行版本号各不相同，使用的内核版本号也可能不一样，现在流行的

Linux 操作系统套件有 RHEL、CentOS、Fedora、openSUSE、Debian、Ubuntu 等。

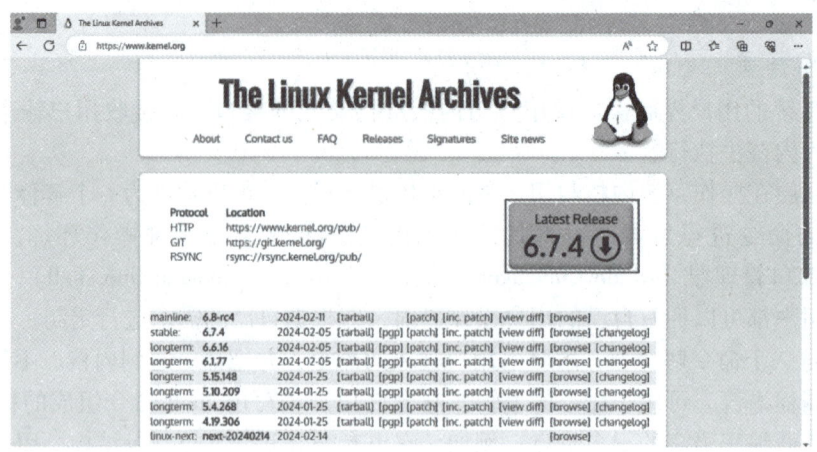

图 1-3 Linux 内核官方网站

本书是基于 CentOS Stream 9 编写的，书中内容及实验完全通用于 RHEL、Fedora 等系统，也基本适用于基于 openEuler 的麒麟 V10 高级服务器操作系统和统信 V20 服务器操作系统。也就是说，当学完本书后，即便公司内的生产环境部署的是 RHEL、麒麟 V10 高级服务器操作系统、统信 V20 服务器操作系统，也照样可以使用。更重要的是，本书也适合备考红帽认证的考生使用。

1.1.5 CentOS Stream 9 与 RHEL 9

CentOS Stream 9（CS9）是 CentOS 项目的一个"持续交付"的发行版，旨在作为 Red Hat Enterprise Linux（RHEL）的上游，提供最新的软件包和更新。

Red Hat Enterprise Linux 9（RHEL 9）是红帽公司于 2022 年 5 月发布的正式版操作系统，可以满足各种特殊用例，如边缘计算和系统应用产品（System Applications and Products，SAP）工作负载。

CentOS Stream 9 从 Fedora Linux 的稳定版本开始，使用与 RHEL 相同的代码库。CentOS Stream 9 与 RHEL 9 是紧密相关的，它们共享相同的代码库和构建流程，确保了二者在稳定性上保持一致。

CentOS Stream 被定位为 RHEL 的"持续交付"版本，意味着开源社区中的开发者可以将代码贡献给 CentOS Stream 和 RHEL，经过相同的质量保证体系后，这些代码会在 CentOS Stream 和 RHEL 中分别发布。CentOS Stream 9 和 RHEL 9 在代码层面是完全一致的，尽管 RHEL 可能还会有 9.1、9.2、9.3 等后续版本，但 CentOS Stream 9 对应的是 RHEL 的稳定版，即 RHEL 9。

1.2 项目设计与准备

中小型企业在选择网络操作系统时，首选企业版 Linux 网络操作系统，一是由于其开源的优势，二是考虑到其安全性较高。

要想成功安装 Linux，首先必须对硬件基本配置、硬件兼容性、

慕课 1-2 安装与基本配置 CentOS Stream 9

项目 1　CentOS Stream 9/RHEL 9 安装与基本配置

多重引导、磁盘分区和安装方式等进行充分准备，并获取发行版、查看硬件是否兼容，再选择适合的安装方式。只有做好这些准备工作，Linux 安装之旅才会一帆风顺。

1.2.1　项目设计

本项目需要的设备和软件如下。
- 1 台安装了 Windows 10 操作系统的计算机，名称为 Win10-1，互联网协议（Internet Protocol，IP）地址为 192.168.10.31/24。
- 1 套 CentOS Stream 9 的映像文件。
- 1 套 VMware Workstation 17 Pro 软件。

 特别说明

　　原则上，本书中服务器可使用的 IP 地址范围是 192.168.10.1/24～192.168.10.10/24。Linux 客户端可使用的 IP 地址范围是 192.168.10.20/24～192.168.10.30/24，Windows 客户端可使用的 IP 地址范围是 192.168.10.30/24～192.168.10.50/24。

本项目借助虚拟机软件完成如下 3 项任务。
- 安装 VMware Workstation。
- 安装 CentOS Stream 9 第一台虚拟机，名称为 Server01。
- 完成对 Server01 的基本配置。

1.2.2　项目准备

CentOS Stream 9 支持目前绝大多数主流的硬件设备，不过由于硬件配置、规格更新极快，若想知道自己的硬件设备是否被 CentOS Stream 9 支持，最好去访问硬件认证网页，查看哪些硬件通过了 CentOS Stream 9 的认证。

1. 多重引导

Linux 和 Windows 的多重引导（多系统引导）有多种实现方式，常用的有 3 种。

在这 3 种实现方式中，目前用户使用最多的是通过 Linux 的 GRand Unified Bootloader（GRUB）或者 Linux 引导程序（LInux Loader，LILO）实现 Windows、Linux 多重引导。

2. 安装方式

任何硬盘在使用前都要进行分区。硬盘的分区有两种类型：主分区和扩展分区。CentOS Stream 9 提供了多达 4 种安装方式支持，可以从只读光盘（Compact Disc Read-Only Memory，CD-ROM）/高密度数字视频光盘（Digital Video Disc，DVD）启动安装、从硬盘安装、从 NFS 服务器安装或者从 FTP/HTTP 服务器安装。

3. 规划分区

在启动 CentOS Steam 9 安装程序前，需根据实际情况准备 CS9 DVD 安装映像，同时要进行分区规划。

对于初次接触 Linux 的用户来说，分区方案越简单越好，所以最好的选择就是为 Linux 准备 3 个分区，即用户保存系统和数据的根分区（/）、启动分区（/boot）和交换分区（swap）。其中，交换分区不用太大，与物理内存同样大小即可；启动分区用于保存系统启动时所需要的文件，一般 500 MB 就够了；根分区则需要根据 Linux 操作系统安装后占用资源的大小和所需保存数据的多少来调整大小（一般情况下，划分 15~20 GB 就足够了）。

特别注意

如果选择的固件类型为"UEFI"，则 Linux 操作系统至少需要建立 4 个分区：根分区、启动分区、EFI 启动分区（/boot/efi）和交换分区。

Linux 服务器常见分区方案如图 1-4 所示：一般会再创建一个/usr 分区，操作系统基本都在这个分区中；一个/home 分区，所有的用户信息都在这个分区下；还有/var 分区，服务器的登录文件、邮件、Web 服务器的数据文件都会放在这个分区中。

挂载点	设备	说明
/	/dev/sda1	10GB，主分区
/home	/dev/sda2	8GB，主分区
/boot	/dev/sda3	500MB，主分区
swap	/dev/sda5	4GB（内存的 2 倍）
/var	/dev/sda6	8GB，逻辑分区
/usr	/dev/sda7	8GB，逻辑分区

图 1-4　Linux 服务器常见分区方案

特别注意

该分区方案是基于传统的 MBR 分区的，每块硬盘最多可以分为 4 个分区。如果采用 GPT 分区，则最多可划分 128 个分区，不再分主分区和逻辑分区。

下面开始实施本项目的任务。

1.3　项目实施

任务 1-1　安装 VMware Workstation Pro 17

1. 下载 VMware Workstation Pro 17（简称 VM17）安装软件

访问 VMware 官方网站，在产品页面中找到 VMware Workstation Pro 17 或相关版本。接着单击"现在安装"按钮或相应的下载按钮，开始下载 VM17 的安装程序。

2. 安装

等待下载完成后，在文件夹中找到安装程序。双击安装程序，准备开始安装。

1）单击"下一步"按钮开始安装流程。

2）仔细阅读许可协议，并勾选"我接受许可协议中的条款"，然后单击"下一步"按钮。

3）选择是否安装"增强型键盘驱动程序"，此选项可提升虚拟机的键盘使用体验，建议勾选。

4）根据个人需求，选择性勾选其他附加组件或特性，然后单击"下一步"按钮。

5）选择需要创建的快捷方式，便于日后快速启动 VMware Workstation。

6）确认安装信息无误后，单击"安装"按钮开始正式安装。

7）等待安装完成后，单击"完成"按钮。

8）如果系统提示重新启动，则根据提示进行操作。

9）重启后，双击桌面上的"VMware Workstation Pro"图标，启动 VMware Workstation Pro 17。

3. 激活或试用

启动后，可以选择输入许可证密钥以激活软件，享受全部功能。如果没有许可证密钥，也可以选择试用 VMware Workstation Pro 17，通常有 30 天的试用期。

注意

安装过程中可能会遇到需要管理员权限的提示，请确保以管理员身份运行安装程序。此外，安装前最好关闭安全软件，以免误报或阻止安装程序的正常运行。如果遇到任何问题，建议查阅 VMware 的官方文档或寻求社区支持。

成功安装 VMware Workstation Pro 17 后的界面如图 1-5 所示。

图 1-5　虚拟机软件 VMware Workstation Pro 17 的管理界面

任务 1-2　利用虚拟机软件 VM 17 新建虚拟机

成功安装 VM 17 后，接下来就可以新建虚拟机了。

1）在图 1-5 所示的 VMware 界面上，单击"创建新的虚拟机"按钮或选择"文件"→"新建虚拟机"选项，出现图 1-6 所示的"新建虚拟机向导"欢迎界面。

2）在此界面中推荐选择"典型（推荐）（T）"选项以快速设置虚拟机，或者选择"自定义（高级）（C）"选项进行更详细的配置。

3）单击"下一步"按钮，出现图 1-7 所示的界面。

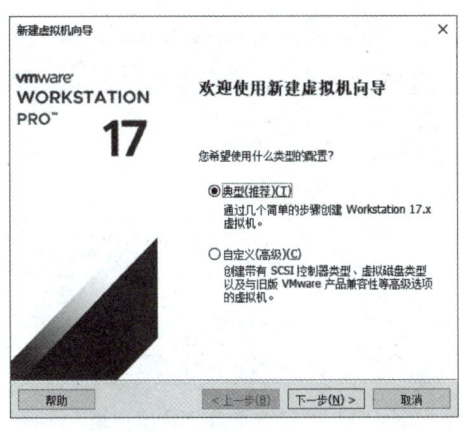

图 1-6　"新建虚拟机向导"欢迎界面

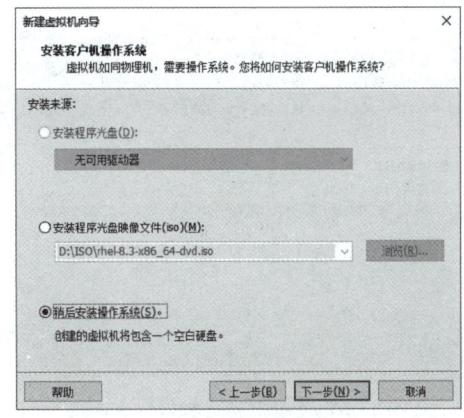

图 1-7　"安装客户机操作系统"界面

4）在"安装客户机操作系统"界面中有 3 个选项，其中，"安装程序光盘映像文件（iso）（M）"类似 Windows 的无人值守安装，如果不希望执行无人值守安装，请选择第 3 项

"稍后安装操作系统（S）"选项（强烈推荐选择本项）。然后继续单击"下一步"按钮，出现如图 1-8 所示的界面。

5）在"客户机操作系统"中选择"Linux（L）"选项，在"版本"栏中选择"Red Hat Enterprise Linux 9 64 位"选项（其中没有 CS9 的选项，以 RHEL 9 选项替代，完全兼容），然后继续单击"下一步"按钮，出现图 1-9 所示的"命名虚拟机"界面。

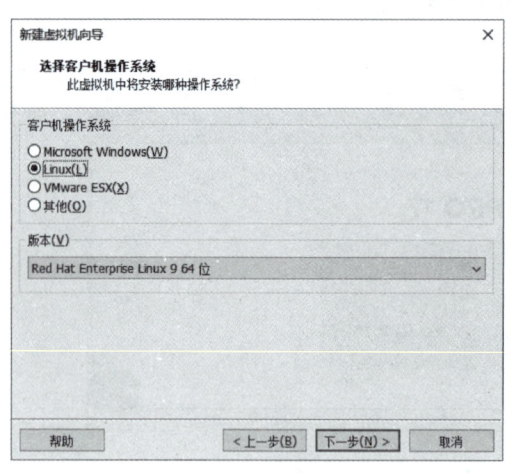 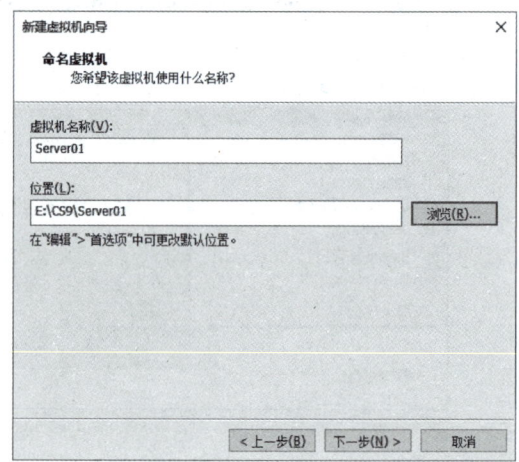

图 1-8 "选择客户机操作系统"界面　　　　图 1-9 "命名虚拟机"界面

6）在"命名虚拟机"界面输入虚拟机名称，本例为 Server01，再单击"浏览"按钮，选择安装位置"E:\CS9\Server01"（请提前创建好该文件夹，不建议使用默认安装文件夹）后继续单击"下一步"按钮，出现如图 1-10 所示的界面。

7）在"指定磁盘容量"界面，将虚拟机的"最大磁盘大小"的值设置为 100.0 GB（默认 20 GB），然后继续单击"下一步"按钮，出现图 1-11 所示的"已准备好创建虚拟机"界面，在该界面中单击"自定义硬件"按钮，出现图 1-12 所示的"硬件"界面。

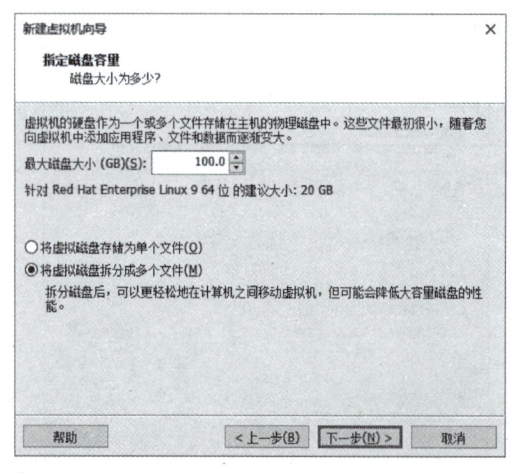 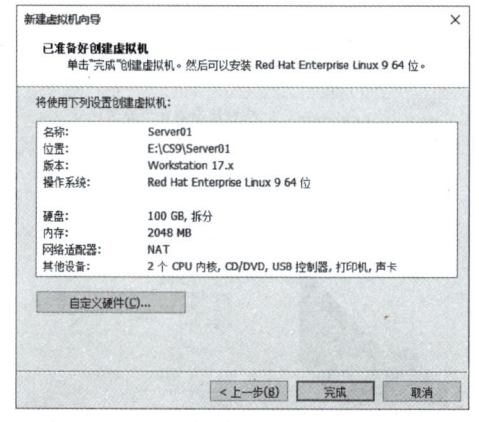

图 1-10 "指定磁盘容量"界面　　　　图 1-11 "已准备好创建虚拟机"界面

8）在图 1-12 所示的"硬件"界面中，可以设置"内存""处理器""新 CD/DVD（SATA）""网络适配器"等选项。在本例中，将"内存"设置为 2 GB，将"处理器内核总数"设置为 8，并开启 CPU 的虚拟化功能，如图 1-13 所示。

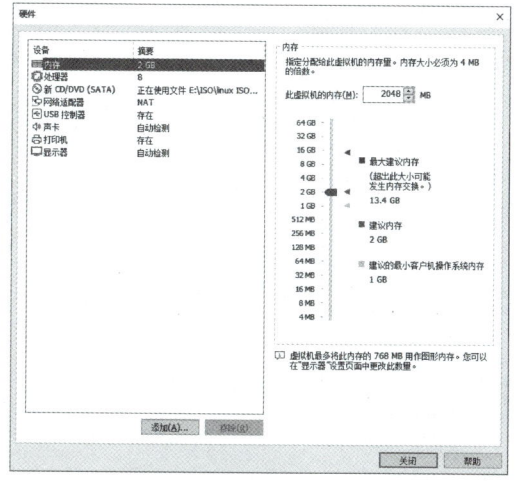

图 1-12 设置虚拟机的内存界面

图 1-13 设置虚拟机的处理器内核总数界面

9）设置"新 CD/DVD（SATA）"选项，请定位并选择已下载的 CS9 ISO 映像文件，如图 1-14 所示。

10）接下来设置"网络适配器"选项。该选项有 3 类，一般情况下，建议选择"仅主机模式（H）：与主机共享的专用网络"，这样可以不受其他同学实训的影响，如图 1-15 所示。

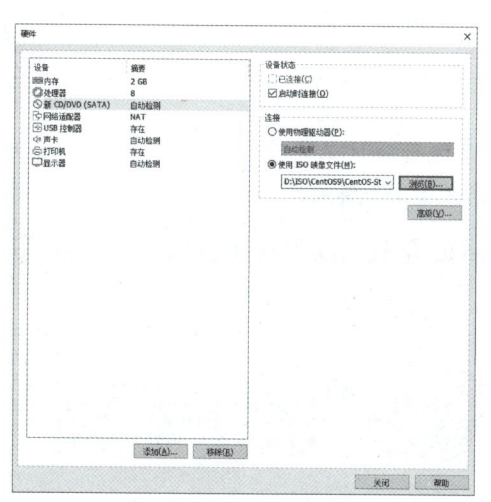

图 1-14 设置虚拟机的 CS9 ISO 映像界面

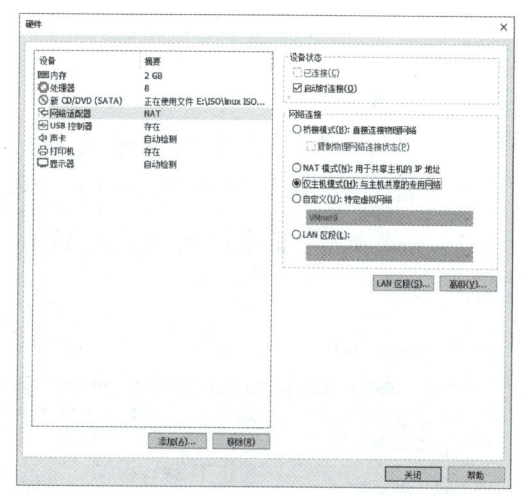

图 1-15 设置虚拟机的网络适配器界面

- 桥接模式：虚拟机直接连接路由器，与物理机处于对等地位。虚拟机相当于一台完全独立的计算机，会占用局域网本网段的一个 IP 地址，并且可以和网段内其他终端进行通信，相互访问。桥接模式虚拟机网卡对应的虚拟机中的网卡名称为 VMnet0。
- NAT 模式：虚拟机借助物理机进行路由器联网。虚拟机与宿主机网络信息可以不一致，这样会节省公用 IP。虚拟机通过 VMware 产生的虚拟路由器连接到 Windows 主机上的网卡，然后和外界进行通信。NAT 模式虚拟机网卡对应的网卡名称是 VMnet8。
- 仅主机模式：虚拟主机网络只能和宿主机或本宿主机内的其他虚拟主机建立通信。仅主机模式虚拟机网卡对应的虚拟机中的网卡名称为 VMnet1。

11）依次单击"关闭"→"完成"按钮。

12）右击刚刚新建的虚拟机 Server01，执行"设置"命令，在打开的"虚拟机设置"对话框中单击"选项"标签，再执行高级设置，根据实际情况选择固件类型（本书选择 UEFI 模式），如图 1-16 所示。

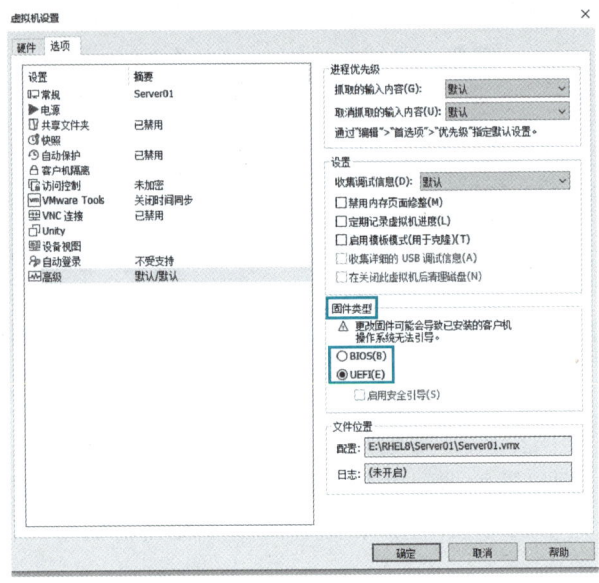

图 1-16　虚拟机的高级设置界面

特别注意

若固件类型选择了 UEFI 模式，则对固态硬盘进行分区必须使用 GPT 分区。这一点非常重要！安装 CentOS Stream 9 时，固件类型采用 UEFI 模式。

13）接着单击"确定"按钮，出现图 1-17 所示的界面，说明新建虚拟机的任务顺利完成。

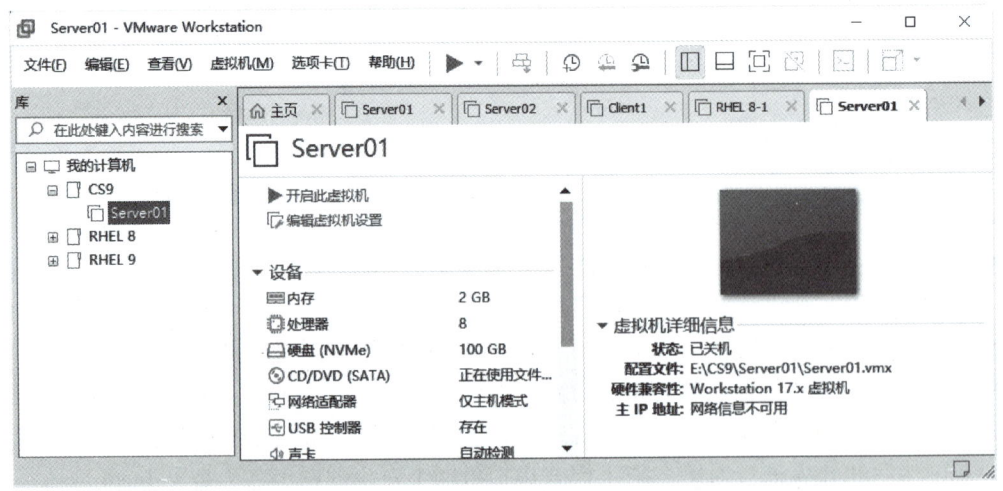

图 1-17　虚拟机配置成功的界面

小知识

① 可扩展固件接口（Unified Extensible Firmware Interface，UEFI）启动需要一个独立的分区，它将系统启动文件和操作系统本身隔离，可以更好地保护系统的启动。

② UEFI 启动方式支持的硬盘容量更大。传统的基本输入输出系统（Basic Input Output System，BIOS）启动由于受主引导记录（Master Boot Record，MBR）的限制，默认无法引导 2.1 TB 以上的硬盘。随着硬盘价格的不断下降，2.1 TB 以上的硬盘会逐渐普及，因此 UEFI 启动也是今后主流的启动方式。

③ 本书主要采用 UEFI 启动，但在某些关键点会同时讲解两种方式，请读者学习时注意。

任务 1-3　安装 CS9

首先要注意，在安装 CS9 时，要确保计算机 CPU 的虚拟化技术（Virtualization Technology，VT）支持功能已经打开。虚拟化技术允许在单个物理机上运行多个虚拟机，从而提高硬件利用率和灵活性。

1. 打开 CPU 虚拟化技术

以下是在 BIOS 或 UEFI 设置中打开 CPU 虚拟化技术的一般步骤（请注意，具体步骤可能因计算机型号和 BIOS/UEFI 版本而异）。

1）重新启动计算机，并在启动时按下适当的键（如<F2>、<F10>、<Del>或<Esc>等）以进入 BIOS/UEFI 设置。

2）在 BIOS/UEFI 设置菜单中，找到与虚拟化技术相关的选项。该选项通常被标记为"Intel Virtualization Technology"（Intel VT-x）或"AMD-V"（对于 AMD 处理器）。

3）将该选项设置为"Enabled"（启用）状态。通常可以通过使用键盘上的箭头键选择该选项，然后按<Enter>键进入子菜单或使用空格键切换开关状态来完成。

4）保存并退出 BIOS/UEFI 设置。通常可以通过选择"Save and Exit"或"Exit Saving Changes"等选项来完成。完成后，计算机将重新启动，并应用新的设置。

一旦 CPU 虚拟化技术被启用，就可以继续安装 CS9。在安装过程中，确保选择支持虚拟化的安装选项（例如，选择适当的虚拟机设置或启用 KVM 虚拟化支持）。

注意，如果不确定如何打开 CPU 虚拟化技术或遇到任何困难，请查阅计算机或主板的文档，或联系计算机制造商的技术支持团队以获取帮助。

2. 安装完整的 CS9 系统

下面来安装一个完整的 CS9 系统，其步骤如下。

1）在虚拟机管理界面中单击"开启此虚拟机"按钮后，短短几秒内就可看到 CS9 安装界面，如图 1-18 所示。在界面中，"Test this media & install CentOS Stream 9"选项用于在确认光盘完整性后进行安装，而"Troubleshooting"选项则用于启动救援模式。此时使用方向键选择"Install CentOS Stream 9"选项，即可直接安装 Linux 操作系统。

2）接下来按<Enter>键，开始加载安装映像，所需时间为 30~300 s，请耐心等待。选择系统的安装语言（简体中文）后单击"继续"按钮，如图 1-19 所示。

3）在图 1-20 所示的安装信息摘要界面，"软件选择"保留系统默认值，不必更改。在 CS9 的软件定制界面中，用户可以根据需求来调整系统的基本环境，例如，可以把 Linux 操作系统作为基础服务器、文件服务器、Web 服务器或工作站等。CS9 已默认选中"Server with GUI"单选按钮（如果不选中此单选按钮，则无法进入图形界面），如图 1-21 所示，可以不做任何更改。然后单击"软件选择"按钮即可。

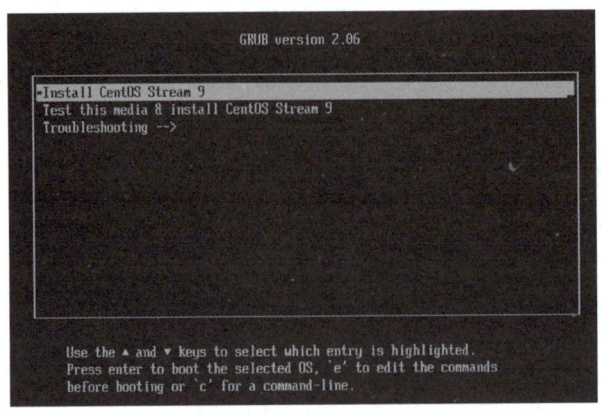

图 1-18　RHEL 9 安装界面

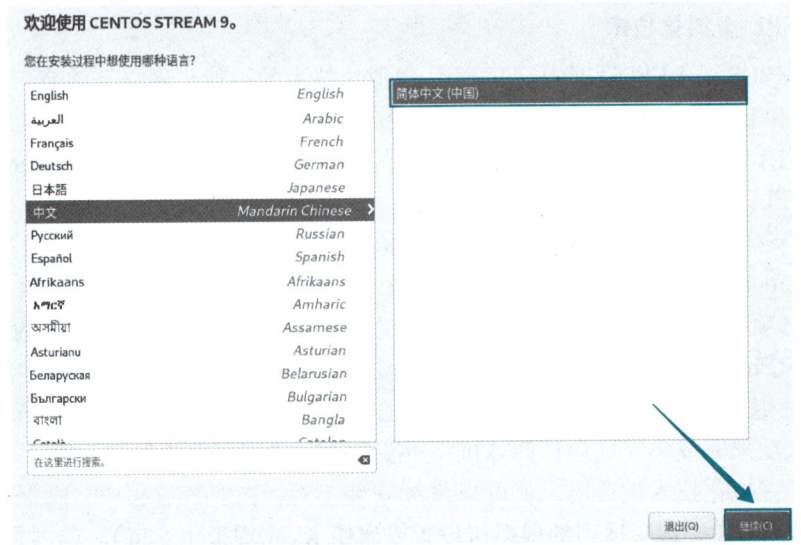

图 1-19　选择系统的安装语言界面

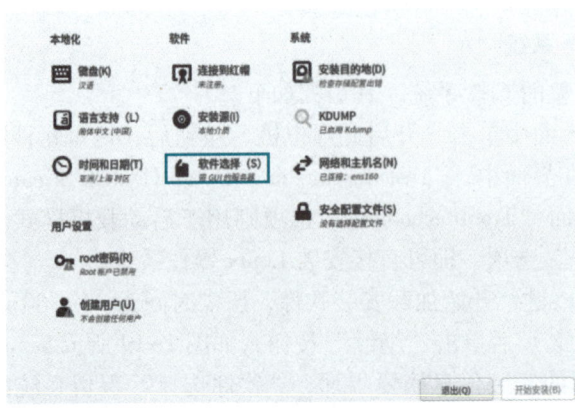

图 1-20　安装信息摘要界面

4）单击"完成"按钮返回 CS9 安装信息摘要界面，选择"网络和主机名"选项后，将"主机名"设置为 Server01，将以太网连接改成"打开"状态，然后单击左上角的"完成"按钮，如图 1-22 所示。

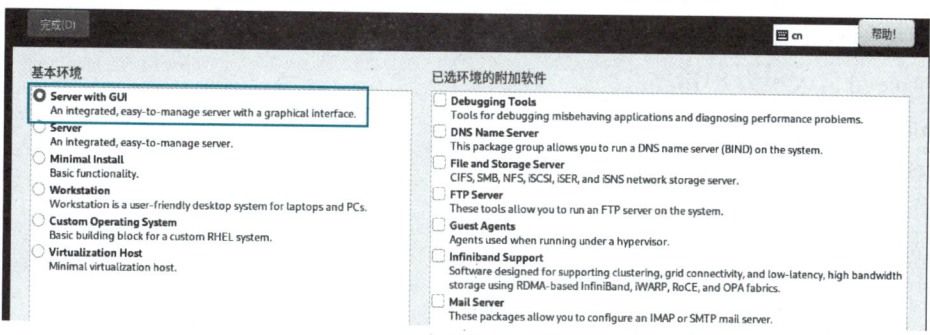

图 1-21　软件选择界面

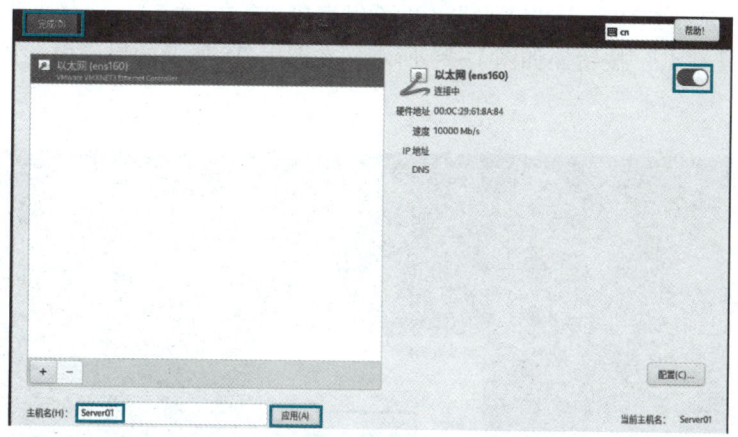

图 1-22　配置网络和主机名界面

5）返回 CS9 安装信息摘要界面，选择"时间和日期"选项，设置时区为亚洲/上海，单击"完成"按钮。

6）返回 CS9 安装信息摘要界面，选择"安装目的地"选项后，单击"自定义"按钮，然后单击左上角的"完成"按钮，如图 1-23 所示。

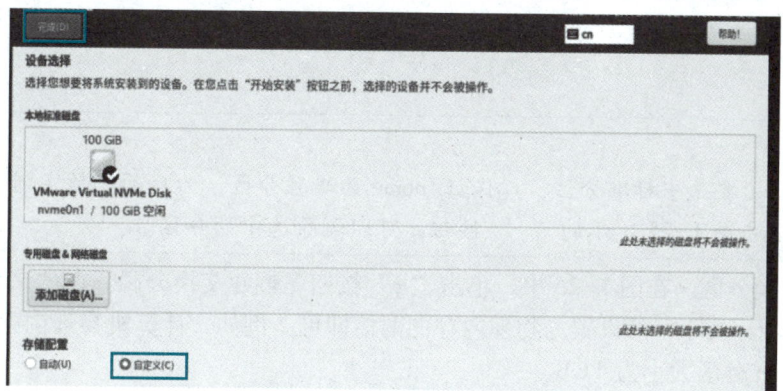

图 1-23　安装目标位置界面

7）开始配置分区。磁盘分区允许用户将一个磁盘划分成几个单独的部分，每一部分都有自己的盘符。在分区之前，首先规划分区，以 100 GB 硬盘为例，做如下规划。

- /boot 分区大小为 500 MB。
- /boot/efi 分区大小为 500 MB。
- /分区大小为 10 GB。
- /home 分区大小为 8 GB。
- swap 分区大小为 4 GB。
- /usr 分区大小为 8 GB。
- /var 分区大小为 8 GB。
- /tmp 分区大小为 1 GB。
- 预留 60 GB。

下面进行具体分区操作。

① 创建启动分区。在"新挂载点将使用以下分区方案"下拉列表框中选择"标准分区"。单击"+"按钮，选择挂载点为"/boot"（也可以直接输入挂载点），容量大小设置为 500 MB，然后单击"添加挂载点"按钮，如图 1-24 所示。在图 1-25 所示的界面中设置文件系统类型，默认为"xfs"。

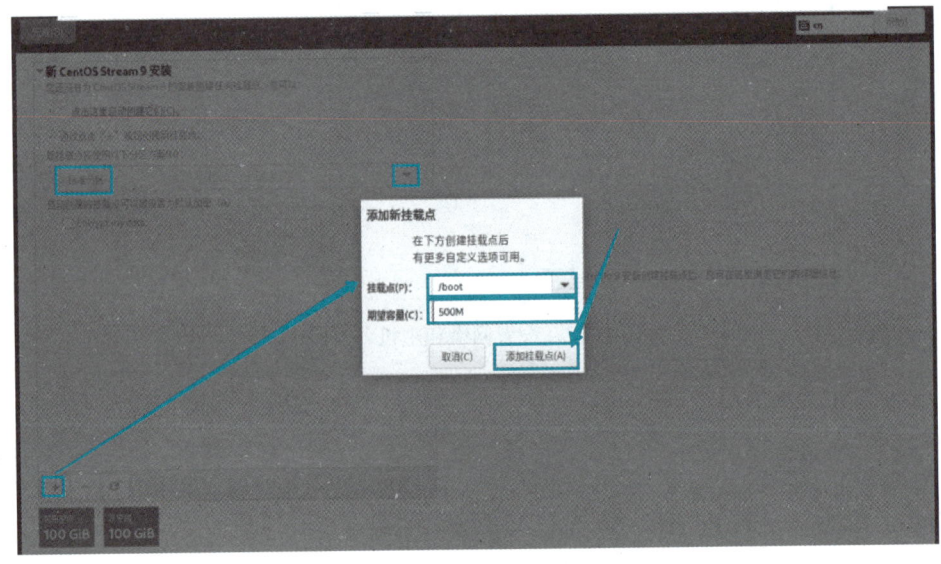

图 1-24　添加/boot 挂载点

 注意

a）一定要选中标准分区，以保证/home 为单独分区，为后面配额实训做必要准备。
b）单击图 1-25 所示的"-"按钮，可以删除选中的分区。

② 创建交换分区。在图 1-25 中，单击"+"按钮，创建交换分区。在"文件系统"中选择"swap"选项，大小一般设置为物理内存的两倍即可。例如，计算机物理内存大小为 2 GB，那么设置的 swap 分区大小为 4 GB。

项目 1 CentOS Stream 9/RHEL 9 安装与基本配置

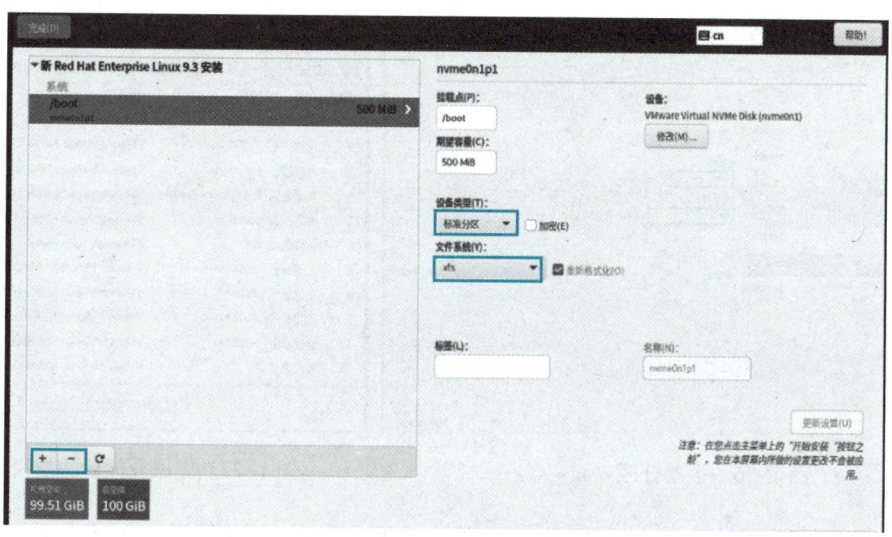

图 1-25 设置/boot 挂载点的文件系统类型

 说明

什么是 swap 分区？简单地说，swap 分区就是虚拟内存分区，它类似于 Windows 的 PageFile.sys 页面交换文件。就是当计算机的物理内存不够时，利用硬盘上的指定空间作为"后备军"来动态扩充内存大小。

③ 创建 EFI 启动分区。用与上面类似的方法创建 EFI 启动分区，大小为 500 MB。

④ 创建根分区。用与上面类似的方法创建根分区，大小为 10 GB。

⑤ 用与上面类似的方法创建/home 分区（大小为 8 GB）、/usr 分区（大小为 8 GB）、/var 分区（大小为 8 GB）、/tmp 分区（大小为 1 GB）。文件系统类型全部设置为"xfs"，设备类型全部设置为"标准分区"。设置完成如图 1-26 所示。

 特别注意

a）不可与根分区分开的目录是/dev、/etc、/sbin、/bin 和/lib。系统启动时，核心只载入一个分区，那就是根分区，核心启动要加载/dev、/etc、/sbin、/bin 和/lib 5 个目录的程序，所以以上几个目录必须和根目录在一起。

b）考虑安全性和管理方便，最好将以上/home、/usr、/var 和/tmp 目录独立出来。例如，在 samba 服务中，/home 目录可以配置磁盘配额；在 postfix 服务中，/var 目录可以配置磁盘配额。

⑥ 单击左上角的"完成"按钮，如图 1-27 所示。

本例中，/home 使用了独立分区/dev/nvme0n1p4。分区号与分区顺序有关。

 注意

对于非易失性存储器标准（Non-Volatile Memory Express，NVMe）硬盘要特别注意，这是一种固态硬盘。由于使用了 UEFI 启动，所以固态硬盘的分区采用 GPT 分区。/dev/nvme0n1 表示第 1 个 NVMe 硬盘，/dev/nvme0n2 表示第 2 个 NVMe 硬盘，而/dev/nvme0n1p1 表示第 1 个 NVMe 硬盘的第 1 个分区，/dev/nvme0n1p5 表示第 1 个 NVMe 硬盘的第 5 个分区，以此类推。

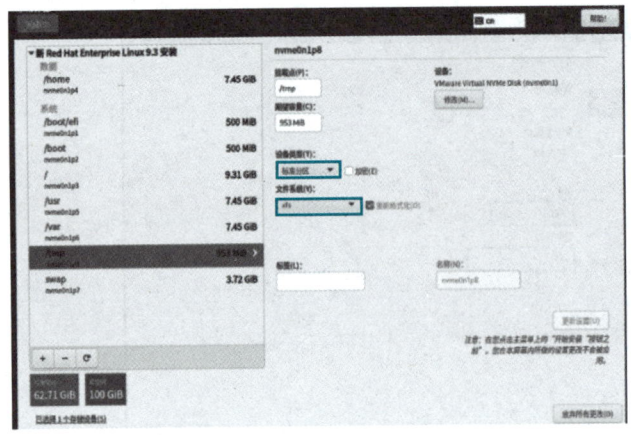 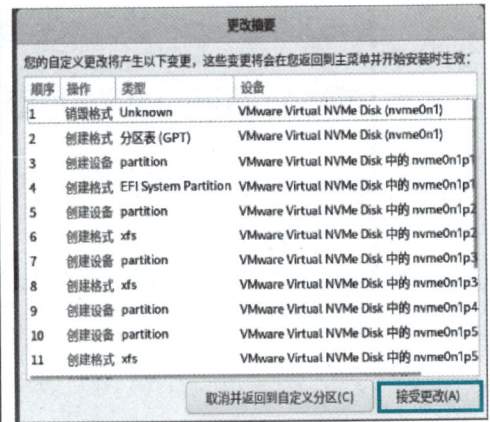

图 1-26　手动分区界面　　　　　　　　图 1-27　完成分区后的结果界面

8）单击"接受更改"按钮完成分区设置，返回安装信息摘要界面，接着选择"root 密码"选项。

9）如图 1-28 所示，设置 root 密码。若坚持用弱密码的密码，则需要单击两次"完成"按钮才可以确认。这里需要说明，在虚拟机中做实验的时候，密码的强度并无严格要求，但在生产环境中，必须确保 root 管理员的密码设置得相当复杂，否则系统将面临严重的安全问题。完成 root 密码设置后，单击"完成"按钮。

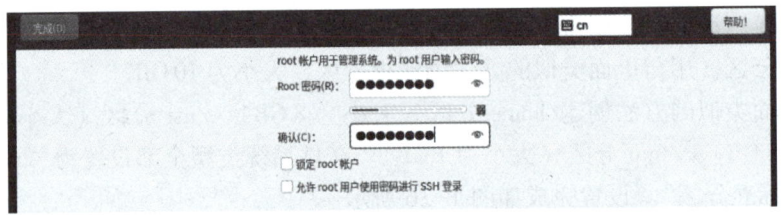

图 1-28　CS9 的配置界面

10）返回安装信息摘要界面，单击"创建用户"按钮后，即可看到普通账户设置界面，如图 1-29 所示，例如，该账户的用户名为"yangyun"，密码为"passw0@d"，单击"完成"按钮（不符合要求的弱密码需连续单击两次"完成"按钮）。

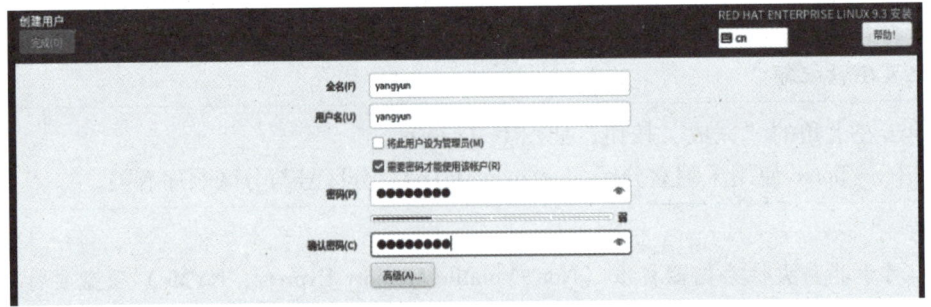

图 1-29　普通账户设置界面

11）返回安装信息摘要界面，单击"开始安装"按钮。Linux 安装时间一般在 15~60 min，用户在安装期间耐心等待即可。安装完成后单击"重启系统"按钮。

12）重启系统后，出现登录界面，如图 1-30 所示。单击"未列出?"按钮，然后以 root 账户身份登录计算机，如图 1-31 所示。

图 1-30　CS9 登录界面　　　　　　　　图 1-31　以 root 账户身份登录计算机

13）呈现新安装的 CS9 界面，在"活动"菜单中打开需要的应用。选择"活动"→"显示应用程序"命令，结果如图 1-32 所示。

 特别提示

选择"活动"→"显示应用程序"命令，会显示全部应用程序，包括工具、设置、文件和 Firefox 等常用应用程序。

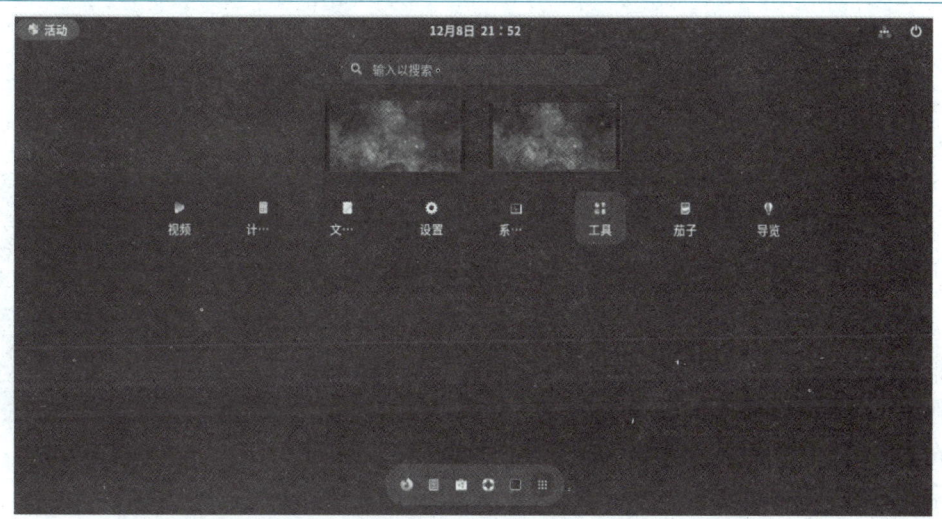

图 1-32　显示应用程序

任务 1-4　启动 shell

Linux 中的 shell 又称为命令行，在这个命令行的终端窗口中，用户输入命令，操作系统执行并将结果显示在屏幕上。

1. 使用 Linux 操作系统的终端窗口

现在的 CS9 默认采用图形界面的 GNOME 或者 KDE 操作方式，要想使用 shell 功能，就必须像在 Windows 中那样打开一个终端窗口。一般用户可以通过执行"活动"→"终端"命令来打开终端窗口，如图 1-33 所示。

执行以上命令后，就打开了一个白字黑底的终端窗口，这里可以使用 CS9 支持的所有命令行命令。

图 1-33　CS9 的终端窗口

2. 修改计算机主机名称

修改计算机主机名称的命令如下，修改完成后重启终端。

```
[root@localhost ~]# hostnamectl set-hostname Server01
```

3. 使用 shell 提示符

登录之后，普通用户的 shell 提示符以"$"结尾，超级用户的 shell 提示符以"#"结尾。

```
[root@Server01 ~]#                  # root 用户以"#"结尾
[root@Server01 ~]# su - yangyun     # 切换到普通账户 yangyun，"#"提示符将变为"$"
[yangyun@Server01 ~]$ su - root     # 再切换回 root 账户，"$"提示符将变为"#"
密码：
```

4. 退出系统

在终端窗口输入"**shutdown -P now**"，或者单击右上角的关机按钮，选择"关机"命令，可以关闭系统。

5. 再次登录

如果再次登录，为了后面的实训顺利进行，请选择 root 账户。在图 1-34 所示的选择用户登录界面，单击"未列出？"按钮，在出现的登录对话框中输入 root 账户名及密码，以 root 身份登录计算机。

图 1-34　选择用户登录界面

任务 1-5　使用 yum 和 dnf

本书绝大部分的安装都采用 yum 或 dnf 工具软件来完成，这也是首选方式。

1. YUM（Yellowdog Updater, Modified）

YUM（Yellowdog Updater, Modified）软件仓库是为了高效管理 RPM（Red Hat Package Manager）软件而开发的一种软件包管理器。它的主要目标是自动化地升级、安装或移除 RPM 包，收集 RPM 包的相关信息，并检查依赖性以自动提示用户解决。

YUM 软件仓库的核心在于其可靠的 repository（仓库），这可以是 HTTP 或 FTP 站点，也可以是本地软件池。这个仓库必须包含 RPM 包的 header，header 中包含了 RPM 包的各种信息，如描述、功能、提供的文件、依赖性等。

YUM 的工作原理如下。RHEL 先将发布的软件存放到 yum 服务器内，再分析这些软件的依赖属性问题，将软件内的记录信息写下来，然后将这些信息分析后记录成软件相关的列表。

这些列表数据与软件所在的位置可以称为容器。当 Linux 客户端有软件安装的需求时，Linux 客户端主机会主动向网络上的 yum 服务器的容器网址请求下载列表，然后通过将列表的数据与本机 RPM 数据库已存在的软件数据相比较，就能够一次性安装所有需要的具有依赖属性的软件了。yum 使用流程如图 1-35 所示。

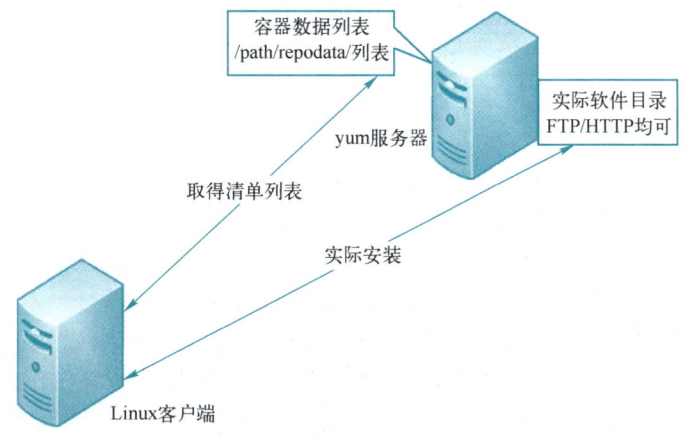

图 1-35　yum 使用流程

当 Linux 客户端有升级、安装的需求时，会向容器要求更新列表，使列表更新到本机的/var/cache/yum 中。当 Linux 客户端实施更新、安装时，会将列表的数据与本机的 RPM 数据库进行比较，这样就知道该下载什么软件了。接下来会到 yum 服务器下载所需要的软件，然后通过 RPM 的机制开始安装软件。这就是整个 yum 运行流程，仍然离不开 RPM。

2. DNF（Dandified YUM）常用命令

DNF（Dandified YUM）和 YUM 都是 Linux 操作系统中的软件包管理工具，它们用于自动化安装、更新、配置和移除软件包。DNF 是 Fedora 项目为了改进 YUM 而开发的下一代包管理工具，并在 CentOS 9 及更高版本中取代了 YUM 作为默认包管理器。

常见的 DNF 命令如表 1-1 所示。

表 1-1　常见的 DNF 命令

命令	作用
dnf install <package_name>	用于安装指定的软件包。用户可以指定一个或多个软件包名称，用空格分隔
dnf remove <package_name>	用于卸载指定的软件包。同样，用户可以指定一个或多个软件包名称。列出仓库中的所有软件包
dnf update	用于更新系统上已安装的所有软件包。如果想更新特定的软件包，可以加上软件包名称
dnf upgrade	这个命令和 dnf update 类似，但会尝试升级所有软件包到最新版本，即使它们当前的版本不是通过 DNF 安装的
dnf search <keyword>	这个命令用于根据关键字搜索可用的软件包
dnf list installed	这个命令会列出系统上已安装的所有软件包
dnf info <package_name>	这个命令用于获取指定软件包的详细信息，如描述、版本、大小等
dnf clean all	这个命令用于清理 DNF 的缓存，包括已下载的软件包和元数据
dnf repolist	这个命令会列出所有可用的软件包仓库，并显示它们的状态（启用或禁用）

（续）

命令	作用
dnf history	这个命令用于查看 DNF 的历史操作记录，包括安装、卸载、更新等
dnf upgrade --refresh	这个命令会刷新软件包缓存并尝试升级系统上已安装的软件包
dnf list available	这个命令会列出所有可用但尚未安装的软件包
dnf groupinstall 'Development Tools'	这个命令用于安装一个软件包组，该组包含了一组相关的软件包

3. BaseOS 和 AppStream

CS9 中提出了一个新的设计理念，即应用程序流（AppStream），这样就可以比以往更轻松地升级用户空间软件包，同时保留核心操作系统软件包。AppStream 允许在独立的生命周期中安装其他版本的软件，并使操作系统保持最新。这使用户能够安装同一个程序的多个主要版本。

CS9 软件源分成两个主要仓库：BaseOS 和 AppStream。

- RPM（Red Hat Package Manager）是一种广泛应用于 Linux 系统的软件包管理系统，主要功能涵盖软件包的安装、卸载、查询、验证、更新及升级等操作。目前，RPM 在中文语境中尚无直接对应的标准译法。BaseOS 仓库作为基础软件的安装库，以 RPM 软件包的形式，提供了操作系统底层软件的核心集合，是支撑系统正常运行和软件安装的重要基础组件。
- AppStream 包括额外的用户空间应用程序、运行时语言和数据库，以支持不同的工作负载和用例。AppStream 中的内容有两种格式——用户熟悉的 RPM 格式和称为模块的 RPM 格式扩展。

【例 1-1】配置本地 yum 源，安装 wireshark（一个网络协议分析器）。

创建挂载 ISO 映像文件的文件夹。/media 一般是系统安装时建立的，读者可以不必新建文件夹，直接使用该文件夹即可。但如果想把 ISO 映像文件挂载到其他文件夹，则请自建。

1）重新启动终端，新建配置文件/etc/yum.repos.d/dvd.repo。

```
[root@Server01 ~]# vim /etc/yum.repos.d/dvd.repo
[root@Server01 ~]# cat /etc/yum.repos.d/dvd.repo
[CS9-BaseOS]
name=CS9-BaseOS
baseurl=file:///media/BaseOS
gpgcheck=0
enabled=1

[CS9-AppStream]
name=CS9-AppStream
baseurl=file:///media/AppStream
gpgcheck=0
enabled=1
```

 注意

①baseurl 语句的写法，baseurl=file:///media/BaseOS 中有 3 个 "/"。②enabled=1 表示启用本地 yum 源进行安装，如果将值 1 改为 0，则禁用本地 yum 源安装。

特别说明

本书所有实训均基于本地 yum 源进行软件安装。若系统处于离线环境,无法连接互联网,请执行以下操作:删除/etc/yum.repos.d/目录下除 dvd.repo 以外的所有仓库配置文件;或修改其文件扩展名,使其失效,仅保留 dvd.repo 文件用于本地源配置。

2)挂载 ISO 映像文件(保证/media 存在)。在本书中,黑体一般表示输入命令。

[root@Server01 ~]# **mount /dev/cdrom /media**
mount: /media: WARNING: device write-protected, mounted read-only.

 注意

如果出现"……在 /dev/sr0 上找不到媒体",请右击右下角的光盘图标进行 ISO 映像的"设置"和"连接"。

3)清理缓存并建立元数据缓存。

[root@Server01 ~]# **dnf clean all**
[root@Server01 ~]# **dnf makecache**   # 建立元数据缓存

4)查看软件包信息。

[root@Server01 ~]# **dnf repolist**   # 查看系统中可用和不可用的所有 DNF 软件库
仓库 id   # 仓库名称
CS9-AppStream   # CS9-AppStream
Media   # Media
[root@Server01 ~]# **dnf list**   # 列出所有 RPM 包
[root@Server01 ~]# **dnf list installed**   # 列出所有已安装的 RPM 包
[root@Server01 ~]# **dnf search wireshark**   # 搜索软件库中的 RPM 包
上次元数据过期检查:0:00:22 前,执行于 2024 年 12 月 08 日 星期日 22 时 29 分 02 秒。
==================== 名称 精准匹配: wireshark ====================
wireshark.x86_64 : Network traffic analyzer
==================== 名称 匹配: wireshark ====================
wireshark-cli.i686 : Network traffic analyzer
wireshark-cli.x86_64 : Network traffic analyzer

[root@Server01 ~]# **dnf provides /bin/bash** # 查找某一文件的提供者
[root@Server01 ~]# **dnf info wireshark**   # 查看软件包详情
上次元数据过期检查:0:00:56 前,执行于 2024 年 12 月 08 日 星期日 22 时 29 分 02 秒。
bash-5.1.8-6.el9.x86_64 : The GNU Bourne Again shell
仓库   :@System
匹配来源:
提供   :/bin/bash

bash-5.1.8-6.el9.x86_64 : The GNU Bourne Again shell

```
仓库           :CS9-BaseOS
匹配来源：
提供      ：/bin/bash
```

5）安装 wireshark 软件（无须信息确认）。

```
[root@Server01 ~]# dnf install wireshark   -y
……
已安装：
    libsmi-0.4.8-30.el9.x86_64          openal-soft-1.19.1-16.el9.x86_64
    ……

完毕！
```

任务 1-6　系统和服务管理

在 CS9 中，systemd 是默认的初始化系统和服务管理器。它提供了一种一致的方式来启动、停止、重启和管理系统服务。

systemd 并不是一个命令，而是一组命令，涉及系统管理的方方面面。systemctl 是 systemd 的主命令，主要负责控制 systemd 系统和服务管理器。systemctl 命令可用于查看系统状态，管理系统及服务。

1. unit 基础操作

systemd 可以管理所有系统资源。不同的资源统称为 unit（单元）。unit 一共分成 12 种，包括 Service、Target、Device、Mount、Automount、Path、Scope、Slice、Snapshot、Socket、Swap、Timer。

1）执行 systemctl --help 命令，查看更多参数及其含义。

```
[root@Server01 ~]# systemctl   --help
systemctl [OPTIONS…] COMMAND…

Query or sendcontrol commands to the system manager.

Unit Commands：
    list-units [PATTERN...]            List units currently in memory
    ……（下略）
```

2）执行 systemctl --version 命令，检查系统中是否安装有 systemd 并查询当前安装的版本。

```
[root@Server01 ~]# systemctl --version
systemd 252 (252-18.el9)
……
```

3）执行 systemctl reboot 命令，重启系统。

```
[root@Server01 ~]# systemctl   reboot
```

4）执行 systemctl poweroff 命令，关闭系统，切断电源。

[root@Server01 ~]# **systemctl　poweroff**

5）执行 systemctl halt 命令，CPU 停止工作。

[root@Server01 ~]# **systemctl　halt**

6）执行 systemctl suspend 命令，暂停系统。

[root@Server01 ~]# **systemctl　suspend**

7）执行 systemctl hibernate 命令，让系统进入休眠状态。

[root@Server01 ~]# **systemctl　hibernate**

8）执行 systemctl hybrid-sleep 命令，让系统进入交互式休眠状态。
9）执行 systemctl rescue 命令，启动进入救援状态（单用户状态）。
10）执行 systemd-analyze 命令，用于查看启动耗时。

[root@Server01 ~]# **systemd-analyze**
Startup finished in 1.341s（kernel）+ 3.030s（initrd）+ 5.473s（userspace）= 9.844s
graphical.target reached after 5.462s inuserspace.

2. 启动耗时

systemd-analyze 是一个强大的工具，它提供了系统启动性能的各种分析和统计信息。当用户想要了解系统从开机到达到可操作状态（如多用户模式或图形界面）所花费的总时间时，这个命令特别有用。

1）执行 **systemd-analyze blame** 命令，查看每个服务的启动耗时。

2）执行 **systemd-analyze critical-chain** 命令，显示瀑布状的启动过程流，如图 1-36 所示。

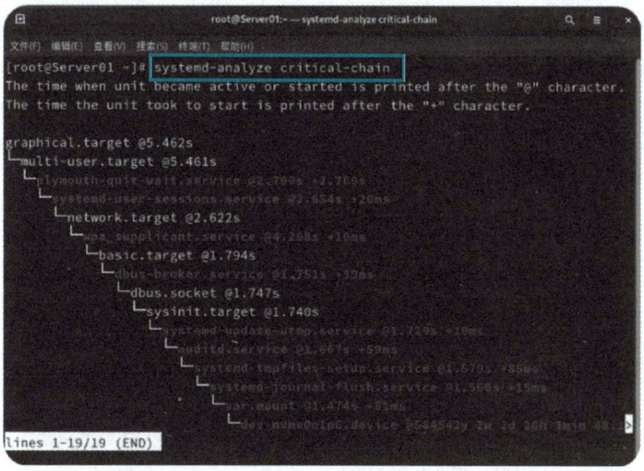

图 1-36　瀑布状的启动过程流

systemd-analyze critical-chain 命令用于显示系统启动过程中关键服务的依赖链，以瀑布状（或称为树状）的形式展现从系统初始化到达到某个特定状态（通常是默认目标，如 multi-user.target 或 graphical.target）所经过的最长路径。这个命令对于诊断系统启动性能问题非常有用，因为它可以帮助用户识别哪些服务是启动过程中的瓶颈。

3. 获取状态信息

systemctl status 命令用于查看系统状态和单个 unit 的状态。

1）执行 systemctl status 命令，显示系统状态。
2）执行 systemctl status dbus.service 命令，显示单个 unit 的状态。
3）执行 systemctl is-active dbus.service 命令，查看某个 unit 是否运行。

```
[root@Server01 ~]# systemctl is-active dbus.service
active
[root@Server01 ~]# systemctl is-active application.service
inactive
```

4. 单元管理

最常用的是以下这些命令，用于启动和停止 unit 的命令，主要针对 service 类型的 unit。

1）执行 **systemctl start sshd.service** 命令，立即启动一个服务。
2）执行 **systemctl stop sshd.service** 命令，立即停止一个服务。
3）执行 **systemctl restart sshd.service** 命令，重启一个服务。
4）执行 **systemctl reload sshd.service** 命令，重新加载一个服务的配置文件。
5）执行 **systemctl daemon-reload** 命令，重载所有修改过的配置文件。
6）执行 **systemctl enable sshd.service** 命令，使某服务自动启动。
7）执行 **systemctl disable sshd.service** 命令，使某服务不自动启动。

5. 帮助手册

在 CS9 服务器操作系统中自带一本联机使用的手册，以供用户在终端上查找。使用 man 命令可以调阅其中的帮助信息，非常方便和实用。

命令格式：man 系统命令。

执行 **man systemctl** 命令后结果如图 1-37 所示。

图 1-37　man 命令查看帮助手册示例

任务 1-7　制作系统快照

安装成功后，请一定使用虚拟机的快照功能进行快照备份，一旦需要可立即恢复到系统的初始状态。提醒读者，对于重要实训节点，也可以进行快照备份，以便后续可以恢复到适当断点。

1.4　项目实训：Linux 操作系统安装与基本配置

1. 项目背景

某公司需要新安装一台带有 CS9 的计算机，该计算机硬盘大小为 100 GB，固件启动类型仍采用传统的 BIOS 模式，而不采用 UEFI 启动模式。

项目实录 1-3
Linux 操作系统
安装与基本配置

2. 项目要求

1）规划好 2 台计算机（Server01 和 Client1）的 IP 地址、主机名、虚拟机网络连接方式等内容。

2）在 Server01 上安装完整的 CS9。

3）硬盘大小为 100 GB，按以下要求完成分区创建。

- /boot 分区大小为 600 MB。
- swap 分区大小为 4 GB。
- / 分区大小为 10 GB。
- /usr 分区大小为 8 GB。
- /home 分区大小为 8 GB。
- /var 分区大小为 8 GB。
- /tmp 分区大小为 6 GB。
- 预留约 55 GB 不进行分区。

4）简单设置新安装的 CS9 的网络环境。

5）安装 GNOME 桌面环境，将显示分辨率调至 1280×768。

6）制作快照。

7）使用虚拟机的"克隆"功能新生成一个 CS9，主机名为 Client1，并设置该主机的 IP 地址等参数（"克隆"生成的主机系统要避免与原主机冲突）。

8）使用 ping 命令测试这 2 台 Linux 主机的连通性。

3. 深度思考

思考以下几个问题。

1）分区规划为什么必须慎之又慎？

2）第一个系统的虚拟内存设置至少多大？为什么？

4. 做一做

根据项目要求，将项目完整地做一遍。

1.5 练习题

一、填空题

1. GNU 的含义是_____。
2. Linux 内核一般有 3 个主要部分：_____、_____、_____。
3. 目前被称为"纯"的 UNIX 的就是_____及_____这两套操作系统。
4. Linux 是基于_____的软件模式发布的，它是 GNU 项目制定的通用公共许可证，英文是_____。
5. 斯托尔曼成立了自由软件基金会，它的英文是_____。
6. POSIX 是_____的缩写，重点在于规范核心与应用程序之间的接口，这是由美国电气与电子工程师学会发布的一项标准。
7. 当前的 Linux 常见的应用可分为_____与_____两个方面。
8. Linux 的版本分为_____和_____两种。
9. 安装 Linux 最少需要两个分区，分别是_____和_____。
10. Linux 默认的系统管理员账号是_____。
11. CentOS Stream 9 是 CentOS 项目的一个_____的发行版，旨在作为 Red Hat Enterprise Linux（RHEL）的上游，提供最新的_____。CentOS Stream 9 从 Fedora Linux 的稳定版本开始，使用与 RHEL 相同的_____。CentOS Stream 9 与 RHEL 9 是紧密相关的，它们共享相同的代码库和_____，确保了二者在稳定性上保持一致。
12. 如果选择的固件类型为"UEFI"，则 Linux 操作系统至少需要建立 4 个分区：_____、_____、_____和_____。

二、选择题

1. Linux 最早是由计算机爱好者（   ）开发的。
   A. Richard Petersen   B. Linus Torvalds
   C. Rob Pick   D. Linux Sarwar
2. 下列选项中（   ）是自由软件。
   A. Windows 10   B. UNIX
   C. Linux   D. Windows Server 2016
3. 下列选项中（   ）不是 Linux 的特点。
   A. 多任务   B. 单用户
   C. 设备独立性   D. 开放性
4. Linux 的内核版本 2.3.20 是（   ）的版本。
   A. 不稳定   B. 稳定
   C. 第三次修订   D. 第二次修订
5. Linux 安装过程中的硬盘分区工具是（   ）。
   A. PQmagic   B. FDISK
   C. FIPS   D. Disk Druid
6. Linux 的根分区可以设置成（   ）。
   A. FAT16   B. FAT32

C. xfs
D. NTFS

三、简答题

1. 简述 Linux 的体系结构。

2. 使用虚拟机安装 Linux 操作系统时，为什么要选择"稍后安装操作系统"，而不是选择"安装程序光盘映像文件（iso）(M)"？

3. 安装 CS9 系统的基本磁盘分区有哪些？

4. 在 CS9 中，默认的初始化系统和服务管理器是什么？请简要介绍。

5. 执行 systemctl --help 命令，查看更多参数及其含义。

6. 执行 systemctl --version 命令，检查自己的系统中是否安装有 systemd 并查询当前安装的版本。

项目 2　管理用户和组

项目导入

Linux 是多用户多任务的操作系统。作为该操作系统的网络管理员，掌握用户和组的创建与管理方法至关重要。本项目主要介绍利用命令行对用户和组进行创建与管理。

知识和能力目标

- 了解用户和组配置文件。
- 熟练掌握 Linux 中用户账户的创建与管理方法。
- 熟练掌握 Linux 中组的创建与管理方法。
- 熟悉用户账户管理命令。

素养目标

- 了解中国国家顶级域名"CN"，培养科技认知素养。
- 培养历史责任感与使命担当精神，培养团队协作和集体主义精神。

2.1　项目知识准备

Linux 操作系统是多用户多任务的操作系统，允许多个用户同时登录系统，使用系统资源。

2.1.1　理解用户账户和组

用户账户代表个人身份，使用户能够登录并访问授权资源。系统通过用户账户区分文件、进程，并为每人提供定制的工作环境，如工作目录和 shell 配置。

微课 2-1　管理 Linux 服务器的用户和组

用户账户有两种：普通用户和超级用户（root）。普通用户只能执行基本任务和访问授权文件，而超级用户能够管理系统和用户，拥有全部控制权，但其不当操作可能损坏系统。建议即便单用户使用也应创建普通账户以进行日常操作。

Linux 引入了组的概念，将具有相似需求的用户归入一个逻辑集合，简化管理和权限分配。用户可属于多个组，有一个主组和多个附加组，以便灵活控制访问权限。表 2-1 所示为用户和组的基本概念。

表 2-1　用户和组的基本概念

概念	描述
用户名	用于标识用户的名称，可以是字母、数字组成的字符串，区分大小写
密码	用于验证用户身份的特殊验证码
用户标识（User ID，UID）	用于表示用户的数字标识符
用户主目录	用户的私人目录，也是用户登录系统后默认所在的目录
登录 shell	用户登录后默认使用的 shell 程序，默认为/bin/bash
组	具有相同属性的用户属于同一个组
组标识（Group ID，GID）	用于表示组的数字标识符

root 用户的 UID 为 0；系统用户的 UID 从 1 到 999；普通用户的 UID 可以在创建时由管理员指定，如果不指定，则用户的 UID 默认从 1000 开始顺序编号，最大编号为 60000。在 Linux 操作系统中，创建用户账户的同时也会创建一个与用户同名的组，该组是用户的主组。普通组的 GID 默认也从 1000 开始编号，最大编号为 60000。

2.1.2　理解用户账户文件

用户账户信息和组信息分别存储在用户账户文件和组文件中。

1．/etc/passwd 文件

准备工作：新建用户 bobby、user1、user2，将 user1 和 user2 加入 bobby 组（后文有详细解释）。

```
[root@Server01~]# useradd bobby; useradd user1; useradd user2
[root@Server01~]# usermod -G bobby user1
[root@Server01~]# usermod -G bobby user2
```

在 Linux 操作系统中，创建的用户账户及其相关信息（密码除外）均放在/etc/passwd 配置文件中。用 vim 编辑器（或者使用 cat　/etc/passwd）打开 passwd 文件，如下。

```
root:x:0:0:root:/root:/bin/bash
bin:x:1:1:bin:/bin:/sbin/nologin
daemon:x:2:2:daemon:/sbin:/sbin/nologin
……（中间略）
yangyun:x:1000:1000:yangyun:/home/yangyun:/bin/bash
bobby:x:1001:1001::/home/bobby:/bin/bash
user1:x:1002:1002::/home/user1:/bin/bash
user2:x:1003:1003::/home/user2:/bin/bash
```

文件中的每一行代表一个用户账户的资料，可以看到第一个账户是 root，然后是一些标准账户，此类账户的 shell 为/sbin/nologin，代表无本地登录权限。最后一行是由系统管理员创建的普通账户：user2。

passwd 文件的每一行用 ":" 分隔为 7 个字段，各个字段的内容如下。

用户名:加密密码:UID:GID:用户的描述信息:主目录:命令解释器(登录 shell)

passwd 文件字段说明如表 2-2 所示，其中少数字段的内容是可以为空的，但仍需使用 ":" 进行占位来表示该字段。

表 2-2　passwd 文件字段说明

字段	说明
用户名	用户账户名称，用户登录时使用的用户名
加密密码	用户密码，考虑系统的安全性，现在已经不使用该字段保存密码了，而用字母 "x" 来填充该字段，真正的密码保存在 shadow 文件中
UID	用户标识，唯一表示某用户的数字标识
GID	用户所属的组标识，对应 group 文件中的 GID
用户的描述信息	可选的用户名、用户电话号码等描述性信息
主目录	用户的宿主目录，用户成功登录后的默认目录
命令解释器	用户使用的 shell，默认为 "/bin/bash"

2. /etc/shadow 文件

由于所有用户对 /etc/passwd 文件均有读取权限，所以为了增强系统的安全性，用户经过加密之后的密码都存放在 /etc/shadow 文件中。/etc/shadow 文件只对 root 用户可读，因而大大提高了系统的安全性。shadow 文件的内容形式如下（使用 cat　/etc/shadow 命令可查看整个文件）。

```
root:$6$NsjRIQQB7zorTmE8$VgnF4Uj2eCBaFVAeU9Sw5zjJNkywY7GQ.LpaR/Tdo6.yQcqeCJe9tcac
Jm89cmObUYDamvruT/CYNjshWa/TG/::0:99999:7:::
bin:*:19347:0:99999:7:::
daemon:*:19347:0:99999:7:::
……（中间略）
bobby:!!:19956:0:99999:7:::
user1:!!:19956:0:99999:7:::
user2:!!:19956:0:99999:7:::
```

shadow 文件保存投影加密之后的密码以及与密码相关的一系列信息，每个用户的信息在 shadow 文件中占一行，并且用 ":" 分隔为 9 个字段，各字段的说明如表 2-3 所示。

表 2-3　shadow 文件字段说明

字段	说明
1	用户登录名
2	加密后的用户密码，"*" 表示非登录用户，"!!" 表示没设置密码
3	自 1970 年 1 月 1 日起，到用户最近一次密码被修改的天数
4	自 1970 年 1 月 1 日起，到用户可以更改密码的天数，即最短密码存活期
5	自 1970 年 1 月 1 日起，到用户必须更改密码的天数，即最长密码存活期
6	密码过期前几天提醒用户更改密码
7	密码过期后几天账户被禁用
8	密码被禁用的具体日期（相对日期，从 1970 年 1 月 1 日至禁用时的天数）
9	保留字段，用于功能扩展

3. /etc/login.defs 文件

/etc/login.defs 文件用于在创建用户时，对用户的一些基本属性做默认设置。这个文件定义了与/etc/passwd 和/etc/shadow 配套的用户限制设定，包括指定用户的 UID 和 GID 范围、用户的过期时间、密码的最大长度等。

重要的是，该文件的用户默认配置对 root 用户无效。在用户账户管理过程中，/etc/login.defs 是一个重要的配置文件，它提供了创建新用户账户时的默认设置，从而简化了创建过程，同时也确保了系统的安全性和管理的便利性。

建立用户账户时，会根据/etc/login.defs 文件的配置设置用户账户的某些选项。该配置文件的有效设置内容及中文注释如下。

```
[root@Server01 ~]# grep -Ev '^$|^\s*#' /etc/login.defs >file_login.defs.bak
[root@Server01 ~]# cat file_login.defs.bak
MAIL_DIR        /var/spool/mail         # 用户邮箱目录
MAIL_FILE       .mail
PASS_MAX_DAYS   99999                   # 账户密码最长有效天数
PASS_MIN_DAYS   0                       # 账户密码最短有效天数
PASS_MIN_LEN    5                       # 账户密码的最小长度
PASS_WARN_AGE   7                       # 账户密码过期前提前警告的天数
UID_MIN                 1000            # 用 useradd 命令创建账户时自动产生的最小 UID 值
UID_MAX                 60000           # 用 useradd 命令创建账户时自动产生的最大 UID 值
GID_MIN                 1000            # 用 groupadd 命令创建组时自动产生的最小 GID 值
GID_MAX                 60000           # 用 groupadd 命令创建组时自动产生的最大 GID 值
USERDEL_CMD     /usr/sbin/userdel_local
# 如果定义，将在删除用户账户时执行，以删除相应用户账户的计划作业和输出作业等
CREATE_HOME     yes                     # 创建用户账户时是否为用户创建主目录
```

2.1.3 理解组文件

组账户的信息存放在/etc/group 文件中，而关于组管理的信息（组密码、组管理员等）则存放在/etc/gshadow 文件中。

1. /etc/group 文件

group 文件位于/etc 目录，用于存放用户的组账户信息，对于该文件的内容，任何用户都可以读取。每个组账户在 group 文件中占一行，并且用"："分隔为 4 个字段。每一行各字段的内容如下（使用 cat /etc/group 命令可以查看整个文件内容）。

组名称：组密码（一般为空，用 x 占位）：GID：组成员列表

group 文件的内容形式如下。

```
root:x:0:
bin:x:1:
daemon:x:2:
……（中间略）
```

```
yangyun:x:1000:
bobby:x:1001:user1,user2
user1:x:1002:
user2:x:1003:
```

可以看出，root 的 GID 为 0，没有其他组成员。group 文件的组成员列表中如果有多个用户属于同一个组，则各成员之间以","分隔。在/etc/group 文件中，用户的主组并不把该用户作为成员列出，只有用户的附属组才会把该用户作为成员列出。例如，用户 bobby 的主组是 bobby，但/etc/group 文件中组 bobby 的成员列表中并没有用户 bobby，只有用户 user1 和 user2。

2. /etc/gshadow 文件

/etc/gshadow 文件用于存放组的加密密码、组管理员等信息，该文件只有 root 用户可以读取。每个组账户在 gshadow 文件中占一行，并以":"分隔为 4 个字段。每一行中各字段的内容如下。

```
组名称:加密后的组密码(没有就用!):组的管理员:组成员列表
```

gshadow 文件的内容形式如下。

```
root:::
bin:::
daemon:::
……(中间略)
yangyun:!::
bobby:!::user1,user2
user1:!::
user2:!::
```

2.2 项目设计与准备

服务器安装完成后，需要对用户账户和组、文件权限等内容进行管理。

在进行本项目的教学与实验前，需要做好如下准备。

1) 已经安装好的 CS9。
2) ISO 映像文件。
3) VMware Pro 17 以上虚拟机软件。
4) 设计教学或实验用的用户及权限列表。

本项目的所有实例都在服务器 Server01 上完成。

慕课 2-2　管理 Linux 服务器的用户和组

2.3 项目实施

用户账户管理包括新建用户、设置用户账户密码和维护用户账户等内容。

任务 2-1　新建用户

在系统新建用户可以使用 useradd 或者 adduser 命令。useradd 命令的格式如下。

useradd　［选项］　<username>

useradd 命令有很多选项，如表 2-4 所示。

表 2-4　useradd 命令选项

选项	说明
-c	用户的注释性信息
-d	指定用户的主目录
-e	禁用账户的日期，格式为 YYYY-MM-DD
-f	设置账户过期多少天后账户被禁用。如果为 0，账户过期后将立即被禁用；如果为 -1，账户过期后，将不被禁用，即永不过期
-g	用户所属主组的组名称或者 GID
-G	用户所属的附属组列表，多个组之间用 "," 分隔
-m	若用户主目录不存在，则创建它
-M	不要创建用户主目录
-n	不要创建用户私人组
-p	加密的密码
-r	创建 UID 小于 1000 的不带主目录的系统账户
-s	指定用户的登录 shell，默认为 /bin/bash
-u	指定用户的 UID，它必须是唯一的，且大于 999

【例 2-1】新建用户 user3，UID 为 1010，指定其所属的私有组为 group1（group1 的 GID 为 1010），用户的主目录为 /home/user3，用户的 shell 为 /bin/bash，用户的密码为 12345678，账户永不过期。

```
[root@Server01~]# groupadd -g 1010  group1     # 新建组 group1，其 GID 为 1010
[root@Server01~]# useradd -u 1010 -g 1010  -d /home/user3 -s /bin/bash -p 12345678 -f -1 user3
[root@Server01~]# tail -1 /etc/passwd
user3:x:1010:1010::/home/user3:/bin/bash
[root@Server01~]# grep user3 /etc/shadow          # grep 用于查找符合条件的字符串
user3:12345678:18495:0:99999:7:::                 # 这种方式下生成的密码是明文，即 12345678
```

如果新建用户已经存在，那么在执行 useradd 命令时，系统会提示该用户已经存在。

```
[root@Server01~]# useradd user3
useradd：用户"user3"已存在
```

任务 2-2　设置用户账户密码

1. passwd 命令

设置用户密码的命令是 passwd。超级用户（通常是 root）可以为自己和其他用户设置密码，而普通用户只能为自己设置密码。passwd 命令的格式如下。

> passwd ［选项］［username］

passwd 命令的常用选项如表 2-5 所示。

表 2-5　passwd 命令的常用选项

选项	详细描述
passwd	直接执行此命令，可以更改当前用户的密码
passwd username	更改指定用户的密码
-d	删除指定用户的密码，使用户下次登录时被强制更改密码
-e	指定用户的密码立即过期，使用户下次登录时被强制更改密码
-l	锁定指定用户的密码，禁止用户登录
-u	解锁指定用户的密码，允许用户登录
-n MIN_DAYS	设置密码最小使用期限，即两次密码更改之间的最小天数
-x MAX_DAYS	设置密码最大使用期限，即密码有效的最大天数
-w WARN_DAYS	设置密码过期警告时间，即密码过期前警告用户的天数
-i INACTIVE_DAYS	设置密码过期后的账户失效时间，即密码过期后多少天禁用账户
--stdin	从标准输入读取密码，可以用于批量更改密码（需要以管理员身份运行）

【例 2-2】假设当前用户为 root，则下面的两个命令分别为 root 用户修改自己的密码和 root 用户修改 user1 用户的密码。

```
［root@Server01 ~］# passwd           # root 用户修改自己的密码，直接输入 passwd 命令
［root@Server01 ~］# passwd user1     # root 用户修改 user1 用户的密码
更改用户 user1 的密码
新的密码：
无效的密码：密码未通过字典检查 - 太简单或太有规律
重新输入新的密码：
passwd：所有的身份验证令牌已经成功更新
```

需要注意的是，普通用户修改密码时，passwd 命令会首先询问原来的密码，只有验证通过才可以修改。而 root 用户为用户指定密码时，不需要知道原来的密码。为了系统安全，用户应选择包含字母、数字和特殊符号的复杂密码，且密码长度应至少为 8 个字符。

如果密码复杂度不够，系统会提示"无效的密码：密码未通过字典检查-它基于字典单词"。这时有两种处理方法，一种方法是再次输入刚才输入的简单密码，系统也会接受；另一种方法是更改为符合要求的密码，例如，P@ssw02d 为大小写字母、数字、特殊符号等 8 位字符的组合。

2. chage 命令

chage 命令用于更改用户密码过期信息。chage 命令的常用选项如表 2-6 所示。

表 2-6 chage 命令的常用选项

选项	说明
-l	列出账户密码属性的各个数值
-m	指定密码最短存活期
-M	指定密码最长存活期
-W	密码要到期前提前警告的天数
-I	密码过期后多少天停用账户
-E	用户账户到期作废的日期
-d	设置密码上一次修改的日期

【例 2-3】设置 user1 用户密码的最短存活期为 6 天,最长存活期为 60 天,密码到期前 5 天提醒用户修改密码。设置完成后查看各属性值。

```
[root@Server01 ~]# chage -m 6 -M 60 -W 5 user1
[root@Server01 ~]# chage -l user1
最近一次密码修改时间                  : 9 月 24,2024
密码过期时间                          : 11 月 23,2024
密码失效时间                          : 从不
账户过期时间                          : 从不
两次改变密码之间相距的最小天数         : 6
两次改变密码之间相距的最大天数         : 60
在密码过期之前警告的天数                : 5
```

任务 2-3 维护用户账户

在 Linux 系统中,维护用户账户是一个重要的系统管理工作,它涉及用户账户的修改、禁用、恢复和删除等多个方面。

1. 修改用户账户

usermod 命令用于修改用户账户的属性,格式为:

```
usermod [选项] 用户名
```

前文曾反复强调,Linux 操作系统中的一切都是文件,因此在系统中创建用户的过程也就是修改配置文件的过程。用户的信息保存在/etc/passwd 文件中,可以直接用 vim 文本编辑器对其进行修改,也可以用 usermod 命令修改已经创建的用户信息,包括用户的 UID、基本/扩展用户组、默认终端等。usermod 命令的选项及作用如表 2-7 所示。

表 2-7　usermod 命令的选项及作用

选项	作用
-a	仅与 -G 选项一起使用，用于将用户添加到附加组而不移除其他组
-c	修改用户账户的注释字段，通常用于存放用户的全名或其他信息
-d	修改用户的家目录，并可选择使用 -m 选项将旧的家目录内容移动到新目录
-e	设置账户的过期日期，过期后用户无法登录。日期格式为 YYYY-MM-DD
-g	修改用户的主组。需指定新的主组名或组 ID
-G	修改用户所属的附加组。使用此选项不影响用户的主组
-l	修改用户的登录名
-L	锁定用户账户，阻止其登录系统
-s	修改用户的登录 shell
-u	修改用户的 UID。这是一个敏感操作，因为它会影响到文件系统上用户所有权的匹配
-U	解锁用户账户，允许其登录系统

下面是一些使用 usermod 命令常见选项的案例，这些案例展示了如何通过不同的选项来修改用户信息。

1）将用户 dongfangyun 的 UID 修改为 2024。

```
[root@server01 ~]# useradd    dongfangyun
[root@server01 ~]# id    dongfangyun
用户 id=1011(dongfangyun) 组 id=1011(dongfangyun) 组=1011(dongfangyun)
[root@server01 ~]# usermod -u 2024 dongfangyun
[root@server01 ~]# id dongfangyun
用户 id=2024(dongfangyun) 组 id=1011(dongfangyun) 组=1011(dongfangyun)
```

2）将用户 dongfangyun 的主目录修改为 /var/www/dongfangyun。

```
[root@server01 ~]# mkdir   -p   /var/www/dongfangyun
[root@server01 ~]# usermod   -d   /var/www/dongfangyun dongfangyun
[root@server01 ~]# tail   -n   1   /etc/passwd
dongfangyun:x:2024:1011::/var/www/dongfangyun:/bin/bash
```

3）将用户 dongfangyun 的登录 shell 修改为 /bin/ksh。

```
[root@server01 ~]# usermod   -s   /bin/sh   dongfangyun
[root@server01 ~]# tail -n   1   /etc/passwd
dongfangyun:x:2024:1011::/var/www/dongfangyun:/bin/sh        # 查看 passwd 文件，仅显示最后一行
```

4）设置用户 dongfangyun 的账户在 2027 年 12 月 31 日过期。

```
[root@server01 ~]# usermod   -e   2027-12-31   dongfangyun
[root@server01 ~]# chage   -l   dongfangyun
```

最近一次密码修改时间	：9月24，2024
密码过期时间	：从不
密码失效时间	：从不
账户过期时间	：12月31，2027
两次改变密码之间相距的最小天数	：0
两次改变密码之间相距的最大天数	：99999
在密码过期之前警告的天数	：7

5）将用户dongfangyun的登录shell恢复为默认shell，即/bin/bash。

```
［root@server01 ~］# usermod  -s  /bin/bash  dongfangyun
［root@server01 ~］# tail -n  1  /etc/passwd
dongfangyun：x：2024：1011：：/var/www/dongfangyun：/bin/bash
```

2. 禁用和恢复用户账户

有时需要临时禁用一个账户而不删除它。禁用用户账户可以用passwd或usermod命令实现，也可以直接修改/etc/passwd或/etc/shadow文件。

例如，暂时禁用和恢复user1账户，可以使用以下3种方法实现。

（1）使用passwd命令（被锁定用户的密码必须是使用passwd命令生成的）

使用passwd命令锁定user1账户，利用grep命令查看，可以看到被锁定的账户密码字段前面会加上"!!"。

```
［root@Server01 ~］# passwd user1               # 修改user1密码
更改账户user1的密码
新的密码：
重新输入新的密码：
passwd：所有的身份验证令牌已经成功更新
［root@Server01 ~］# grep user1 /etc/shadow    # 查看账户user1的密码文件
user1：$6$JTNSAaCr4Ghq7POZ$9/rJAcs91wR9XCkRwK0g2HJsfNN/4bfL1X4CnnEe5VaMb3g99qy9eqnJYHnX7CPSn3CBekY6hYY7XBuct5gCK0：19990：6：60：5：：：
［root@Server01 ~］# passwd -l user1            # 锁定账户user1
锁定账户user1的密码
passwd：操作成功
［root@Server01 ~］# grep user1 /etc/shadow    # 查看锁定账户的密码文件，注意"!!"
user1：!!$6$JTNSAaCr4Ghq7POZ$9/rJAcs91wR9XCkRwK0g2HJsfNN/4bfL1X4CnnEe5VaMb3g99qy9eqnJYHnX7CPSn3CBekY6hYY7XBuct5gCK0：19990：6：60：5：：：
［root@Server01 ~］# passwd -u user1            # 解除user1账户锁定，重新启用user1账户
［root@Server01 ~］# grep user1 /etc/shadow    # 查看是否解锁成功，注意"!!"已经没有了
user1：$6$JTNSAaCr4Ghq7POZ$9/rJAcs91wR9XCkRwK0g2HJsfNN/4bfL1X4CnnEe5VaMb3g99qy9eqnJYHnX7CPSn3CBekY6hYY7XBuct5gCK0：19990：6：60：5：：：
```

（2）使用usermod命令

使用usermod命令锁定user1账户，利用grep命令查看，可以看到被锁定的账户密码字段前面会加上"!"。

```
[root@Server01 ~]# grep user1 /etc/shadow        # user1 账户锁定前的密码显示
user1:$6$JTNSAaCr4Ghq7POZ$9/rJAcs91wR9XCkRwK0g2HJsfNN/4bfL1X4CnnEe5VaMb3g99qy9eqn
JYHnX7CPSn3CBekY6hYY7XBuct5gCK0:19990:6:60:5:::
[root@Server01 ~]# usermod -L user1              # 锁定 user1 账户
[root@Server01 ~]# grep user1 /etc/shadow        # user1 账户锁定后的密码显示
user1:!$6$JTNSAaCr4Ghq7POZ$9/rJAcs91wR9XCkRwK0g2HJsfNN/4bfL1X4CnnEe5VaMb3g99qy9eqn
JYHnX7CPSn3CBekY6hYY7XBuct5gCK0:19990:6:60:5:::
[root@Server01 ~]# usermod -U user1              # 解除 user1 账户的锁定
[root@Server01 ~]# grep user1 /etc/shadow        # 查看是否解锁成功，注意"!"已经没有了
user1:$6$JTNSAaCr4Ghq7POZ$9/rJAcs91wR9XCkRwK0g2HJsfNN/4bfL1X4CnnEe5VaMb3g99qy9eqn
JYHnX7CPSn3CBekY6hYY7XBuct5gCK0:19990:6:60:5:::
```

（3）直接修改用户账户配置文件

可将/etc/passwd 文件或/etc/shadow 文件中 user1 账户 passwd 字段的第一个字符前面加上一个"*"，达到锁定账户的目的，在需要恢复的时候只要删除"*"即可。

如果只是禁止用户账户登录系统，可以将其启动 shell 设置为/bin/false 或者/dev/null。

3. 删除用户账户

要删除一个账户，可以直接删除/etc/passwd 和/etc/shadow 文件中要删除的账户对应的行，或者用 userdel 命令删除。userdel 命令的格式为：

```
userdel [-r] 用户名
```

如果不加 -r 选项，则 userdel 命令会在系统中所有与账户有关的文件中（如/etc/passwd、/etc/shadow、/etc/group）将用户信息全部删除。

如果加 -r 选项，则在删除用户账户的同时，还将用户主目录及其下的所有文件和目录全部删除。另外，如果用户使用 E-mail，则同时也将/var/spool/mail 目录下的用户文件删除。

例如，完全删除账户 user2、user3，可用以下命令。

```
[root@Server01 ~]# userdel user3 -r
[root@Server01 ~]# userdel user2 -r
```

任务 2-4 管理组

管理组包括创建和删除组、为组添加用户等内容。

1. 创建和删除组

创建组和删除组的命令与创建、维护用户账户的命令相似。创建组可以使用命令 groupadd 或者 addgroup。

例如，创建一个新的组，组的名称为 testgroup，可用以下命令。

```
[root@Server01 ~]# groupadd   testgroup
```

删除一个组可以用 groupdel 命令，例如，删除刚创建的 testgroup 组可用以下命令。

项目 2　管理用户和组

```
[root@Server01 ~]# groupdel testgroup
```

需要注意的是，如果要删除的组是某个用户的主组，则该组不能被删除。

修改组的命令是 groupmod，其命令格式为：

```
groupmod ［选项］ 组名
```

groupmod 命令选项如表 2-8 所示。

表 2-8　groupmod 命令选项

选项	说明
-g gid	把组的 GID 改为 gid
-n group-name	把组的名称改为 group-name
-o	强制接受更改的组的 GID 为重复的号码

2. 为组添加用户

在 CS9 中使用不带任何参数的 useradd 命令创建用户时，会同时创建一个和用户账户同名的组，称为主组。当一个组中必须包含多个用户时，需要使用附属组。在附属组中增加、删除用户都用 gpasswd 命令。gpasswd 命令的格式为：

```
gpasswd ［选项］［用户］［组］
```

只有 root 用户和组管理员才能使用 gpasswd 命令，gpasswd 命令选项如表 2-9 所示。

表 2-9　gpasswd 命令选项

选项	说明
-a	把用户加入组
-d	把用户从组中删除
-r	取消组的密码
-A	给组指派管理员

例如，要把 user1 用户加入 testgroup 组，并指派 user1 为管理员，可以执行下列命令。

```
[root@Server01 ~]# groupadd    testgroup
[root@Server01 ~]# gpasswd -a user1 testgroup
正在将用户"user1"加入到"testgroup"组中
[root@Server01 ~]# gpasswd -A user1 testgroup
```

任务 2-5　使用 su 命令

su 命令用于切换当前用户身份到其他用户身份。当不指定用户账号时，默认切换到超级用户（root）身份。如果指定了用户账号，则会切换到指定用户的身份。需要注意的是，切换到其他用户身份需要输入目标用户的密码。

1）从 root 用户切换到普通用户 yangyun。

注意

从普通用户到管理员用户，只需要执行 su 命令并输入管理员账户的密码，命令如下。

```
[root@Server01 ~]# pwd
/root
[root@Server01 ~]# su - yangyun
[yangyun@Server01 ~]$pwd
/home/yangyun
[yangyun@Server01 ~]$
```

2）从普通用户 yangyun 切换至 root 管理员，并查看用户的家目录。命令如下。

```
[yangyun@Server01 ~]$su - root
密码：
[root@Server01 ~]# pwd
/root
[root@Server01 ~]#
```

注意

从管理员用户到普通用户不需要输入密码即可完成用户切换。其中，使用"-"选项可以重新创建一个新的 shell 环境，并且按照目标用户的配置文件（如 .bashrc、.profile 等）加载环境变量和配置项。请读者试一下，直接使用 su 命令，而不加"-"选项，会有什么区别？

任务 2-6 使用常用的账户管理命令

使用账户管理命令可以在非图形化操作中对账户进行有效管理。

1. vipw 命令

vipw 命令用于直接对用户账户文件 /etc/passwd 进行编辑，使用的默认编辑器是 vi。在用 vipw 命令对 /etc/passwd 文件进行编辑时将自动锁定该文件，编辑结束后对该文件进行解锁，保证了文件的一致性。vipw 命令在功能上等同于 "vi /etc/passwd" 命令，但是比直接使用 vi 命令更安全。vipw 命令的格式如下。

```
[root@Server01 ~]# vipw
```

2. vigr 命令

vigr 命令用于直接对组文件 /etc/group 进行编辑。在用 vigr 命令对 /etc/group 文件进行编辑时将自动锁定该文件，编辑结束后对该文件进行解锁，保证了文件的一致性。vigr 命令在功能上等同于 "vi /etc/group" 命令，但是比直接使用 vi 命令更安全。vigr 命令的格式如下。

```
[root@Server01 ~]# vigr
```

3. pwck 命令

pwck 命令用于验证用户账户文件认证信息的完整性。该命令检测/etc/passwd 文件和/etc/shadow 文件每行中字段的格式和值是否正确。pwck 命令的格式如下。

```
[root@Server01 ~]# pwck
```

4. grpck 命令

grpck 命令用于验证组文件认证信息的完整性。该命令可检测/etc/group 文件和/etc/gshadow 文件每行中字段的格式和值是否正确。grpck 命令的格式如下。

```
[root@Server01 ~]# grpck
```

5. id 命令

id 命令用于显示一个用户的 UID 和 GID 以及用户所属的组列表。在命令行输入 "id" 并直接按<Enter>键将显示当前用户的 ID 信息。id 命令的格式如下。

```
id [选项] 用户名
```

例如,显示 user1 用户 UID、GID 信息的实例如下所示。

```
[root@Server01 ~]# id user1
用户 id=1002(user1) 组 id=1002(user1) 组=1002(user1),1001(bobby),1012(testgroup)
```

6. whoami 命令

whoami 命令用于显示当前用户的名称。whoami 命令与 "id -un" 命令的作用相同。

```
[root@Server01 ~]# su user1
[user1@Server01 root]$whoami
user1
[user1@Server01 root]$exit
exit
[root@Server01 ~]#
```

7. newgrp 命令

newgrp 命令用于转换用户的当前组到指定的主组,对于没有设置组密码的组账户,只有组的成员才可以使用 newgrp 命令改变主组身份到该组。如果组设置了密码,则其他组的用户只要拥有组密码就可以将主组身份改变到该组。应用实例如下。

```
[root@Server01 ~]# id                        # 显示当前用户的 GID
用户 id=0(root) 组 id=0(root) 组=0(root)
上下文=unconfined_u:unconfined_r:unconfined_t:s0-s0:c0.c1023
[root@Server01 ~]# newgrp group1             # 改变用户的主组
[root@Server01 ~]# id
```

```
用户 id=0(root) 组 id=1010(group1) 组=1010(group1),0(root)
上下文=unconfined_u:unconfined_r:unconfined_t:s0-s0:c0.c1023
[root@Server01 ~]# newgrp          # newgrp 命令不指定组时转换为用户的私有组
[root@Server01 ~]# id
用户 id=0(root) 组 id=0(root) 组=0(root),1010(group1)
上下文=unconfined_u:unconfined_r:unconfined_t:s0-s0:c0.c1023
```

使用 groups 命令可以列出指定用户的组。举例如下。

```
[root@Server01 ~]# whoami
root
[root@Server01 ~]# groups
root group1
```

2.4 企业实战与应用——账户管理实例

1. 情境

假设需要的账户数据如表 2-10 所示，该如何操作？

表 2-10 账户数据

账户名称	账户全名	支持次要组	是否可登录主机	密码
myuser1	1st user	mygroup1	可以	password
myuser2	2nd user	mygroup1	可以	password
myuser3	3rd user	无额外支持	不可以	password

2. 解决方案

```
# 先处理账户相关属性的数据
[root@Server01 ~]# groupadd mygroup1
[root@Server01 ~]# useradd -G mygroup1 -c "1st user" myuser1
[root@Server01 ~]# useradd -G mygroup1 -c "2nd user" myuser2
[root@Server01 ~]# useradd -c "3rd user" -s /sbin/nologin myuser3

# 再处理账户密码相关属性的数据
[root@Server01 ~]# echo "password" | passwd --stdin myuser1
[root@Server01 ~]# echo "password" | passwd --stdin myuser2
[root@Server01 ~]# echo "password" | passwd --stdin myuser3
```

特别注意

myuser1 与 myuser2 都支持次要组，但该组不一定存在，因此需要先手动创建。再者，myuser3 是不可登录系统的账户，因此需要使用/sbin/nologin 来设置，这样该账户就成为非登录账户了。

2.5 项目实训：管理用户和组

1. 项目实训目的

- 熟悉 Linux 用户的访问权限。
- 掌握在 Linux 操作系统中增加、修改、删除用户或用户组的方法。
- 掌握用户账户管理及安全管理的方法。

项目实录 2-3
管理用户和组

2. 项目背景

某公司有 60 名员工，分别在 5 个部门工作，每个人的工作内容不同。需要在服务器上为每个人创建不同的账户，把相同部门的用户放在一个组中，每个用户都有自己的工作目录。另外，需要根据工作性质对每个部门和每个用户在服务器上的可用空间进行限制。

3. 项目要求

练习设置用户的访问权限，练习账户的创建、修改、删除。

4. 做一做

根据项目实录视频进行项目实训，检查学习效果。

2.6 练习题

一、填空题

1. Linux 是_____的操作系统，它允许多个用户同时登录系统，使用系统资源。
2. Linux 系统下的用户账户分为两种：_____和_____。
3. root 用户的 UID 为_____，普通用户的 UID 可以在创建时由管理员指定，如果不指定，则用户的 UID 默认从_____开始顺序编号。
4. 在 Linux 系统中，创建用户账户的同时也会创建一个与用户同名的组，该组是用户的_____。普通组的 GID 默认也从_____开始编号。
5. 一个用户账户可以同时是多个组的成员，其中某个组是该用户的_____（私有组），其他组为该用户的_____（标准组）。
6. 在 Linux 系统中，所创建的用户账户及其相关信息（密码除外）均放在_____配置文件中。
7. 由于所有用户对 /etc/passwd 文件均有_____权限，所以为了增强系统的安全性，用户经过加密之后的密码都存放在_____文件中。
8. 组账户的信息存放在_____文件中，而关于组管理的信息（组密码、组管理员等）则存放在_____文件中。

二、选择题

1. (　　) 目录存放用户密码信息。
  A. /etc 　　　　　　B. /var 　　　　　　C. /dev 　　　　　　D. /boot
2. 创建用户 ID 是 1200、组 ID 是 1100、用户主目录为 /home/user01 的正确命令为 (　　)。
  A. useradd -u:1200 -g:1100 -h:/home/user01 user01

B. useradd -u=1200 -g=1100 -d=/home/user01 user01

C. useradd -u 1200 -g 1100 -d /home/user01 user01

D. useradd -u 1200 -g 1100 -h /home/user01 user01

3. 用户登录系统后首先进入（　　）。

 A. /home   B. /root 的主目录

 C. /usr   D. 用户自己的家目录

4. 在使用了 shadow 密码的系统中，/etc/passwd 和 /etc/shadow 两个文件的权限正确的是（　　）。

 A. -rw-r-----，-r--------   B. -rw-r--r--，-r--r--r—

 C. -rw-r--r--，-r--------   D. -rw-r--rw-，-r-----r—

5. （　　）可以删除一个用户并同时删除用户的主目录。

 A. rmuser -r   B. deluser -r   C. userdel -r   D. usermgr -r

6. 系统管理员应该采用的安全措施有（　　）。

 A. 把 root 密码告诉每一位用户

 B. 设置 telnet 服务来提供远程系统维护

 C. 经常检测账户数量、内存信息和磁盘信息

 D. 当员工辞职后，立即删除该用户账户

7. 在 /etc/group 文件中有一行 students∶∶600∶z3，14，w5，这表示有（　　）名用户在 students 组里。

 A. 3   B. 4   C. 5   D. 不知道

8. 命令（　　）可以用来检测用户 lisa 的信息。

 A. finger lisa   B. grep lisa /etc/passwd

 C. find lisa /etc/passwd   D. who lisa

三、简答题

1. Linux 系统中用户和组的作用是什么？

2. Linux 系统中的用户分为哪几类？

3. 什么是私有组（初始组）和附加组？

4. Linux 系统提供哪些命令来管理用户和组？

5. 如何查看系统中的用户和组信息？

项目 3　管理文件权限

项目导入

对于 Linux 系统的网络管理员而言，深入学习 Linux 文件系统和磁盘管理至关重要。特别是对初学者来说，文件的权限与属性构成了 Linux 学习过程中的一个核心挑战。若缺乏这方面的知识储备，一旦遇到"Permission denied"（权限被拒绝）的错误提示，往往会感到束手无策。

知识和能力目标

- 了解 Linux 文件系统结构和文件权限管理。
- 掌握 Linux 文件系统管理工具。
- 掌握 Linux 系统权限管理的应用。

素养目标

- 培养科技认知素养与创新精神，培养勇于探索、追求卓越的精神。
- 培养自主创新、自主发展意识。

3.1　项目知识准备

文件系统（File System）是操作系统中用于数据存储和管理的关键组件。它不仅是磁盘上按照特定格式组织的一块区域，更是一套复杂的用于管理文件和目录的规则和算法集合。通过文件系统，操作系统能够在存储设备上有效地保存、检索、更新和删除文件。

微课 3-1　Linux 的文件系统

3.1.1　认识文件系统

文件系统是操作系统中至关重要的组件，它负责高效地管理存储设备上的数据。尽管不同的操作系统可能更偏好支持特定的文件系统，但为了确保良好的兼容性，它们通常都具备对多种文件系统类型的支持能力。

1. 文件系统的类型

（1）ext4

作为 ext3 的升级版，ext4 在多个方面进行了优化。它支持更大的单个文件及文件系统容量（最高可达 1 EB），允许创建无限数量的子目录，并采用了更高效的数据块分配策略。如今，ext4 已被广泛视为 Linux 中最通用和实用的文件系统之一。

（2）XFS

XFS 是一种高性能的日志文件系统，特别适合处理大型文件和并行 I/O 操作。它的最大存储容量高达 18 EB，且具备在系统崩溃后迅速恢复数据的能力，从而确保数据的一致性和完整性。

（3）Btrfs

Btrfs 是一种现代化的文件系统，提供了诸如卷管理、快照、动态 inode 分配等高级功能。它的设计旨在提高存储效率，并具备数据纠错能力，同时保持了较高的易用性。

（4）swap

swap 文件系统主要用于 Linux 的交换空间管理，有助于系统虚拟内存的调配。通常建议的交换分区大小为物理内存的两倍，以满足系统的内存需求。

2. 文件权限和文件或目录属性

文件权限与属性构成了 Linux 文件系统管理的基石，对于确保系统安全性和数据完整性至关重要。在 Linux 系统中，每个文件和目录都被赋予了一套详细的权限和属性，这些设置决定了不同用户对其的访问和操作权限。

（1）Linux 文件权限

Linux 文件权限主要围绕三类用户进行定义：文件所有者（Owner）、所属组成员（Group）以及其他用户（Others）。针对这三类用户，分别设定了以下三种基本权限。

- 读权限（Read，r）：允许用户查看文件内容或列出目录中的文件列表。
- 写权限（Write，w）：允许用户修改文件内容或在目录中新增/删除文件。
- 执行权限（Execute，x）：允许用户执行文件或进入目录进行浏览。

关于权限，任务 3-1 会有更详细的介绍和实践。

（2）文件或目录属性

除了基本权限外，每个文件或目录还包含了一系列其他属性，这些属性提供了关于文件的额外重要信息。

- 所有者和所属组：明确指出了文件的拥有者以及与文件相关联的用户组。
- 文件大小：以字节为单位，表示文件所占用的存储空间大小。
- 时间戳：Linux 系统记录了三种关键的时间信息。
  - ➢ 修改时间（mtime）：记录文件内容最后一次被修改的具体时间。
  - ➢ 访问时间（atime）：记录文件内容最后一次被访问的时间点。
  - ➢ 状态改变时间（ctime）：记录文件的元数据（如权限或所有者信息）最后一次发生变化的时间。

此外，Linux 还引入了特殊权限和标志，以提供更加精细的访问控制机制。关于特殊权限，任务 3-1 会有更详细的介绍和实践。

这些权限和属性的灵活组合，使得 Linux 系统能够为用户提供强大而灵活的访问控制功能。

3.1.2 理解 Linux 文件系统结构

Linux 操作系统坚持"一切皆文件"的理念，这一原则贯穿于其设计。在这一框架下，硬件设备、目录、数据、进程等都在系统中以文件或文件夹形式存在。这种设计提升了 Linux 的操作便捷性和管理灵活性。

Linux 文件系统具有层次结构,以根目录"/"为起点,所有文件和目录均源自此处。系统中存在一些常见目录,各自承担特定功能,具体如表 3-1 所示。

表 3-1 Linux 文件系统常见目录及其主要用途

目录	主要用途
/	根目录,作为文件系统的起点,所有其他目录和文件均源于此
/bin	存放基本用户命令的目录,如 ls、cp 等,这些命令对所有用户而言都是不可或缺的
/boot	包含启动 Linux 系统所必需的文件,如内核镜像和启动加载器配置
/dev	设备文件存放的目录,Linux 将硬件设备视为文件进行处理
/etc	系统配置文件目录,存储着用户账户信息、系统启动脚本等关键配置
/home	用户家目录的集合,用于存放用户的个人文件和设置
/lib	系统库文件和内核模块目录,提供系统运行所需的基本功能和驱动支持
/media	可移动媒体设备的挂载点,如 USB 驱动器、CD-ROM 等
/mnt	临时挂载文件系统的位置,常用于挂载网络文件系统(如 NFS)
/opt	附加应用软件的安装目录,通常由第三方软件提供商进行维护
/proc	虚拟文件系统目录,提供系统运行时信息的接口,如进程状态、系统资源等
/root	系统管理员(root 用户)的家目录,用于存放管理员的个人文件和配置
/sbin	系统管理命令的存放目录,如 fdisk、ifconfig 等,主要由管理员使用
/tmp	临时文件存放的目录,用于存放系统运行过程中产生的临时数据
/usr	用户应用程序和文件的主要存储区域,包含系统文档、库文件等丰富资源
/var	存放经常变动的文件,如日志文件、邮件队列等,这些文件的内容会随时间而增长

这一精心设计的目录结构不仅提升了系统的组织性和可维护性,还为用户及开发者提供了清晰、直观的操作界面。

3.1.3 理解绝对路径与相对路径

在文件系统中,路径用于定位文件和目录。路径分为绝对路径(Absolute Path)和相对路径(Relative Path)两种。理解这两种路径对于在操作系统中导航和操作文件至关重要。

1. 绝对路径与相对路径的深入理解

(1)绝对路径

绝对路径是一条从文件系统的根目录"/"起始,直至目标文件或目录的完整且明确的路径。它如同一张详尽的地图,无论当前身处何处,都能准确无误地指向目的地。例如,/home/user/documents 便是一条绝对路径,它精确地标识了文件或目录在庞大文件系统中的坐标位置。

(2)相对路径

相对路径是一条相对当前工作目录而言的简化路径。它并不从根目录开始,而是从当前所在的位置出发,以更简洁的方式描述到达目标文件或目录的路线。在使用相对路径时,其含义会随当前工作目录的变化而有所调整。例如,若当前工作目录为/home/user,则 documents/report.txt 便是一条相对路径,它指向的实际位置是/home/user/documents/report.txt。一个简单的判断技巧是,若路径不以"/"开头,那么它很可能就是一条相对路径。

2. "."与".."的特殊含义

在 Linux 系统中,"."和".."是两个极具特色的目录项,它们分别代表着当前目录和父目录。

- .:这个符号象征着当前所在的目录。当在/home/user 目录中时,./documents 便是指向/home/user/documents 的快捷方式。使用"."可以在执行文件或搜索当前目录下的内容时,避免输入冗长的完整路径。
- ..:这个符号则代表着当前目录的上一级目录,即父目录。它如同一个向上的箭头,帮助用户轻松地在文件系统的层级结构中穿梭。例如,若当前工作目录为/home/user/documents,使用 cd.. 命令便能迅速地将工作目录切换至/home/user。

这两个特殊的目录项在脚本编写、命令行操作以及避免硬编码绝对路径等场景中,均发挥着举足轻重的作用。它们不仅提升了操作的灵活性,还极大地简化了文件系统的导航过程。

3.2 项目设计与准备

在进行本项目的实施前,需要做好如下准备。
1)已经安装好的 CS9。
2)CS9 安装光盘或 ISO 映像文件。
3)所需的用户及权限列表。
本项目的所有实例都在服务器 Server01 上完成。

慕课 3-2 配置与管理文件系统

3.3 项目实施

文件是操作系统用来存储信息的基本结构,是一组信息的集合。文件通过文件名来唯一标识。Linux 系统中的文件名称最长允许 255 个字符,这些字符可用 A~Z、0~9、.、_、-等符号表示。

任务 3-1 管理 Linux 文件权限

Linux 系统中的每一个文件或目录都包含访问权限,这些访问权限决定了谁能访问和如何访问这些文件和目录。

1. 认识文件和目录的权限

Linux 操作系统在文件管理方面展现出与其他系统截然不同的特性,其中最为显著的是其摒弃了"扩展名"的概念。在 Linux 中,文件的名称与其类型并无直接联系,这为用户提供了更大的命名自由。例如,一个名为 sample.txt 的文件可能是一个可执行程序,而 sample.exe 则可能是一个纯文本文件。此外,Linux 文件名严格区分大小写,sample.txt、Sample.txt、SAMPLE.txt 和 samplE.txt 均被视为不同的文件,这一特性在 DOS 和 Windows 系统中是不存在的。

(1)文件与目录的 3 种访问方式

在 Linux 系统中,权限管理是一项至关重要的功能,它允许用户以 3 种不同的方式限制对文件和目录的访问。

1）仅限用户本人访问。这种方式确保了文件或目录的私密性，只有文件的创建者或拥有者才能对其进行访问。这适用于存储敏感信息的文件，如个人文档、配置文件等。

2）允许特定用户组访问。用户组是 Linux 系统中用于管理用户权限的一种机制。通过将用户添加到特定的组中，可以授予他们对该组文件的访问权限。这种方式适用于需要团队协作或共享资源的场景，如项目文档、共享目录等。

3）允许系统所有用户访问。在某些情况下，可能需要将文件或目录设置为对所有用户开放。这通常用于存储公共信息或共享资源的文件，如系统文档、公共工具等。然而，这种访问方式需要谨慎使用，以确保系统的安全性和稳定性。

（2）文件与目录的 3 种权限

除了上述 3 种访问方式外，用户还可以控制对给定文件或目录的访问程度。具体来说，一个文件或目录具有以下 3 种权限。

- 读权限（r）：允许用户查看文件内容或浏览目录中的文件和子目录。
- 写权限（w）：允许用户修改文件内容或删除目录中的文件。对于目录而言，写权限还允许用户在其中创建新的文件或子目录。
- 执行权限（x）：对于文件而言，执行权限允许用户将其作为程序运行。对于目录而言，执行权限允许用户进入该目录并访问其中的内容。

当创建一个新文件时，系统会自动赋予文件所有者读和写的权限。这是为了确保文件所有者能够查看和修改自己的文件。然而，文件所有者可以根据需要更改这些权限，以授予其他用户或用户组相应的访问权限。

例如，某用户对一个文件仅具有读权限，这意味着其他用户无法修改其内容。或者，对一个文件仅具有执行权限，允许它像程序一样被该用户执行。这些权限设置可以根据实际需求进行灵活调整，以满足不同场景下的安全需求。

（3）3 种用户类型及其权限

为了确保系统的安全性和数据的完整性，Linux 系统采用了精细的权限控制机制。这一机制将用户分为 3 种类型：所有者、用户组和其他用户，并为每种用户类型设定了独立的访问权限。

1）所有者：作为文件的创建者，所有者拥有对文件的最高管理权限。他们可以自由地读取、写入、执行文件，并有权授予其所在用户组的其他成员以及系统中其他非组成员用户相应的文件访问权限。第一套权限体系控制访问自己的文件权限，即所有者权限。

2）用户组：用户组是 Linux 系统中用于管理用户权限的一种有效方式。通过将用户添加到特定的组中，可以方便地控制该组用户对其他用户文件的访问权限。用户组成员的权限由第二套权限体系来控制。

3）其他用户：除了所有者和用户组成员之外，系统中的其他所有用户都被归类为"其他用户"。他们的文件访问权限由第三套权限体系来定义。

【例 3-1】可以用 ls -l 或者 ll 命令显示文件的详细信息，其中包括权限。如下所示。

```
[root@Server01 ~]# ll
总用量 4
drwxr-xr-x. 2 root root    6  9月 14 10:01 公共
drwxr-xr-x. 2 root root    6  9月 14 10:01 模板
-rw-------. 1 root root 1447  9月 14 09:45 anaconda-ks.cfg
```

在上面的显示结果中从第二行开始,每一行的第一个字符一般用来区分文件的类型,一般取值为 d、-、l、b、c、s、p。具体含义如下。
- d:表示是一个目录,在 ext 文件系统中目录也是一种特殊的文件。
- -:表示该文件是一个普通的文件。
- l:表示该文件是一个符号链接文件,实际上它指向另一个文件。
- b、c:分别表示该文件为区块设备或其他的外围设备,是特殊类型的文件。
- s、p:分别表示这些文件关系到系统的数据结构和管道,通常很少见到。

下面详细介绍权限的种类和设置权限的方法。

2. 详解文件和目录的权限

在 Linux 系统中,文件的访问权限是通过一组特定的字符来表示的。这些字符位于文件名的开头部分,每行的第 2~10 个字符表示文件的访问权限。这 9 个字符每 3 个为一组,分别表示文件所有者、与所有者同一组的用户以及其他用户的权限。

(1)权限字符分组及意义

1)所有者权限,u(user)。字符 2、3、4 表示文件所有者的权限。包括读(r)、写(w)和执行(x)3 种权限。

2)用户组权限,g(group)。字符 5、6、7 表示文件所有者所属组的权限。适用于该组中的所有成员。

3)其他用户权限,o(other)。字符 8、9、10 表示文件所有者所属组以外的用户的权限。

(2)权限类型

1)读权限 r。
- 对文件:读取文件内容。
- 对目录:浏览目录内容。

2)写权限 w。
- 对文件:新增、修改文件内容。
- 对目录:删除、移动目录内文件。

3)执行权限 x。
- 对文件:执行文件。
- 对目录:进入目录。

4)无权限-:表示不具有某项权限。

(3)文件和目录的权限示例
- brwxr—r--:块设备文件,所有者具有读、写与执行权限,其他用户具有读取权限。
- -rw-rw-r-x:普通文件,所有者与同组用户具有读写权限,其他用户具有读取和执行权限。
- drwx--x—x:目录文件,所有者具有读写与进入目录的权限,其他用户能进入目录但无法读取数据。
- lrwxrwxrwx:符号链接文件,所有者、同组用户和其他用户都具有读、写和执行权限。

(4)默认权限与 umask
- 用户主目录默认权限:用户的主目录通常位于/home 目录下,默认权限为 rwx------。
- mkdir 命令创建的目录默认权限为 rwxr-xr-x。

- umask 命令用于修改默认权限。例如，umask 777 屏蔽所有权限，之后建立的文件或目录权限为 000。root 用户常用 umask 数值为 022、027 和 077，普通用户常用 002，产生的默认权限依次为 755、750、700、775。
- 用户登录系统时，用户环境会自动执行 umask 命令来决定文件、目录的默认权限。

3. 认识文件和目录的特殊权限

在 Linux 系统中，文件与目录的设置不仅包含基本的读（r）、写（w）、执行（x）权限，还存在一些特殊权限。这些特殊权限赋予了文件或目录额外的"特权"，但同时也可能带来安全风险。因此，除非有特定需求，否则不建议启用这些权限，以避免系统遭受黑客攻击或出现其他安全漏洞。

（1）SUID（Set User ID）

当可执行文件被设置了 SUID 权限时，该文件在执行时将具有文件所有者的权限。这意味着，即使普通用户执行该文件，他们也能访问文件所有者（通常是 root 用户）所能使用的所有系统资源。然而，这种权限也常被黑客利用，通过将 SUID 与 root 账号结合，在系统中悄无声息地创建后门，以便日后进行非法访问。

（2）SGID（Set Group ID）

与 SUID 类似，SGID 权限被设置在文件上时，该文件在执行时将具有文件所属用户组的权限。这意味着，执行该文件的用户可以访问整个用户组所能使用的系统资源。SGID 权限同样需要谨慎使用，以避免潜在的安全风险。

（3）Sticky Bit（粘滞位）

Sticky Bit 是一种特殊的权限设置，通常用于 /tmp 和 /var/tmp 等公共目录。这些目录允许所有用户进行文件的临时存取，但 Sticky Bit 确保了只有文件的创建者或超级用户才能删除或重命名这些文件。这样，即使其他用户具有对这些目录的写权限，他们也无法删除或修改不属于他们的文件。

在 Linux 系统中，SUID、SGID 和 Sticky Bit 占用执行（x）权限的位置来表示。当这些特殊权限与执行权限同时开启时，权限表示字符是小写的。

例如，"-rwsr-sr-t"表示该文件具有 SUID 和 SGID 权限，并且是可执行的，同时设置了 Sticky Bit。而"-rwSr-Sr-T"则表示该文件关闭了执行权限，但设置了 SUID、SGID 和 Sticky Bit（此时这些权限的表示字符为大写）。

4. 修改文件权限

在文件建立时系统会自动设置权限，如果这些默认权限无法满足需要，可以使用 chmod 命令来修改权限。通常在修改权限时可以用两种方式来表示权限类型：数字表示法和文字表示法。

chmod 命令的格式是：

| chmod | 选项 | 文件 |

（1）以数字表示法修改权限

数字表示法是指将读取（r）、写入（w）和执行（x）分别以 4、2、1 来表示，没有赋予的部分就表示为 0，然后再把所授予的权限相加而成。表 3-2 是几个示例。

表 3-2 以数字表示法修改权限的示例

原始权限	转换为数字			数字表示法
rwxrwxr-x	(421)	(421)	(401)	775
rwxr-xr-x	(421)	(401)	(401)	755
rw-rw-r--	(420)	(420)	(400)	664
rw-r--r--	(420)	(400)	(400)	644

例如，为文件/yy/file 设置权限：赋予拥有者和组群成员读取和写入的权限，而其他用户只有读取权限，则应将权限设为 rw-rw-r--，而该权限的数字表示法为 664，因此可以输入下面的命令来设置权限：

[root@Server01 ~]# **mkdir /yy**
[root@Server01 ~]# **cd /yy**
[root@Server01 yy]# **touch file**
[root@Server01 yy]# **ll**
总用量 0
-rw-r--r--. 1 root root 0 9月 21 09:24 file

（2）以文字表示法修改访问权限

下面详细介绍如何使用文字表示法修改文件权限、设置特殊权限以及修改文件的所有者和属组。

1）修改文件权限。

使用文字表示法时，系统用 4 种字母来表示不同的用户。

- u：user，表示所有者。
- g：group，表示属组。
- o：others，表示其他用户。
- a：all，表示以上 3 种用户。

操作权限使用下面 3 种字符的组合表示法。

- r：read，读取。
- w：write，写入。
- x：execute，执行。

操作符号包括以下几种。

- +：添加某种权限。
- -：减去某种权限。
- =：赋予给定权限并取消原来的权限。

以文字表示法修改文件权限时，上例中的权限设置命令应该如下。

[root@Server01 yy]# **chmod u=rw,g=rw,o=r /yy/file**

2）修改目录及其子目录权限

修改目录权限和修改文件权限相同，都是使用 chmod 命令，但不同的是，要使用通配符"*"来表示目录中的所有文件。

例如，要同时将/yy 目录中的所有文件权限设置为所有人都可读取及写入，应该使用下面的命令。

[root@Server01 yy]# **chmod a=rw /yy/ ***
//或者
[root@Server01 yy]# **chmod 666 /yy/ ***

如果目录中包含其他子目录，则必须使用-R（Recursive）参数来同时设置所有文件及子目录的权限。

利用 chmod 命令也可以修改文件的特殊权限。

例如，设置文件/yy/file 的 SUID 权限的方法如下。

[root@Server01 yy]# **chmod u+s /yy/file**
[root@Server01 yy]# **ll**
总用量 0
-rwSrw-rw-. 1 root root 0 9月 21 09:23 file

（3）设置特殊权限

特殊权限也可以采用数字表示法。SUID、SGID 和 Sticky Bit 权限分别为 4、2 和 1。使用 chmod 命令设置文件权限时，可以在普通权限的数字前面加上一位数字来表示特殊权限。举例如下。

[root@Server01 yy]# **chmod 6664 /yy/file**
[root@Server01 yy]# **ll /yy**
总用量 0
-rwSrwSr--. 1 root root 0 9月 21 09:24 file

5. 修改文件所有者和属组

要修改文件的所有者和属组可以使用 chown 命令。chown 命令格式如下所示。

| chown | 选项 | 用户和属组 | 文件列表 |

用户和属组可以是名称也可以是 UID 或 GID。多个文件之间用空格分隔。

例如，要把/yy/file 文件的所有者修改为 test 用户，命令如下。

[root@Server01 yy]# **useradd test**
[root@Server01 yy]# **chown test /yy/file**
[root@Server01 yy]# **ll**
总计 0
-rw-rwSr--. 1 test root 0 9月 21 09:24 file

chown 命令可以同时修改文件的所有者和属组，用":"分隔。

例如，将/yy/file 文件的所有者和属组都改为 test 的命令如下所示。

[root@Server01 yy]# **chown test:test /yy/file**

如果只修改文件的属组可以使用下列命令。

[root@Server01 yy]# **chown :test /yy/file**

修改文件的属组也可以使用 chgrp 命令。命令范例如下所示。

[root@Server01 yy]# **chgrp test /yy/file**

任务 3-2　修改文件与目录的默认权限与隐藏权限

文件权限主要包括读（r）、写（w）、执行（x）等基本权限，而文件类型的属性则涵盖目录（d）、普通文件（-）、符号链接等。修改权限的方法（chmod 命令）前面已经介绍过。在 Linux 的 ext2/ext3/ext4 文件系统中，除了基本的 r、w、x 权限外，还可以设置系统的隐藏属性。通过 chattr 命令可以配置这些隐藏属性，而使用 lsattr 命令则可以查看当前文件的隐藏属性。

此外，出于安全机制的考虑，文件不可修改的特性，即使是文件的拥有者也无法进行修改，这一点显得尤为重要。通过合理配置文件权限和属性，可以有效提升系统的安全性和数据保护。

1. 理解文件预设权限 umask

创建文件或目录时，默认权限是什么？默认权限与 umask 密切相关，umask 指定了用户在创建文件或目录时的默认权限。

（1）查看与设置 umask 值

要查看或设置 umask 值，可以使用相应的命令。以下是命令示例及其运行结果。

```
[root@Server01 ~]# umask
0022                    //后面 3 个数字表示与一般权限相关的设置
[root@Server01 ~]# umask  -S
u=rwx,g=rx,o=rx
```

通过调整 umask 值，用户可以有效控制新创建文件或目录的权限，确保安全性与可访问性之间的平衡。

查阅默认权限的方式有两种：一是直接输入 umask，可以看到数字形态的权限设定；二是加入-S（Symbolism，符号）选项，以符号类型的方式显示权限。

（2）umask 值的含义与调整

mask 值由 4 个八进制数字组成，但通常只需关注后 3 个数字，因为第 1 个数字与特殊权限（如 SUID、SGID 和 Sticky Bit）相关，而这里主要讨论的是一般权限。

1）在 Linux 中，文件和目录的默认权限是不同的。
- 对于文件，默认的最大权限是 666（即-rw-rw-rw-），因为文件通常不需要执行权限。
- 对于目录，默认的最大权限是 777（即 drwxrwxrwx），因为目录需要执行权限才能进入。

2）umask 值指定了这些默认权限中需要被去除的部分。具体来说：
- 去掉写入的权限时，umask 值中包含 2（对应 w 权限）。
- 去掉读取的权限时，umask 值中包含 4（对应 r 权限）。

- 去掉执行权限时（对于文件通常不需要，但对于目录很重要），umask 值中包含 1（对应 x 权限）。
- 去掉读取和写入的权限时，umask 值中包含 6。
- 去掉执行和写入的权限时，umask 值中包含 3。
- 使用组合权限时，只需将对应的数值相加即可。例如，umask 值为 027 时，表示去除组用户的写权限（2）和其他用户的读、写、执行权限（4+2+1=7）。

思考
5 是什么意思？就是读取（4）与执行（1）的权限。

（3）示例分析

1）分析。

在上面的例子中，因为 umask 值为 022，所以 user（对应 umask 的 0）并没有被去掉任何权限，不过 group（对应 umask 的 2）与 others（对应 umask 最后面的 2）的权限被去掉了 2（也就是 w 这个权限），那么用户的权限如下。

- 建立文件时：（-rw-rw-rw-）-（-----w--w-）= -rw-r--r--。
- 建立目录时：（drwxrwxrwx）-（d----w--w-）= drwxr-xr-x。

2）验证。

```
[root@Server01 ~]# umask
0022
[root@Server01 ~]# touch test1
[root@Server01 ~]# mkdir test2
[root@Server01 ~]# ll
总用量 4
……
-rw-r--r--. 1 root root    0 9月 21 10:01 test1
drwxr-xr-x. 2 root root    6 9月 21 10:01 test2
```

2. 利用 umask

假如两人在同一个项目组，账号属于相同的组，并且/home/class/目录是两人的公共目录。想象一下，有没有可能一个人所制作的文件另一个人无法编辑？如果要让两人都能够编辑文件，该怎么办呢？

以上面的示例来说，test1 的权限是 644。也就是说，如果 umask 的值为 022，那新建的数据只有用户自己具有 w 权限，同组的用户只有 r 权限，肯定无法修改。这样怎么能共同编辑项目文件呢？

因此，当需要新建文件给同组的用户共同编辑时，umask 的组就不能去掉 2 这个 w 权限，这时 umask 的值应该是 002，这样才能使新建文件的权限是-rw-rw-r--。那么如何设定 umask 值呢？直接在 umask 后面输入 002 就可以了。命令运行情况如下。

```
[root@Server01 ~]# umask 002 ;touch test3 ;mkdir test4
[root@Server01 ~]# ll
总用量 4
```

```
……
-rw-r--r--. 1 root root   0 9月 21 10:01 test1
drwxr-xr-x. 2 root root   6 9月 21 10:01 test2
-rw-rw-r--. 1 root root   0 9月 21 10:02 test3
drwxrwxr-x. 2 root root   6 9月 21 10:02 test4
```

umask 与新建文件及目录的默认权限有很大关系。这个属性可以用在服务器上，尤其是文件服务器（file server）上。例如，在创建 Samba 服务器或者 FTP 服务器时，显得尤为重要。

思考

假设 umask 值为 003，在此情况下建立的文件与目录的权限又是怎样的呢？umask 为 003，去掉的权限为--------wx。因此相关权限如下。
- 文件：(-rw-rw-rw-)-(--------wx) = -rw-rw-r--。
- 目录：(drwxrwxrwx)-(d-------wx) = drwxrwxr--。

在关于 umask 与权限的计算方式中，有的教材喜欢使用二进制的方式来进行 AND 与 NOT 的计算。不过，本书认为上面这种计算方式比较容易。

提示

在有的书籍或者论坛上，喜欢使用文件默认属性 666 及目录默认属性 777 与 umask 值相减来计算文件属性，但以上面的思考来看，如果使用默认属性相减，则文件属性变成 666-003=663，即-rw-rw--wx，这是不对的。想想看，原本文件就已经去除了 x 的默认属性，怎么可能突然间出现呢？所以，这个地方一定要特别注意。

root 的 umask 值默认是 022，这是基于安全的考虑。对于一般用户，通常 umask 值为 002，即保留同组的写入权限。关于预设 umask 可以参考/etc/bashrc 这个文件的内容。

3. 设置文件隐藏属性

在 Linux 系统中，以点开头的文件或文件夹被视为隐藏文件，不会在普通的文件管理器或 ls 命令（不带参数）中显示。

（1）chattr 命令

chattr 是 Linux 系统中一个功能强大的命令，它允许系统管理员为文件设定特定的属性，从而精细地控制文件的行为。这一功能在系统管理和安全维护方面尤为关键，为管理员提供了额外的安全层级。

1）命令格式。

```
chattr [选项] [模式] [属性] 文件名
```

2）选项详解。
- -V：此选项会在命令执行时显示详细的操作信息，帮助管理员了解命令的每一步执行过程。
- -R：当需要处理某个目录及其所有子目录中的文件时，可使用此选项进行递归操作，无须逐一手动处理。
- -f：在某些情况下，即使命令执行过程中遇到错误，使用此选项也能强制命令继续执行，确保操作的完整性。

3）模式构成。
- +：此模式用于为文件添加指定的属性，而不会移除其他已存在的属性。
- -：使用此模式可以移除文件的指定属性，其他属性则保持不变。
- =：此模式将设置文件的精确属性，所有未明确指定的属性都将被移除，确保文件属性的唯一性和准确性。

4）常用属性及其作用。
- A：启用此属性后，文件的访问时间戳将不会被修改，这有助于减少系统开销，提升性能。
- a：此属性适用于日志文件等需要不断追加内容的文件，设置为只读追加模式，防止文件被意外修改或删除。
- i：将文件设置为不可变状态，此时文件将无法进行删除、修改、重命名或创建链接等操作，为关键文件提供最高级别的保护。
- s：安全删除属性，确保在删除文件时，其内容能够被彻底清除，防止敏感信息泄露。
- S：同步更新属性，每次对文件进行修改后，都会立即将其写入硬盘，确保数据的完整性和一致性。

通过灵活运用 chattr 命令及其选项和属性，系统管理员可以实现对文件行为的精细控制，从而提升系统的安全性和稳定性。

【例 3-2】请尝试在/tmp 目录下建立文件，加入 i 属性，并尝试删除。

```
[root@Server01 ~]# cd  /tmp
[root@Server01 tmp]# touch attrtest            //建立一个空文件
[root@Server01 tmp]# chattr  +i attrtest       //加入 i 属性
[root@Server01 tmp]# rm attrtest               //尝试删除，查看结果
rm：是否删除普通空文件 'attrtest'? y
rm：无法删除'attrtest'：不允许的操作             //操作被拒绝
# root 管理员也没有办法将这个文件删除
```

将该文件的 i 属性取消：

```
[root@Server01 tmp]# chattr -i attrtest
```

这个命令很重要，尤其是在保证系统的数据安全方面。

此外，如果是日志文件，就需要+a 属性，可增加但不能修改与删除旧有数据。

（2）lsattr 命令

lsattr 命令是 Linux 系统中的一个实用工具，它专门用于展示文件和目录的隐藏属性。这些隐藏属性也被称为扩展属性，能够对文件的访问权限和操作行为进行微调，为系统管理员提供了更为精细的文件管理手段。

1）命令使用格式如下。

```
lsattr [-adR] 文件或目录
```

2）选项说明如表 3-3 所示。

表 3-3　lsattr 选项说明

选项	功能	说明
-a	显示所有文件的属性，包括隐藏文件（以 . 开头的文件）	在 Linux 中，隐藏文件通常以 . 作为前缀。使用 -a 选项可以确保这些隐藏文件的扩展属性也被列出，有助于系统管理和安全审计
-d	仅显示目录本身的属性，不列出其内部文件的属性	当需要检查目录的特定属性（如不可变性）时，-d 选项非常有用，它避免了列出目录内所有文件的属性，从而提高了效率
-R	递归地列出指定目录及其所有子目录中文件和目录的属性	-R 选项允许管理员全面审查整个目录树的文件属性，这对于确保整个文件系统的安全性和一致性至关重要

3）示例。

通过 lsattr 命令及其丰富的选项，系统管理员可以轻松地获取文件和目录的隐藏属性信息，进而根据实际需求进行相应的权限调整和安全配置。

```
[root@Server01 tmp]# chattr +aiS attrtest
[root@Server01 tmp]# lsattr attrtest
--S-ia----------attrtest
```

使用 chattr 命令后，可以使用 lsattr 命令来查阅隐藏的属性。不过，这两个命令在使用上必须要特别小心，否则会造成很大的困扰。例如，如果将 /etc/shadow 密码文件设定为具有 i 属性，则在若干天后，会发现无法新增用户。

任务 3-3　使用文件访问控制列表

文件访问控制列表（Access Control Lists，ACL）作为 Linux 和 UNIX 系统中的一项关键机制，为文件权限管理提供了更为精细的控制方式。相较于传统的 UNIX 权限模型，ACL 能够赋予管理员为特定用户或组设定不同访问权限的能力，从而制定出更为灵活且贴合实际需求的安全策略。

为了方便管理 ACL，Linux 提供了两个主要命令：setfacl 和 getfacl。

1. setfacl 命令

setfacl 命令是用于设置和管理 Linux 文件系统 ACL 的工具。ACL 允许更细粒度的权限控制，超越传统的用户、组和其他分类，这使得系统管理员能够针对特定用户和组配置访问权限，适应更复杂的权限需求。基本命令格式如下：

```
setfacl [选项] [ACL 规则] 文件名
```

（1）选项说明

- -m：用于修改现有的 ACL，或者添加新的 ACL 规则。此选项非常重要，因为它允许管理员在不完全覆盖现有权限的情况下更新权限设置。
- -x：删除指定的 ACL 条目。使用该选项可以去除不再需要的权限设置。
- -b：删除所有 ACL 条目，包括默认条目。这在需要重置所有权限时非常有用。
- -k：仅删除默认的 ACL 条目，而保留用户和组的其他 ACL 设置。
- -d：设置目录的默认 ACL。此选项特别重要，因为默认 ACL 会自动应用于该目录下新创建的文件和子目录。这简化了权限管理，确保一致性。
- -R：递归地修改指定目录及其所有子目录中的文件权限。使用该选项可以一次性更新大量文件的权限。

- -L：只处理符号链接本身，而不是符号链接指向的目标文件。这对处理文件系统中的链接来说非常重要。

（2）ACL 规则的格式如下
- u::为特定用户设置权限。例如，u:username:rw-表示将读写权限授予用户 username。
- g::为特定组设置权限。例如，g:groupname:r--表示将只读权限授予组 groupname。
- o::为不属于指定用户，也不属于相关组中的其他用户设置权限。例如，o:r--表示其他用户具有只读权限。
- m::设置掩码，掩码是对最高权限的限制。掩码会影响组和其他用户的权限。

权限用字母 r（读取）、w（写入）、x（执行）来表示。

下面设置一个/boot 目录的 ACL，使得用户"yangyun"能够读写该目录下所有现有和未来的文件。

```
[root@server01 ~]# setfacl -m u:yangyun:rwx /boot
[root@server01 ~]# setfacl -d -m u:yangyun:rwx /boot
```

在上述操作中，-m 选项被用于修改 ACL，u:yangyun:rwx 指定了将读写执行权限授予用户 yangyun。而第二个命令中的-d 选项则表示设置的是默认 ACL，这些默认 ACL 会自动应用于/boot 目录中未来创建的所有文件。

- 第一个命令确保了用户 yangyun 能够立即对/boot 目录及其现有文件具有完全的访问能力。
- 第二个命令则确保了/boot 目录中未来创建的所有文件都会默认赋予用户 yangyun 读写执行的权限，从而简化了权限管理，并确保了一致性。

通过深入理解 ACL 机制及 setfacl 命令的灵活使用，管理员能够制定出更为贴合实际需求的安全策略，为 Linux 系统提供更为强大的安全保障。

2. getfacl 命令

getfacl（Get File Access Control List）命令用于查看文件或目录的 ACL 信息。它可以显示文件的所有权限，包括传统的 UNIX 权限和额外的 ACL 权限。其格式如下。

```
getfacl [选项] 文件名
```

常用选项说明如下。
- -a：显示所有的 ACL 信息，包括文件所有者、组等信息。这是默认选项。
- -c：不显示文件所有者、组和其他默认信息。
- -d：仅显示目录的默认 ACL。
- -e：扩展显示模式，显示所有的 ACL 权限，包括默认的。
- -R：递归查看指定目录及其子目录中的 ACL。
- -t：使用文本格式输出，方便其他程序处理。
- -p：保留完整的路径名，而不仅仅是最后的文件名或目录名。

要查看/boot 目录的 ACL 设置，可以使用以下命令。

```
[root@Server01 ~]# getfacl /boot
getfacl: Removing leading '/' from absolute path names
```

```
# file: boot
# owner: root
# group: root
user::r-x
user:yangyun:rwx
group::r-x
mask::rwx
other::r-x
default:user::r-x
default:user:yangyun:rwx
default:group::r-x
default:mask::rwx
default:other::r-x
```

3.4 企业实战与应用

1. 情境及需求

情境：假设系统中有两个用户账号，分别是 alex 与 arod，这两个账号除了支持自己的组，还共同支持一个名为 project 的组。如果这两个账号需要共同拥有/srv/ahome/目录的开发权，且该目录不允许其他账号进入查阅，请问该目录的权限应如何设定？请先以传统权限说明，再以 SGID 的功能解析。

目标：了解为何项目开发时目录最好设定 SGID 的权限。

前提：多个账号支持同一组，且共同拥有目录的使用权。

需求：需要使用 root 管理员的身份运行 chmod、chgrp 等命令，帮用户设定好他们的开发环境。这也是管理员的重要任务之一。

2. 解决方案

1）制作这两个用户账号的相关数据，如下所示。

```
[root@Server01 ~]# groupadd project                    <==增加新的组
[root@Server01 ~]# useradd -G project alex             <==建立 alex 账号，且支持 project
[root@Server01 ~]# useradd -G project arod             <==建立 arod 账号，且支持 project
[root@Server01 ~]# id alex                             <==查阅 alex 账号的属性
uid=1008(alex) gid=1012(alex) 组=1012(alex),1011(project)   <==确定有支持！
[root@Server01 ~]# id arod
uid=1009(arod) gid=1013(arod) 组=1013(arod),1011(project)
```

2）建立所需要开发的项目目录。

```
[root@Server01 ~]# mkdir      /srv/ahome
[root@Server01 ~]# ll  -d     /srv/ahome
drwxr-xr-x 2 root root 4096 Sep 29 22:36 /srv/ahome
```

3）从上面的输出结果可以发现，alex 与 arod 都不能在该目录内建立文件，因此需要修改权限与属性。由于其他用户均不可进入此目录，所以该目录的组应为 project，权限应为 770。

```
[root@Server01 ~]# chgrp project  /srv/ahome
[root@Server01 ~]# chmod 770  /srv/ahome
[root@Server01 ~]# ll -d /srv/ahome
drwxrwx---  2 root project 4096 Sep 29 22:36 /srv/ahome
# 从上面的权限来看，由于 alex/arod 均支持 project，所以似乎没问题了
```

4）分别以两个用户来测试，情况会如何呢？先用 alex 建立文件，再用 arod 去处理。

```
[root@Server01 ~]# su  -  alex              <== 先切换身份成 alex 来处理
[alex@Server01 ~]$ cd  /srv/ahome           <== 切换到组的工作目录
[alex@Server01 ahome]$ touch abcd           <== 建立一个空的文件
[alex@Server01 ahome]$ exit                 <== 退出 alex 的身份
[root@Server01 ~]# su  -  arod
[arod@Server01 ~]$ cd  /srv/ahome
[arod@Server01 ahome]$ ll abcd
-rw-rw-r--  1 alex alex 0 Sep 29 22:46 abcd
# 仔细看上面的文件，组是 alex，而组 arod 并不支持
# 因此对于 abcd 这个文件来说，arod 应该只是其他用户，只有 r 权限
[arod@Server01 ahome]$ exit
```

由上面的结果可以知道，若单纯使用传统的 rwx，则对于 alex 建立的 abcd 这个文件来说，arod 可以删除它，但不能编辑它。若要实现目标，就需要用到特殊权限。

5）加入 SGID 的权限，并进行测试。

```
[root@Server01 ~]# chmod 2770  /srv/ahome
[root@Server01 ~]# ll  -d  /srv/ahome
drwxrws---  2 root project 4096 Sep 29 22:46 /srv/ahome
```

6）测试：使用 alex 建立一个文件，并查阅文件权限。

```
[root@Server01 ~]# su  -  alex
[alex@Server01 ~]$ cd  /srv/ahome
[alex@Server01 ahome]$ touch 1234
[alex@Server01 ahome]$ ll 1234
-rw-rw-r--  1 alex project 0 Sep 29 22:53 1234
# 现在 alex、arod 建立的新文件所属组都是 project
# 由于两个账号均属于此组，加上 umask 值都是 002，两个账号才可以互相修改对方的文件
```

最终的结果显示，此目录的权限最好是 2770，所属文件拥有者属于 root 管理员即可，至于组，则必须为两个账号共同支持的 project 才可以。

3.5 项目实训：管理文件权限

1. 项目实训目的

- 掌握利用 chmod 及 chgrp 等命令实现 Linux 文件权限管理的方法。
- 掌握磁盘限额的实现方法（项目 5 会详细讲解）。

项目实录 3-3
管理文件权限

2. 项目背景

某公司有 60 名员工，分别在 5 个部门工作，每个人的工作内容不同。需要在服务器上为每个人创建不同的用户账号，把相同部门的用户放在一个组中，每个用户都有自己的工作目录。另外，需要根据每个人的工作性质对每个部门和每个用户在服务器上的可用空间进行限制。

假设有用户 user1，请设置 user1 对 /dev/sdb1 分区的磁盘限额，将 user1 对 blocks 的 soft 设置为 5000，hard 设置为 10 000；inodes 的 soft 设置为 5000，hard 设置为 10 000。

3. 项目要求

练习 chmod、chgrp 等命令，练习在 Linux 系统中实现磁盘限额的方法。

4. 做一做

根据项目实录视频进行项目实训，检查学习效果。

3.6 练习题

一、填空题

1. 文件系统是磁盘上有特定格式的一片区域，操作系统利用文件系统_____和_____文件。
2. ext 文件系统在 1992 年 4 月完成，称为_____，是第一个专门针对 Linux 操作系统的文件系统。Linux 操作系统使用_____文件系统。
3. ext 文件系统结构的核心组成部分是_____、_____和_____。
4. Linux 文件系统采用阶层式的_____结构，该结构的最上层是_____。
5. 默认的权限可用_____命令修改，方法非常简单，只需执行_____命令，便可屏蔽所有权限，因而之后建立的文件或目录，其权限都变成_____。
6. _____代表当前的目录，也可以使用 ./ 来表示。_____代表上一层目录，也可以用 ../ 来表示。
7. 若文件名前多一个 "."，则代表该文件为_____。可以使用_____命令查看隐藏文件。
8. 想要让用户拥有文件 filename 的执行权限，但又不知道该文件原来的权限是什么，应该执行_____命令。

二、选择题

1. 存放 Linux 基本命令的目录是（　　）。
   A. /bin   B. /tmp   C. /lib   D. /root

2. 对于普通用户创建的新目录，（　　）是默认的访问权限。
   A. rwxr-xr-x　　　　B. rw-rwxrw-　　　　C. rwxrwxr-x　　　　D. rwxrwxrw-
3. 如果当前目录是/home/sea/china，那么"china"的父目录是（　　）目录。
   A. /home/sea　　　　B. /home/　　　　C. /　　　　D. /sea
4. Linux 系统中有用户 user1 和 user2 同属于 users 组。在 user1 用户目录下有一文件 file1，它拥有 644 的权限，如果 user2 想修改 user1 用户目录下的 file1 文件，则应拥有（　　）权限。
   A. 744　　　　B. 664　　　　C. 646　　　　D. 746
5. 用 ls -al 命令列出下面的文件列表，则（　　）是符号链接文件。
   A. -rw-------　　2 hel-s　　users　　56　　Sep 09 11:05　　hello
   B. -rw-------　　2 hel-s　　users　　56　　Sep 09 11:05　　goodbey
   C. drwx-----　　1 hel　　users　　1024　　Sep 10 08:10　　zhang
   D. lrwx-----　　1 hel　　users　　2024　　Sep 12 08:12　　cheng
6. 如果 umask 值设置为 022，则默认的新建文件的权限为（　　）。
   A. ----w--w-　　　　B. -rwxr-xr-x　　　　C. -r-xr-x---　　　　D. -rw-r--r--

三、简答题

1. Linux 文件系统主要有哪些类型？
2. Linux 文件系统的权限有哪些？
3. 什么是 SUID、SGID 和 Sticky Bit 特殊权限？

项目 4　配置网络服务

项目导入

作为 Linux 系统的网络管理员，掌握 Linux 服务器的网络配置与管理技能至关重要，这些技能是后续进行网络服务配置的基础。本项目旨在详细讲解如何利用 nmtui 工具来配置网络参数，并通过 nmcli 命令来查看网络信息及有效管理网络会话服务，以便管理员在不同工作场景下迅速切换网络运行参数。

通过本项目的学习，管理员将能够更全面地理解 Linux 网络配置与管理的精髓，为实际工作打下坚实的基础。

知识和能力目标

• 理解常见的网络配置服务。 • 掌握使用系统菜单配置网络服务的方法。	• 掌握使用图形界面配置网络服务的方法。 • 掌握使用 nmcli 命令配置网络服务的方法。

素养目标

• 厚植家国情怀，培养学生的大局意识和责任意识。	• 培养勇于攻坚克难、艰苦奋斗的精神，培养社会责任感与担当意识。

4.1 项目知识准备

Linux 主机要与网络中的其他主机通信，首先要正确配置网络。网络配置通常包括主机名、IP 地址、子网掩码、默认网关、DNS 服务器等的设置。

4.1.1 设置主机名

设置主机名是首要任务。

1. 主机名的形式

CS9 有以下 3 种形式的主机名。

1）静态（static）主机名：静态主机名也称为内核主机名，是

微课 4-1　配置网络和使用 SSH 服务

系统在启动时从/etc/hostname 自动初始化的主机名。

2）瞬态（transient）主机名：瞬态主机名是在系统运行时临时分配的主机名，由内核管理。例如，通过 DHCP 或 DNS 服务器分配的 localhost 就是瞬态主机名。

3）灵活（pretty）主机名：灵活主机名是 UTF8 格式的自由主机名，以展示给终端用户。

与之前的版本不同，CS9 中的主机名配置文件为/etc/hostname，可以在配置文件中直接更改主机名。请读者使用 vim /etc/hostname 命令试一试。

2. 修改主机名的方式

在 CS9 中，修改主机名可以通过多种方式进行，包括使用命令行工具和编辑配置文件。

（1）使用 hostnamectl 修改主机名

1）查看主机名。

```
[root@Server01 ~]# hostnamectl status
    Static hostname：Server01
    ……
```

2）设置新的主机名。

```
[root@Server01 ~]# hostnamectl set-hostname my.smile60.cn
```

3）再次查看主机名。

```
[root@Server01 ~]# hostnamectl status
    Static hostname：my.smile60.cn
    ……
```

（2）使用 NetworkManager 的命令行接口 nmcli 修改主机名

1）nmcli 可以修改/etc/hostname 中的静态主机名。

```
//查看主机名
[root@Server01 ~]# nmcli general hostname
my.smile60.cn
//设置新的主机名
[root@Server01 ~]# nmcli general hostname Server01
[root@Server01 ~]# nmcli general hostname
Server01
```

2）重启 hostnamed 服务，让 hostnamectl 知道静态主机名已经被修改。

```
[root@Server01 ~]# systemctl restart systemd-hostnamed
```

3. 网络接口相关命令

设备管理器在 CS9 中实施一致的设备命名。设备管理器支持不同的命名方案，默认情况下，根据固件、拓扑和位置信息分配固定的名称。

1）验证 Server01 计算机上的接口名称，显示网络接口。

```
[root@Server01 ~]# ip link show
1: lo: <LOOPBACK,UP,LOWER_UP> mtu 65536 qdisc noqueue state UNKNOWN mode DEFAULT group default qlen 1000
    link/loopback 00:00:00:00:00:00 brd 00:00:00:00:00:00
2: ens160: <BROADCAST,MULTICAST,UP,LOWER_UP> mtu 1500 qdisc mq state UP mode DEFAULT group default qlen 1000
    link/ether 00:0c:29:72:c6:a9 brd ff:ff:ff:ff:ff:ff
    altname enp3s0
```

2）显示接口的设备类型 ID。

```
[root@Server01 ~]# cat /sys/class/net/ens160/type
1
```

4.1.2　CS9 中的网络配置文件

在 CS9 中，网络配置文件的设置主要依赖于 NetworkManager，并且从 CS9 开始，NetworkManager 以 key-file 格式存储新的网络配置，取代了传统的 ifcfg 格式。

1. 网络配置文件的位置

CS9 中，新的网络配置文件通常存储在/etc/NetworkManager/system-connections/目录下，文件扩展名为 .nmconnection。尽管传统的 ifcfg 文件（位于/etc/sysconfig/network-scripts/目录下）仍然可以使用，但它们不再是 NetworkManager 存储新网络配置文件的默认位置。

2. 设置网络配置文件

使用文本编辑器（如 vim 或 nano）打开或创建位于/etc/NetworkManager/system-connections/目录下的网络配置文件。文件名可以自定义，但通常建议使用描述性的名称，以便于管理。比如，可以查看一下 Server01 计算机中默认的网卡配置文件。

（1）打开或创建网络配置文件

操作过程和执行结果如下。

```
[root@Server01 ~]# cd /etc/NetworkManager/system-connections/
[root@Server01 system-connections]# ll
总用量 4
-rw-------. 1 root root 270  9月 22 13:13 ens160.nmconnection
[root@Server01 system-connections]# vim ens160.nmconnection
[connection]
id=ens160
uuid=99def1da-65a8-36f4-b24a-37d782882d5b
type=ethernet
autoconnect-priority=-999
interface-name=ens160
timestamp=1732521030

[ethernet]
```

```
[ipv4]
address1 = 192. 168. 10. 10/24
address2 = 192. 168. 10. 20/24
method = manual

[ipv6]
addr-gen-mode = eui64
method = auto


[proxy]
```

(2)配置网络参数

在网络配置文件中,需要设置以下关键参数。

- TYPE:指定连接类型,通常为 Ethernet(以太网)。
- NAME:指定连接名称,通常与网络接口名称相对应。
- UUID:唯一标识符,每个连接都需要一个唯一的 UUID。
- DEVICE:指定网络接口名称。
- BOOTPROTO:启动协议,对于静态 IP 配置,通常设置为 none 或 static。
- ONBOOT:指定是否在系统启动时自动激活连接,通常设置为 yes。
- IPADDR:指定静态 IP 地址(如果适用)。
- NETMASK:指定子网掩码(如果适用)。
- GATEWAY:指定默认网关(如果适用)。
- DNS1 和 DNS2:指定 DNS 服务器地址(也可以使用 ipv4. dns 参数在 key-file 格式中设置)。

(3)保存并关闭文件

在文本编辑器中完成配置后,保存文件并关闭编辑器。

3. 重新加载和激活网络配置

(1)重新加载 NetworkManager 配置

使用 systemctl restart NetworkManager 命令重新加载 NetworkManager 的所有配置文件。

```
[root@Server01 system-connections]# systemctl restart NetworkManager
```

(2)激活网络连接

使用 nmcli connection up <connection-name>命令激活指定的网络连接。其中,<connection-name>是在网络配置文件中设置的连接名称或 UUID。

```
[root@Server01 system-connections]# nmcli connection up ens160
连接已成功激活(D-Bus 活动路径:/org/freedesktop/NetworkManager/ActiveConnection/3)
```

(3)验证网络配置

1)使用 ip addr 或 nmcli connection show 命令验证网络配置是否成功应用。

```
[root@Server01 system-connections]# ip addr show ens160
2: ens160: <BROADCAST,MULTICAST,UP,LOWER_UP> mtu 1500 qdisc mq state UP group default qlen 1000
    link/ether 00:0c:29:72:c6:a9 brd ff:ff:ff:ff:ff:ff
    altname enp3s0
    inet 192.168.10.10/24 brd 192.168.10.255 scope global noprefixroute ens160
       valid_lft forever preferred_lft forever
    inet 192.168.10.20/24 brd 192.168.10.255 scope global secondary noprefixroute ens160
       valid_lft forever preferred_lft forever
    inet6 fe80::20c:29ff:fe72:c6a9/64 scope link noprefixroute
       valid_lft forever preferred_lft forever
[root@Server01 system-connections]# cd
[root@Server01 ~]#
```

2）尝试 ping 网关或其他已知可达的主机，以确认网络连接是否畅通。

4. 注意事项

- 在编辑网络配置文件时，请确保文件的语法正确，以避免配置错误导致网络连接失败。
- 如果使用图形化界面进行网络配置，NetworkManager 提供了图形化的网络配置工具（如 nmtui 或 gnome-control-center 的网络部分），这些工具可以简化配置过程并提供即时反馈。
- 在进行网络配置更改之前，建议备份现有的网络配置文件，以便在出现问题时可以恢复原始配置。

综上所述，CS9 中的网络配置文件设置主要依赖于 NetworkManager 的 key-file 格式配置文件。通过正确设置网络参数、重新加载和激活网络配置以及验证网络连接的步骤，可以确保 CS9 系统的网络连接正常工作。

4.2 项目设计与准备

本项目要用到 Server01 和 Client1，首先要配置 Server01 和 Client1 的网络参数，计算机的配置信息如表 4-1 所示（可以使用 VMware workstation 的 "克隆" 技术快速安装需要的 Linux 客户端）。其中，Server01 的 IP 地址为 192.168.10.1/24，Client1 的 IP 地址为 192.168.10.20/24。

表 4-1　Linux 服务器和客户端的配置信息

主机名	操作系统	IP 地址	角色及其他
SSH 服务器：Server01	CS9/RHEL 9	192.168.10.1	SSH 服务主机，VMnet1
Linux 客户端：Client1	CS9/RHEL 9	192.168.10.20	SSH 客户端，VMnet1
Windows 客户端：Client2	Windows 11	192.168.10.30	SSH 客户端，VMnet1

然后完成如下主要任务。
1）使用系统菜单配置网络。
2）使用图形界面配置网络。
3）使用 nmcli 命令配置网络。

4)使用 SSH 服务。

5)在 Windows 客户端上连接 Linux 服务器。

4.3 项目实施

任务 4-1 使用系统菜单配置网络

后续将学习如何在 Linux 操作系统上配置服务,在此之前,必须先保证主机之间能够顺畅通信。如果网络不通,即使服务部署得非常完善,用户也无法顺利访问,所以,在学习部署 Linux 服务之前,必须先学会配置网络并确保网络畅通。

慕课 4-2　配置与管理防火墙和 SELinux

1)以 Server01 为例。在 Server01 的桌面上选择"活动"→"显示应用程序"→"设置"→"网络"命令,打开网络配置界面,打开连接,如图 4-1 所示。

2)单击齿轮按钮,显示如图 4-2 所示的界面。在此可以设置 IP 地址、子网掩码、默认网关、DNS 等信息。设置完成后,单击"应用"按钮应用配置,回到图 4-1 所示界面。注意网络连接应为"打开"状态,如果在"关闭"状态,则修改。

图 4-1　打开连接,单击齿轮按钮进行配置

3)再次单击齿轮按钮,显示图 4-3 所示的网络配置界面,必须勾选"自动连接"选项,否则计算机启动后不能自动连接网络。最后单击"应用"按钮。

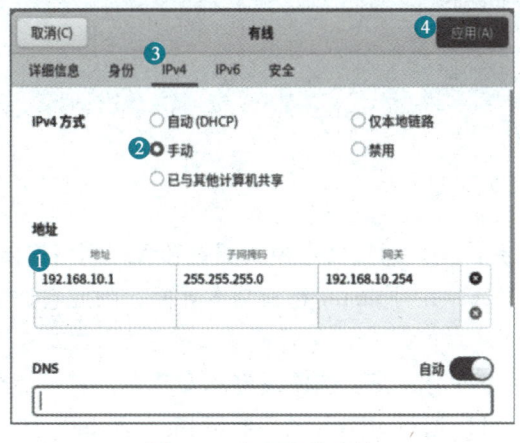

图 4-2　配置有线连接

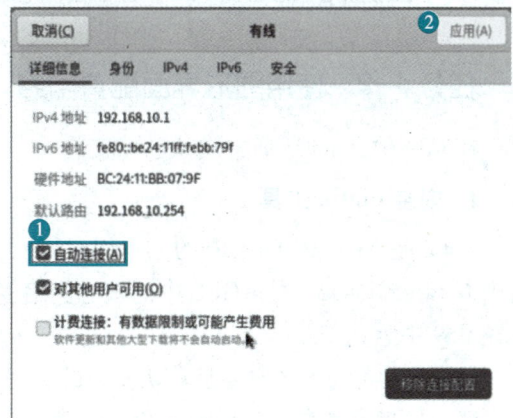

图 4-3　网络配置界面

注意，有时需要重启系统，或者在图 4-1 中将有线连接先关闭再打开，配置才能生效。

> **建议**
> ① 首选使用系统菜单配置网络，因为从 CS9 开始，图形界面已经非常完善了。
> ② 如果网络正常工作，则会在桌面的右上角显示网络连接图标 ，直接单击该图标也可以进行网络配置，如图 4-4 所示。

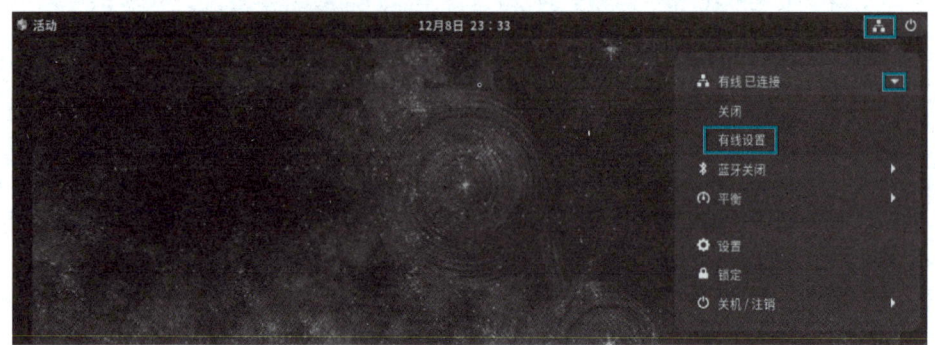

图 4-4　单击网络连接图标配置网络

4）按同样方法配置 Client1 的网络参数：计算机名为 Client1，IP 地址为 192.168.10.21/24，默认网关为 192.168.10.254。

5）在 Server01 上测试与 Client1 的连通性，连接成功。

```
[root@Server01 ~]# ping 192.168.10.21 -c 4
PING 192.168.10.21 (192.168.10.21) 56(84)比特的数据。
64 比特，来自 192.168.10.21：icmp_seq=1 ttl=64 时间=1.37 毫秒
64 比特，来自 192.168.10.21：icmp_seq=2 ttl=64 时间=0.778 毫秒
64 比特，来自 192.168.10.21：icmp_seq=3 ttl=64 时间=0.375 毫秒
64 比特，来自 192.168.10.21：icmp_seq=4 ttl=64 时间=0.404 毫秒

--- 192.168.10.21 ping 统计 ---
已发送 4 个包，已接收 4 个包，0% packet loss, time 3035ms
rtt min/avg/max/mdev = 0.375/0.731/1.369/0.400 mss
```

任务 4-2　使用图形界面配置网络

在 CS9 中，nmtui 通常默认已经安装。

1. 安装 nmtui 工具

nmtui 是 NetworkManager 的文本用户界面，它允许用户通过文本模式配置和管理网络连接。由于 NetworkManager 是 RHEL 中的核心网络管理工具，并且 nmtui 是其文本界面，因此它通常会在 CS9 中默认安装。

然而，尽管 nmtui 通常是默认安装的，但在某些特定的安装选项或定制安装中，它可能会被省略。如果发现自己的 CS9 系统中没有 nmtui，可以通过 RHEL 的包管理器（如 dnf）来安装它。

要检查 nmtui 是否已经安装，可以在终端中输入 nmtui 命令。如果系统提示找不到该命令，那么需要使用以下命令来进行安装。

```
[root@Server01 ~]# mount /dev/cdrom /media
mount：/media：WARNING：source write-protected, mounted read-only.
[root@Server01 ~]# vim /etc/yum.repos.d/dvd.repo
[CS9-BaseOS]
name=CS9-BaseOS
baseurl=file:///media/BaseOS
gpgcheck=0
enabled=1

[CS9-AppStream]
name=CS9-AppStream
baseurl=file:///media/AppStream
gpgcheck=0
enabled=1
[root@Server01 ~]# dnf install NetworkManager-tui -y
```

安装完成后，就可以使用 nmtui 来配置和管理网络连接了。

2. 使用 nmtui 工具

下面使用 nmtui 工具进行网络配置。

1）如果不知道要在连接中使用的网络设备名称，可使用下面的命令显示可用的设备。

```
[root@Server01 ~]# nmcli device status
DEVICE   TYPE       STATE        CONNECTION
ens160   ethernet   已连接        ens160
lo       loopback   连接(外部)    lo
```

2）前文曾使用系统菜单配置网络服务，接下来使用 nmtui 命令配置网络。

```
[root@Server01 ~]# nmtui
```

提示

在 nmtui 中要注意以下几点：①使用光标键导航。②选择一个按钮并按<Enter>键。③使用<Space>键选择并取消选择复选框。

3）显示图 4-5 所示的图形配置界面，选中"编辑连接"后，按<Enter>键。配置过程如图 4-6 和图 4-7 所示。

注意

本书中所有服务器主机 IP 地址均为 192.168.10.1，而客户端主机一般设为 192.168.10.21 及 192.168.10.40。这样做是为了方便后面进行服务器配置。

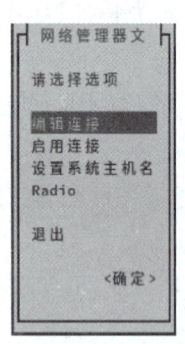  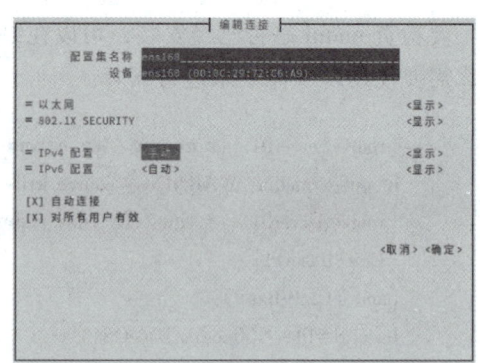

图 4-5　选中"编辑连接"　　图 4-6　选中要编辑的连接　　图 4-7　把网络 IPv4 的配置方式改成手动

4）单击"显示"按钮，显示信息配置界面，如图 4-8 所示。在服务器主机的网络配置信息中填写 IP 地址（192.168.10.1/24）等信息，移动到界面最下方，单击"确定"按钮保存配置，如图 4-9 所示。

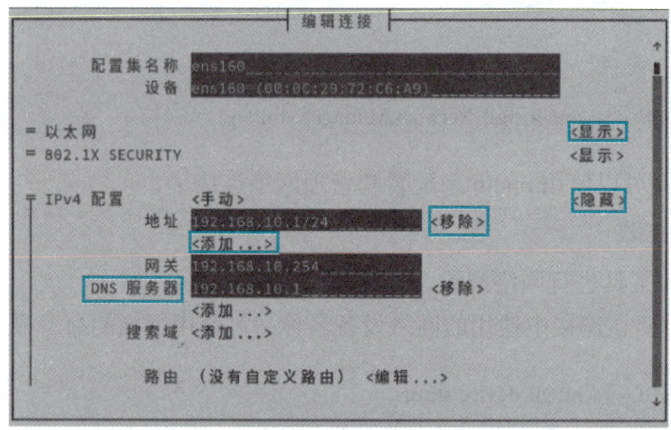

图 4-8　填写 IP 地址等信息

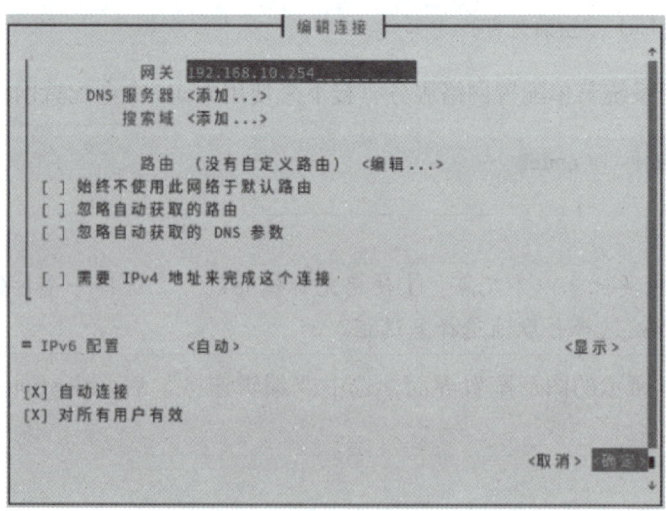

图 4-9　单击"确定"按钮保存配置

5）单击"返回"按钮，回到 nmtui 图形界面初始状态，选中"启用连接"选项，激活 ens160 网卡。网卡前面有"*"表示已激活，如图 4-10 和图 4-11 所示。

图 4-10 "启用连接" 选项

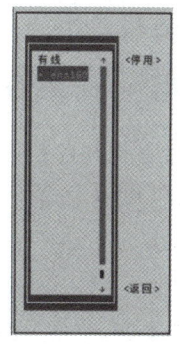
图 4-11 激活连接

6)至此,在 Linux 操作系统中配置网络的步骤就完成了,需要重启计算机后才能生效。重启计算机后,验证配置是否正确。

① 使用 ifconfig 命令测试配置情况。

```
[root@Server01 ~]# ifconfig
ens160: flags=4163<UP,BROADCAST,RUNNING,MULTICAST>  mtu 1500
        inet 192.168.10.1  netmask 255.255.255.0  broadcast 192.168.10.255
        inet6 fe80::20c:29ff:fe72:c6a9  prefixlen 64  scopeid 0x20<link>
        ether 00:0c:29:72:c6:a9  txqueuelen 1000  (Ethernet)
……
```

② 显示 NIC 的 IP 设置。

```
[root@Server01 ~]# ip address show ens160
2: ens160: <BROADCAST,MULTICAST,UP,LOWER_UP> mtu 1500 qdisc mq state UP group default qlen 1000
    link/ether 00:0c:29:72:c6:a9 brd ff:ff:ff:ff:ff:ff
    altname enp3s0
    inet 192.168.10.1/24 brd 192.168.10.255 scope global noprefixroute ens160
       valid_lft forever preferred_lft forever
    inet6 fe80::20c:29ff:fe72:c6a9/64 scope link noprefixroute
       valid_lft forever preferred_lft forever
```

③ 显示 IPv4 默认网关。

```
[root@Server01 ~]# ip route show default
default via 192.168.10.254 dev ens160 proto static metric 100
```

④ 显示 DNS 设置。

```
[root@Server01 ~]# cat /etc/resolv.conf
# Generated by NetworkManager
nameserver 192.168.10.1
```

如果多个连接配置文件同时处于活动状态,则 nameserver 条目的顺序取决于这些配置文件中的 DNS 优先级值和连接类型。

任务 4-3　使用 nmcli 命令配置网络

NetworkManager 是管理和监控网络设置的守护进程，设备即网络接口，连接是对网络接口的配置。一个网络接口可以有多个连接配置，但只能有一个连接配置生效。以下实例仍在 Server01 上实现。

1. 常用命令

常用的 nmcli 命令如下。
- nmcli connection show：显示所有连接。
- nmcli connection show --active：显示所有活动的连接状态。
- nmcli connection show "ens160"：显示网络连接配置。
- nmcli device status：显示设备状态。
- nmcli device show ens160：显示网络接口 ens160 属性信息。
- nmcli connection add help：查看帮助。
- nmcli connection reload：重新加载配置。
- nmcli connection down test2：禁用 test2 的配置，注意，一个网卡可以有多个配置（test2 连接要提前创建）。
- nmcli connection up test2：启用 test2 的配置。
- nmcli device disconnect ens160：禁用 ens160 网卡。
- nmcli device connect ens160：启用 ens160 网卡。

2. 创建与管理连接

1）创建新连接 default，IP 地址通过 DHCP 自动获取。

```
[root@Server01 ~]# nmcli connection show
NAME      UUID                                    TYPE       DEVICE
ens160    99def1da-65a8-36f4-b24a-37d782882d5b    ethernet   ens160
lo        29a0a9bc-0795-4935-9b26-15ec42ef1159    loopback   lo
[root@Server01 ~]# nmcli connection add con-name default type Ethernet ifname ens160
连接 "default" （01178d20-ffc4-4fda-a15a-0da2547f8545）已成功添加。
[root@Server01 ~]# nmcli connection show
NAME      UUID                                    TYPE       DEVICE
ens160    99def1da-65a8-36f4-b24a-37d782882d5b    ethernet   ens160
lo        29a0a9bc-0795-4935-9b26-15ec42ef1159    loopback   lo
default   dd2f53a6-bd73-495b-92c3-afaa0b7c0ae0    ethernet   --
```

2）删除连接。

```
[root@Server01 ~]# nmcli connection delete default
成功删除连接 "default" （dd2f53a6-bd73-495b-92c3-afaa0b7c0ae0）。
```

3）创建新连接 test2，指定静态 IP 地址为 192.168.10.100，默认网关为 192.168.10.254，不自动连接。

> [root@Server01 ~]# **nmcli connection add con-name test2 ipv4. method manual ifname ens160 autoconnect no type Ethernet ipv4. addresses 192. 168. 10. 100/24 gw4 192. 168. 10. 254**
> 连接 "test2"（106f4bc8-b258-4abb-aedf-41de87a231c6）已成功添加。

参数说明如下。
- con-name：指定连接名字，没有特殊要求。
- ipv4. method：指定获取 IP 地址的方式。
- ifname：指定网卡设备名，也就是这次配置所生效的网卡。
- autoconnect：指定是否自动启动。
- ipv4. addresses：指定 IPv4 地址。
- gw4：指定网关。

4）启用 test2 连接配置。

> [root@Server01 ~]# **nmcli connection up test2**
> 连接已成功激活（D-Bus 活动路径：/org/freedesktop/NetworkManager/ActiveConnection/10）
> [root@Server01 ~]# **nmcli   connection show**
>
> | NAME | UUID | TYPE | DEVICE |
> |---|---|---|---|
> | **test2** | 376759b2-0fc3-4fc9-96f5-16cd4eb3c9f1 | ethernet | **ens160** |
> | lo | 29a0a9bc-0795-4935-9b26-15ec42ef1159 | loopback | lo |
> | ens160 | 99def1da-65a8-36f4-b24a-37d782882d5b | ethernet | -- |

5）查看配置是否生效。

① 显示 NIC 的 IP 设置。

> [root@Server01 ~]# **ip address show ens160**
> 2：ens160：<BROADCAST,MULTICAST,UP,LOWER_UP>mtu 1500 qdisc mq state UP group default qlen 1000
>   link/ether 00:0c:29:72:c6:a9 brd ff:ff:ff:ff:ff:ff
>   altname enp3s0
>   inet 192. 168. 10. 100/24 brd 192. 168. 10. 255 scope global noprefixroute ens160
>   valid_lft forever preferred_lft forever
>   inet6 fe80::9fbe:8ab4:5beb:35d/64 scope link noprefixroute
>   valid_lft forever preferred_lft forever

② 显示 IPv4 默认网关。

> [root@Server01 ~]# **ip route show default**
> default via 192. 168. 10. 254 dev ens160 proto static metric 100

③ 显示 DNS 设置。

> [root@Server01 ~]# **cat /etc/resolv. conf**
> # Generated by NetworkManager
> search long60. cn
> nameserver 192. 0. 2. 200

3. 配置 IP 地址实例

在本例中，接口和连接名为 ens160，在此接口上分配以下静态 IP 地址等信息。

> IP：192.168.10.2/24
> netmask：255.255.255.0
> gateway：192.168.10.1
> DNS：114.114.114.114
> DNS 搜索区域：long60.cn

1）配置 ens160 连接的静态 IP 地址。

> [root@Server01 ~]# **nmcli connection modify ens160 ipv4.method manual ipv4.addresses 192.168.10.2/24 ipv4.gateway 192.168.10.1 ipv4.dns 114.114.114.114 ipv4.dns-search long60.cn**

2）启用 ens160 连接配置。

> [root@Server01 ~]# **nmcli connection up ens160**
> 连接已成功激活（D-Bus 活动路径：/org/freedesktop/NetworkManager/ActiveConnection/5）

3）验证配置。

① 显示 NIC 的 IP 设置。

> [root@Server01 ~]# **ip address show ens160**
> 2：ens160：<BROADCAST,MULTICAST,UP,LOWER_UP>mtu 1500 qdisc mq state UP group default qlen 1000
>   link/ether 00:0c:29:72:c6:a9 brd ff:ff:ff:ff:ff:ff
>   altname enp3s0
>   inet 192.168.10.2/24 brd 192.168.10.255 scope global noprefixroute ens160
>   valid_lft forever preferred_lft forever
>   inet6 fe80::20c:29ff:fe72:c6a9/64 scope link noprefixroute
>   valid_lft forever preferred_lft forever

② 显示 IPv4 默认网关。

> [root@Server01 ~]# **ip route show default**
> default via 192.168.10.1 dev ens160 proto static metric 100

③ 显示 DNS 设置。

> [root@Server01 ~]# **cat /etc/resolv.conf**
> # Generated by NetworkManager
> search long60.cn
> nameserver 114.114.114.114

4. 恢复到初始状态并验证

删除 test2 连接，并将接口 ens160 的 IP 地址等信息恢复到初始状态。

IP：192.168.10.1/24
netmask：255.255.255.0
gateway：192.168.10.254
DNS：192.168.10.1
DNS 搜索区域：long60.cn
[root@Server01 ~]# **nmcli connection delete test2**
成功删除连接 "test2"（16246530-1f23-4772-b7e9-6948aece7063）
[root@Server01 ~]# **nmcli connection modify ens160 ipv4.method manual ipv4.addresses 192.168.10.1/24 ipv4.gateway 192.168.10.254 ipv4.dns 192.168.10.1 ipv4.dns-search long60.cn**
[root@Server01 ~]# **nmcli connection up ens160**
连接已成功激活（D-Bus 活动路径：/org/freedesktop/NetworkManager/ActiveConnection/8）
[root@Server01 ~]# **ip address show ens160**
2：ens160：<BROADCAST,MULTICAST,UP,LOWER_UP>mtu 1500 qdisc mq state UP group default qlen 1000
　　link/ether 00:0c:29:72:c6:a9 brd ff:ff:ff:ff:ff:ff
　　altname enp3s0
　　inet 192.168.10.1/24 brd 192.168.10.255 scope global noprefixroute ens160
　　　　valid_lft forever preferred_lft forever
　　inet6 fe80::20c:29ff:fe72:c6a9/64 scope link noprefixroute
　　　　valid_lft forever preferred_lft forever
[root@Server01 ~]# **ip route show default**
default via 192.168.10.254 dev ens160 proto static metric 100
[root@Server01 ~]# **cat /etc/resolv.conf**
Generated by NetworkManager
search long60.cn
nameserver 192.168.10.1

4.4 项目实训：配置 TCP/IP 网络接口

1. 项目实训目的

- 掌握 TCP/IP 网络接口的配置方法。
- 学会使用命令检测网络配置。
- 学会启用和禁用系统服务。

项目实录 4-3
配置 TCP/IP 网络接口

2. 项目背景

1）某企业新增了 Linux 服务器，但还没有配置 TCP/IP 参数，请设置好各项 TCP/IP 参数，并连通网络（使用不同的方法）。

2）要求用户在多个配置文件中快速切换。在企业网络中使用笔记本电脑时，通常需要手动配置网络的 IP 地址，而回到家中则可以用 DHCP 自动获取 IP 地址。

3. 项目实训内容

在 Linux 操作系统中练习 TCP/IP 网络配置、网络检测方法，并创建实用的网络会话。

4. 做一做

根据项目实录视频进行项目实训，检查学习效果。

4.5 练习题

一、填空题

1. 客户端 DNS 服务器的 IP 地址由_____文件指定。
2. 查看系统的守护进程可以使用_____命令。
3. 在 CS9 中，使用_____命令可以查看当前系统的网络连接状态。
4. CS9 默认的网络管理工具是_____，它提供了图形化和命令行两种操作方式。
5. 若要通过命令行为 CS9 系统配置静态 IP 地址，可以使用_____命令。
6. CS9 中，网络配置文件通常存储在_____目录下。
7. 在 CS9 中，要重启网络服务以使更改生效，可以使用_____命令。
8. CS9 系统默认的网络配置文件格式是_____，它取代了传统的 ifcfg 文件。
9. 使用 nmcli 工具时，要列出所有可用的网络连接，应使用_____选项。
10. 在 CS9 中，若要为网络接口配置 DNS 服务器，可以在网络配置文件中设置_____参数。
11. CS9 的防火墙管理工具是_____，它允许管理员配置和管理防火墙规则。
12. 若要查看 CS9 系统中所有网络接口的详细信息，可以使用_____命令。

二、选择题

1. (　　) 命令能用来显示服务器当前正在监听的端口。
   A. ifconfig　　　　B. netlst　　　　C. iptables　　　　D. netstat
2. 文件 (　　) 存放机器名到 IP 地址的映射。
   A. /etc/hosts　　　　　　　　　　B. /etc/host
   C. /etc/host.equiv　　　　　　　　D. /etc/hdinit
3. Linux 系统提供了一些网络测试命令，当与某远程网络连接不上时，需要跟踪路由查看，以便了解网络的什么位置出现了问题。下面的命令中满足该需求的命令是 (　　)。
   A. ping　　　　　B. ifconfig　　　　C. traceroute　　　　D. netstat

三、补充表格

请将 nmcli 命令及其含义在表 4-2 中补充完整。

表 4-2　nmcli 命令及其含义

nmcli 命令	含义
	显示所有连接
	显示所有活动的连接状态
nmcli connection show "ens160"	
nmcli device status	
nmcli device show ens160	
	查看帮助

（续）

nmcli 命令	含义
	重新加载配置
nmcli connection down test2	
nmcli connection up test2	
	禁用 ens160 网卡
nmcli device connect ens160	

四、简答题

1. 在 Linux 操作系统中有多种方法可以配置网络参数，请列举几种。
2. 在 CS9 中，有哪几种形式的主机名，简要描述它们。
3. CS9 中的网络配置文件通常存储在哪个目录下，与之前的版本有何不同？
4. 什么是 NetworkManager，简要描述其功能。
5. 如何创建一个名为"new_conn"的新连接，使用静态 IP 地址 192.168.1.100，网关为 192.168.1.1，并且不自动连接？

项目 5　配置与管理 MySQL 数据库管理系统

项目导入

　　MySQL 数据库管理系统之所以能够在众多数据库产品中脱颖而出,关键在于其开源免费、高性能、高可靠性、灵活性、可扩展性和易用性等多重优势。这些特性使得 MySQL 成为许多企业和开发者的首选数据库解决方案。

　　在 CS9 这一企业级 Linux 操作系统环境中,MySQL 更是展现出了其独特的价值。CS9 以其高度的稳定性、安全性和性能优势而闻名,为 MySQL 提供了理想的运行环境。MySQL 与 CS9 的良好系统兼容性,确保了两者之间的无缝集成和高效协作。

　　此外,CS9 的增强安全性也为 MySQL 数据库的安全运行提供了有力保障。无论是 SELinux 的安全策略管理,还是防火墙的细致控制,都能够有效地防止外部攻击和内部数据泄露,确保 MySQL 数据库中的数据安全无虞。

知识和能力目标

- 掌握安装 MySQL 数据库管理系统的方法。
- 学会初始化 MySQL 服务。
- 掌握运行安全配置脚本的方法。
- 掌握管理 MySQL 账户的方法。

- 掌握创建数据库与数据表的方法。
- 掌握管理数据表的方法。
- 掌握数据库的备份与恢复方法。

素养目标

- 正确认识和理解学习的意义,培养学生树立终身学习的意识。

- 贯彻科学思维,培养学生的网络工匠精神。

5.1　项目知识准备

　　数据库管理系统(Database Management System,DBMS)是一种专门用于管理数据库的软件系统。它的核心功能包括存储、检索、定义、操作、管理和保护数据。DBMS 不仅为数据库中的数据结构提供组织和存取方法,还控制、协调、监督和保护数据库数据的完整性、安全性和一致性。

5.1.1 数据库管理系统的特性和功能

以下是数据库管理系统的一些关键特性和功能。

数据定义：DBMS 允许用户定义数据库中数据的结构，包括数据类型、数据之间的关系以及数据的约束条件等。这通常通过数据定义语言（DDL）来实现，如 SQL 中的 CREATE、ALTER 和 DROP 语句。

数据操作：DBMS 支持用户对数据库中的数据进行各种操作，如插入、更新、删除和查询等。这些操作通常通过数据操作语言（DML）来实现，如 SQL 中的 INSERT、UPDATE、DELETE 和 SELECT 语句。

数据控制：DBMS 提供数据控制功能，包括数据的安全性控制、完整性控制和并发控制等。安全性控制确保只有授权用户才能访问和修改数据；完整性控制确保数据满足预定的约束条件；并发控制确保多个用户能够同时访问和修改数据库而不会导致数据冲突。

数据存储和访问：DBMS 负责数据的存储和访问，包括数据的物理存储结构、索引机制、查询优化等。它使用有效的存储和访问技术来提高数据的存取效率。

数据库恢复：DBMS 提供数据库恢复功能，能够在系统故障或数据丢失时恢复数据库到一致状态。这通常通过备份和恢复机制、事务日志和故障恢复算法来实现。

接口和工具：DBMS 提供用户接口和工具，方便用户与数据库进行交互。这些接口和工具包括查询语言、图形用户界面（GUI）、命令行界面（CLI）以及各种数据库管理工具等。

常见的数据库管理系统包括关系型数据库管理系统（如 MySQL、PostgreSQL、Oracle、SQL Server 等）和非关系型数据库管理系统（如 MongoDB、Cassandra、Redis 等）。每种 DBMS 都有其特定的应用场景和优缺点，用户可以根据实际需求选择合适的 DBMS。

5.1.2 MySQL 数据库管理系统

MySQL 是一个开源的关系型数据库管理系统（RDBMS），由瑞典 MySQL AB 公司开发，现属于 Oracle 旗下产品。以下是对 MySQL 的详细概述。

1. 基本特点

- **开源性**：MySQL 是开源软件，任何人都可以免费使用、修改和分发它。这一特点使得 MySQL 在开发者和中小企业中广受欢迎。
- **可靠性**：MySQL 以其可靠性而闻名，即使在高负载下也能平稳运行，确保数据的持久性和故障恢复。
- **高性能**：MySQL 具有高度优化的查询引擎和索引机制，能够处理大量的并发请求，提供快速的数据存储和检索功能。
- **可扩展性**：MySQL 支持主从复制、分区和集群等功能，可以方便地扩展数据库的容量和性能。
- **标准化**：MySQL 遵循 SQL 标准，并支持多种编程语言的 API，使得开发者可以轻松地与 MySQL 进行交互。

2. 应用场景

MySQL 广泛应用于各种规模的组织和项目中。

- Web 应用：MySQL 是许多 Web 应用的首选数据库系统，特别是与 PHP、Python、Java 等后端技术结合使用时。许多流行的 Web 框架和 CMS（内容管理系统），如 WordPress、Drupal、Joomla、Laravel、Django 等，都支持 MySQL 作为其后端数据库。
- 电子商务：在电子商务网站中，MySQL 用于存储用户信息、产品信息、订单详情等关键数据。MySQL 的高性能和可扩展性使其能够轻松处理大量并发请求和交易数据。
- 企业应用：许多企业使用 MySQL 来构建和管理其内部系统，如 ERP（企业资源规划）、CRM（客户关系管理）和 BI（商业智能）系统等。这些系统需要存储、处理和查询大量数据，而 MySQL 提供了可靠的性能和安全性。
- 数据分析：虽然 MySQL 不是一个专门的数据仓库或大数据分析平台，但它仍然可以用于存储和分析结构化数据。许多组织使用 MySQL 作为其数据仓库的一部分，并使用 SQL 查询来提取和分析数据。
- 游戏开发：在游戏开发中，MySQL 用于存储和管理用户信息、游戏数据、排行榜等。由于游戏通常需要处理大量并发请求和实时数据更新，因此 MySQL 的高性能和可靠性使其成为游戏开发者的首选数据库系统。
- 移动应用：随着移动应用的普及，越来越多的开发者选择使用 MySQL 作为其后端数据库。通过 REST API 或其他技术，移动应用可以与 MySQL 数据库进行交互，实现用户认证、数据存储和检索等功能。
- 物联网（IoT）：在物联网应用中，MySQL 可以用于存储和管理来自各种设备的数据。这些数据可能包括传感器读数、设备状态、用户交互数据等。通过 MySQL，开发者可以轻松地查询和分析这些数据，以优化设备的性能和用户体验。

3. 主要功能和组件

- 数据存储与管理：MySQL 能够存储大量的数据，并提供数据的增加、删除、修改和查询功能。
- 事务支持：MySQL 支持事务处理，允许一系列的操作作为一个单一的工作单元进行。这些操作要么完全执行，要么完全不执行，从而帮助保持数据的完整性。MySQL 严格遵循 ACID 原则（原子性、一致性、隔离性、持久性），确保事务的可靠性和稳定性。
- 索引优化：通过使用索引，可以提高查询数据的速度，尤其是在处理大量数据时。MySQL 支持多种索引类型，包括 B 树索引、哈希索引等。
- 数据复制：MySQL 支持数据的复制功能，可以将数据从一个数据库服务器复制到另一个服务器，用于数据备份、分析或实现数据库的高可用性。
- 分区管理：MySQL 支持将表中的数据分布在不同的分区（物理上的不同文件或磁盘上），以改善性能和管理的便利性。
- 安全管理：MySQL 提供多层次的安全措施来保护数据的安全性，包括用户认证、权限控制、数据加密以及数据备份和恢复等。
- 存储过程和触发器：MySQL 允许在数据库服务器端执行复杂的业务逻辑，通过存储过程和触发器实现任务自动化和数据验证。
- 全文搜索：MySQL 提供全文索引和搜索功能，可以高效地搜索数据库中的文本数据。
- 日志管理：MySQL 记录数据库操作日志、错误日志等，帮助数据库管理员监控数据库的状态和活动，以及进行故障排查。
- 多种存储引擎：MySQL 支持多种存储引擎，如 InnoDB、MyISAM 等。每种存储引擎都有其特点和适用场景，用户可以根据实际需求来选择合适的存储引擎。

综上所述，MySQL 是一个功能强大、性能优越、易用灵活的关系型数据库管理系统，以其开源性、可靠性、高性能和可扩展性等特点，在 Web 应用、电子商务、企业应用、数据分析、游戏开发、移动应用以及物联网等多个领域得到了广泛应用。

5.2 项目设计与准备

本项目用到 Server01 和 Client1，首先要配置 Server01 和 Client1 的网络参数，计算机的配置信息如表 5-1 所示（可以使用 VMware workstation 的"克隆"技术快速安装需要的 Linux 客户端）。其中 Server01 的 IP 地址为 192.168.10.1/24，Client1 的 IP 地址为 192.168.10.21/24。

表 5-1　Linux 服务器和客户端的配置信息

主机名	操作系统	IP 地址	角色及其他
MySQL 服务器：Server01	CS9/RHEL 9	192.168.10.1	MySQL 服务主机，VMnet1
MySQL 客户端：Client1	CS9/RHEL 9	192.168.10.21	MySQL 客户端，VMnet1

然后完成如下主要任务。
- 安装 MySQL 数据库管理系统。
- 初始化 MySQL 服务。
- 运行安全配置脚本。
- 管理 MySQL 账户。
- 创建数据库与数据表。
- 管理数据表。
- 数据库的备份与恢复。

5.3 项目实施

任务 5-1　安装 MySQL

在 Server01 上安装 mysql-server，启动 MySQL 服务，并确保 MySQL 服务正在监听端口 3306 和 33060。

1）在 Server01 上安装 mysql-server。

```
[root@Server01 ~]# rpm -qa|grep mysql-server
[root@Server01 ~]# mount /dev/cdrom /media
mount:/media:/dev/sr0 已挂载于 /run/media/root/RHEL-9-3-0-BaseOS-x86_64.
[root@Server01 ~]# dnf install mysql-server -y
正在更新 Subscription Management 软件仓库。
……
[root@Server01 ~]# rpm -qa|grep mysql-server
mysql-server-8.0.32-1.el9_2.x86_64
```

2）启动 MySQL 服务。

```
[root@Server01 ~]# systemctl start mysqld
[root@Server01 ~]# systemctl enable mysqld
Created symlink /etc/systemd/system/multi-user.target.wants/mysqld.service → /usr/lib/systemd/system/mysqld.service.
```

3）查看 MySQL 服务状态，查看 MySQL 服务是否正在监听特定的端口（通常是 3306）。

```
[root@Server01 ~]# systemctl status mysqld
• mysqld.service - MySQL 8.0 database server
    Loaded: loaded (/usr/lib/systemd/system/mysqld.service; enabled; preset: d>
    Active: active (running) since Sun 2024-10-27 12:45:17 CST; 10min ago
……
[root@Server01 ~]# netstat -tuln | grep 3306
tcp6       0      0 :::3306                 :::*                    LISTEN
tcp6       0      0 :::33060                :::*                    LISTEN
```

任务 5-2　修改初始密码

MySQL 在安装时是以不安全的方式初始化的，root 用户没有设置初始密码。但是应该避免使用这种方式，或安装完成后立即修改 root 用户的密码，因为它会使 root 用户面临安全风险。

1）查看初始密码。

MySQL 安装完成后，会在日志文件中生成一个初始的 root 用户密码。使用 grep 命令查看该密码。

```
[root@Server01 ~]# grep 'password' /var/log/mysql/mysqld.log
2024-10-27T04:45:12.681784Z 6 [Warning] [MY-010453] [Server] root@localhost is created with an empty password! Please consider switching off the --initialize-insecure option.
```

2）以初始密码登录 MySQL，修改 root 用户的登录密码。

使用 ALTER USER 'root'@'localhost' IDENTIFIED BY 'NewStrongPassword!';修改初始密码为"NewStrongPassword!"。

```
[root@Server01 ~]# mysql -u root -p
Enter password:            # 输入初始密码，由于初始密码为空，直接按<Enter>键
Welcome to the MySQL monitor.   Commands end with ; or \g.
Your MySQL connection id is 17
Server version: 8.0.32 Source distribution

Copyright (c) 2000, 2023, Oracle and/or its affiliates.

Oracle is a registered trademark of Oracle Corporation and/or its
affiliates. Other names may be trademarks of their respective
owners.
```

项目 5 配置与管理 MySQL 数据库管理系统

```
Type 'help;' or '\h' for help.  Type '\c' to clear the current input statement.
#下面为 root 用户设置一个新的强密码 "NewStrongPassword！"
mysql> ALTER USER 'root'@'localhost' IDENTIFIED BY 'NewStrongPassword！';
Query OK, 0 rows affected (0.00 sec)


mysql> quit
Bye
[root@Server01 ~]#
```

任务 5-3　运行安全配置脚本

MySQL 安装完成后，运行 mysql_secure_installation 脚本来进行安全配置。这个脚本会引导你完成一系列的安全设置，包括设置 root 用户密码、删除匿名用户、禁止远程 root 用户登录、删除测试数据库等。

```
[root@Server01 ~]# mysql_secure_installation
Securing the MySQL server deployment.

Enter password for user root：          # 输入 root 用户的密码

VALIDATE PASSWORD COMPONENT can be used to test passwords
and improve security. It checks the strength of password
and allows the users to set only those passwords which are
secure enough. Would you like to setup VALIDATE PASSWORD component?

Press y|Y for Yes, any other key for No：y
```

在 MySQL 中，VALIDATE PASSWORD 是一个密码验证插件，用于确保用户密码符合一定的安全标准。这个插件可以帮助防止使用弱密码，从而提高数据库的安全性。本例选择 1。

```
There are three levels of password validation policy：

LOW    Length >= 8
MEDIUM Length >= 8, numeric, mixed case, and special characters
STRONG Length >= 8, numeric, mixed case, special characters and dictionary                file

Please enter 0 = LOW, 1 = MEDIUM and 2 = STRONG：1        # 本例选择 1
```

在 MySQL 中，VALIDATE PASSWORD 插件的密码策略级别（validate_password.policy）决定了密码的复杂性和安全性要求。3 个级别（LOW、MEDIUM、STRONG）各自有不同的要求，如下所示。

① LOW。
- 密码长度至少为 8 个字符。
- 没有其他字符类型（数字、大小写字母、特殊字符）的明确要求。

② MEDIUM。
- 密码长度至少为 8 个字符。
- 密码至少包含一个数字、一个大写字母、一个小写字母和一个特殊字符。
③ STRONG。
- 密码长度至少为 8 个字符。
- 密码必须包含一个数字、一个大写字母、一个小写字母和一个特殊字符。

此外，密码不能是字典文件中的常见单词或短语（这要求有一个可用的字典文件，并且 MySQL 配置为使用它）。

```
Using existing password for root.

Estimated strength of the password: 50
Change the password for root ? ((Press y|Y for Yes, any other key for No) : n
```

在 MySQL 中，当设置或更改用户密码时，如果启用了 VALIDATE PASSWORD 插件，MySQL 会根据用户配置的密码策略来评估密码的强度。该例的得分 50 是一个密码强度的估计值，这个值通常是一个基于密码复杂性的评分。

当看到这样的提示时，通常意味着 MySQL 已经根据当前的密码策略（如长度、字符类型等）对密码进行了评估，并给出了一个强度分数。这个分数越高，密码通常就越安全。

接着 MySQL 询问是否想要更改 root 用户的密码。这个提示通常出现在安装 MySQL 或首次运行 MySQL 安全配置脚本（如 mysql_secure_installation）时。

如果想要更改 root 用户的密码，应该按<Y>键，然后按照提示输入新密码。如果不想更改 root 用户的密码（尽管出于安全考虑，通常建议定期更改密码），可以按任何其他键或<N>键来跳过此步骤。

需要注意的是，如果是在生产环境中操作，并且 root 用户密码已经是安全的，那么在没有必要的情况下更改它可能会带来额外的风险，特别是如果没有妥善记录新密码的话。

另外，密码强度分数（如 50）的具体含义可能因 MySQL 版本和配置而异。在某些情况下，这个分数可能只是一个相对的指示器，而不是一个绝对的安全保证。因此，即使密码获得了一个相对较高的分数，也应该继续遵循最佳安全实践，如使用长密码、避免常见单词和短语、定期更改密码等。

最后，请记住，在更改任何密码或安全设置之前，都应该确保自己了解这些更改的影响，并在必要时与团队或利益相关者进行沟通。

```
... skipping.
By default, a MySQL installation has an anonymous user,
allowing anyone to log into MySQL without having to have
a user account created for them. This is intended only for
testing, and to make the installation go a bit smoother.
You should remove them before moving into a production
environment.

Remove anonymous users? (Press y|Y for Yes, any other key for No) : y
```

Success.   # 删除匿名用户

Normally, root should only be allowed to connect from
'localhost'. This ensures that someone cannot guess at
the root password from the network.

Disallow root login remotely? (Press y|Y for Yes, any other key for No) : **n**
                                            # 禁止远程登录 root 账户

... skipping.
By default, MySQL comes with a database named 'test' that
anyone can access. This is also intended only for testing,
and should be removed before moving into a production
environment.

Remove test database and access to it? (Press y|Y for Yes, any other key for No) : **y**
                                            # 删除测试数据库

- Dropping test database...
Success.

- Removing privileges on test database...
Success.

Reloading the privilege tables will ensure that all changes
made so far will take effect immediately.

Reload privilege tables now? (Press y|Y for Yes, any other key for No) : **y**
Success.   # 立即重新加载权限表以使这些更改生效

All done!
[root@Server01 ~]#

任务 5-4 让防火墙放行 MySQL 服务

MySQL 数据库服务程序在安装和配置时，默认情况下会占用 TCP 端口 3306 用于客户端连接。这个端口号在 MySQL 的配置文件中（通常是 my.cnf 或 my.ini）可以通过 port 参数进行更改，但大多数情况下，用户会保留这个默认设置。

在防火墙策略中，当为 MySQL 服务配置入站或出站规则时，服务名称并不总是严格地叫作 mysql。这取决于几个因素，包括操作系统、防火墙软件以及 MySQL 的安装方式。

```
[root@Server01 ~]# firewall-cmd --permanent --add-service=mysql
success
```

```
[root@Server01 ~]# firewall-cmd --reload
success
[root@Server01 ~]# firewall-cmd --state
running
[root@Server01 ~]#
```

任务 5-5　管理 MySQL 账户

在 CS9 中，管理 MySQL 账户以及对 MySQL 账户进行授权是数据库管理的重要任务。

1. 登录 MySQL

使用具有足够权限的账户（通常是 root 账户）登录到 MySQL 服务器。可以使用以下命令，然后输入 root 账户的密码进行登录。

```
[root@Server01 ~]# mysql -u root -p
Enter password：
Welcome to the MySQL monitor.  Commands end with ; or \g.
Your MySQL connection id is 26
Server version：8.0.32 Source distribution
……
mysql>
```

2. 创建新用户

使用 CREATE USER 语句可以创建新的 MySQL 用户。例如，要创建一个名为 newuser 的用户，并为其指定密码 **P@ssw0rd1**，可以使用以下命令。

```
mysql> CREATE USER 'newuser'@'localhost' IDENTIFIED BY 'P@ssw0rd1';
Query OK, 0 rows affected (0.01 sec)

mysql>
```

这里的'localhost'表示该用户只能从本地主机连接到 MySQL 服务器。如果希望该用户可以从任何主机连接，可以将'localhost'替换为'%'。同时密码必须符合前面设置的密码策略。

3. 修改用户密码

使用 ALTER USER 语句可以修改 MySQL 用户的密码。例如，要将 newuser 用户的密码更改为 **P@ssw0rd2**，可以使用以下命令。

```
mysql> ALTER USER 'newuser'@'localhost' IDENTIFIED BY 'P@ssw0rd2';
Query OK, 0 rows affected (0.01 sec)
mysql>
```

4. 删除用户

使用 DROP USER 语句可以删除 MySQL 用户。例如，要删除名为 newuser 的用户，可以使用以下命令。

```
mysql> DROP USER 'newuser'@'localhost';
Query OK, 0 rows affected (0.04 sec)

mysql>
```

任务 5-6　对 MySQL 账户权限的基本操作

下面将讨论创建 MySQL 用户、授予权限、查看权限、撤销权限以及刷新权限的基本操作。

1. 创建一个测试用户

首先需要登录到 MySQL 服务器，然后使用 CREATE USER 语句来创建一个新用户。例如，创建一个名为 newuser 的用户，密码为 **P@ssw0rd123**，并且这个用户只能从 localhost 登录。

```
mysql> CREATE USER 'newuser'@'localhost' IDENTIFIED BY 'P@ssw0rd123';
Query OK, 0 rows affected (0.01 sec)

mysql>
```

2. 授予权限

使用 GRANT 语句可以为 MySQL 用户授予特定的权限。接下来，可以使用 GRANT 语句来授予新用户一些权限。例如，要授予 newuser 对 mydatabase 数据库的 SELECT 和 INSERT 权限。

```
mysql> GRANT SELECT, INSERT ON mydatabase.* TO 'newuser'@'localhost';
Query OK, 0 rows affected (0.00 sec)

mysql>
```

在 MySQL 数据库中，SELECT 和 INSERT 是两种基本的权限，它们分别控制着用户对数据库的不同操作。

（1）SELECT 权限
- 允许用户读取数据库中的数据。
- 用户可以执行 SELECT 语句来查询表中的行和列。
- 如果没有 SELECT 权限，用户将无法查看表中的数据。

（2）INSERT 权限
- 允许用户向数据库中的表添加新数据。
- 用户可以执行 INSERT 语句来向表中插入新行。
- 如果没有 INSERT 权限，用户将无法向表中添加新数据。

这两种权限通常一起使用，以便用户能够读取和写入数据库中的数据。然而，它们也可以单独授予，以提供更细粒度的访问控制。

例如，如果有一个包含敏感数据的数据库，可能只想允许某些用户读取这些数据（授予 SELECT 权限），而不允许他们修改或添加数据。相反，对于需要向数据库中添加新数据的用户，可以只授予他们 INSERT 权限。

另外，ALL PRIVILEGES 表示所有权限，mydatabase.* 表示 mydatabase 数据库中的所有表和视图，'newuser'@'localhost'表示要授予权限的用户。

3. 查看权限

使用 SHOW GRANTS 语句可以查看 MySQL 用户的权限。例如，查看 newuser 权限的命令如下。

```
mysql> SHOW GRANTS FOR 'newuser'@'localhost';
+--------------------------------------+
| Grants for newuser@localhost         |
+--------------------------------------+
| GRANT USAGE ON *.* TO `newuser`@`localhost`                    |
| GRANT SELECT, INSERT ON `mydatabase`.* TO `newuser`@`localhost` |
+--------------------------------------+
2 rows in set (0.00 sec)

mysql>
```

（1）全局权限

```
GRANT USAGE ON *.* TO 'newuser'@'localhost'
```

这条权限实际上是一个占位符，表示 newuser 在所有数据库（*.*）中有"使用"权限，但这并不意味着有任何实际的访问权限。USAGE 权限是一个特殊的权限，它仅仅表示用户存在，但并不授予任何具体的数据库操作权限。

（2）数据库级权限

```
GRANT SELECT, INSERT ON mydatabase.* TO 'newuser'@'localhost'
```

这条权限授予 newuser 在 mydatabase 数据库上的 SELECT 和 INSERT 权限。这意味着 newuser 可以查询 mydatabase 中的表，并向这些表中插入新数据。

综上所述，newuser 在 localhost 上的具体权限是：在所有数据库中有"存在"的权限（但不包括任何实际的数据库操作权限）；在 mydatabase 数据库中有 SELECT 和 INSERT 权限。

4. 撤销权限

使用 REVOKE 语句可以撤销 MySQL 用户的权限。例如，撤销 newuser 对 mydatabase 数据库的 INSERT 权限，可以使用 REVOKE 语句。

```
mysql> REVOKE INSERT ON mydatabase.* FROM 'newuser'@'localhost';
Query OK, 0 rows affected (0.01 sec)
mysql> SHOW GRANTS FOR 'newuser'@'localhost';
+--------------------------------------+
| Grants for newuser@localhost         |
+--------------------------------------+
```

```
| GRANT USAGE ON *.* TO `newuser`@`localhost`              |
| GRANT SELECT ON `mydatabase`.* TO `newuser`@`localhost`  |
+----------------------------------------+
2 rows in set (0.00 sec)

mysql>
```

执行 REVOKE 语句和 SHOW GRANTS 语句后，newuser 在 localhost 上的权限如下。

（1）全局权限

```
GRANT USAGE ON *.* TO 'newuser'@'localhost'
```

这条权限是一个占位符，表示 newuser 在所有数据库（*.*）中有"存在"的权限，但并不授予任何具体的数据库操作权限。

（2）数据库级权限

```
GRANT SELECT ON mydatabase.* TO 'newuser'@'localhost'
```

这条权限授予 newuser 在 mydatabase 数据库上的 SELECT 权限。这意味着 newuser 可以查询 mydatabase 中的表，但不能向这些表中插入新数据（因为已经撤销了 INSERT 权限）。

因此，根据输出，newuser 在 localhost 上没有 INSERT 权限，只有 SELECT 权限（在 mydatabase 数据库中）以及一个全局的 USAGE 权限（不授予任何实际的数据库操作权限）。

如果想要再次授予 newuser 在 mydatabase 上的 INSERT 权限，可以执行以下命令。

```
mysql> GRANT INSERT ON `mydatabase`.* TO 'newuser'@'localhost';
Query OK, 0 rows affected (0.01 sec)

mysql> SHOW GRANTS FOR 'newuser'@'localhost';
+----------------------------------------+
| Grants for newuser@localhost           |
+----------------------------------------+
| GRANT USAGE ON *.* TO `newuser`@`localhost`                          |
| GRANT SELECT, INSERT ON `mydatabase`.* TO `newuser`@`localhost`      |
+----------------------------------------+
2 rows in set (0.00 sec)

mysql>
```

5. 刷新权限

在对 MySQL 用户的权限进行更改后，通常需要刷新权限表以使更改生效。可以使用以下命令来刷新权限。

```
mysql> FLUSH PRIVILEGES;
Query OK, 0 rows affected (0.00 sec)
```

```
mysql> quit
Bye
[root@Server01 ~]#
```

然而，请注意，在大多数情况下，不需要执行此操作，因为 GRANT 和 REVOKE 语句会自动更新权限并使其生效。

6. 注意事项

- 安全性：不要授予过多的权限，特别是不要在生产环境中授予 ALL PRIVILEGES ON *.*。
- 密码强度：确保为用户设置强密码，以防止未经授权的访问。
- 防火墙设置：如果允许用户从远程主机连接，请确保防火墙设置允许 MySQL 端口（默认是 3306）的流量。

任务 5-7　创建数据库与表

下面介绍如何使用 MySQL 创建数据库、选择数据库、创建表以及为表添加字段和约束。

1. 登录 MySQL

使用以下命令登录到 MySQL。

```
[root@Server01 ~]# mysql -u root -p
Enter password:            # 输入前面设置的 root 密码：NewStrongPassword!
Welcome to the MySQL monitor.  Commands end with ; or \g.
Your MySQL connection id is 8
Server version: 8.0.32 Source distribution

Copyright (c) 2000, 2023, Oracle and/or its affiliates.

Oracle is a registered trademark of Oracle Corporation and/or its
affiliates. Other names may be trademarks of their respective
owners.

Type 'help;' or '\h' for help. Type '\c' to clear the current input statement.

mysql> CREATE DATABASE mydatabase;
Query OK, 1 row affected (0.04 sec)

mysql>
```

2. 创建数据库

在 MySQL 提示符下，使用 CREATE DATABASE 语句创建一个新的数据库。

```
mysql> CREATE DATABASE mydatabase;
Query OK, 1 row affected (0.04 sec)
mysql>
```

3. 使用新数据库并查看数据库列表

在创建数据库之后，可以使用 USE 语句来选择这个数据库，以便执行后续的数据库操作。

（1）选择数据库

```
mysql> USE mydatabase;
Database changed
mysql>
```

（2）查看数据库列表

可以使用 SHOW DATABASES 命令来查看当前 MySQL 服务器上的所有数据库，包括刚刚创建的 mydatabase。

```
mysql>mysql> SHOW DATABASES;
+--------------------+
| Database           |
+--------------------+
| information_schema |
| mydatabase         |
| mysql              |
| performance_schema |
| sys                |
+--------------------+
5 rows in set (0.00 sec)

mysql>
```

4. 创建表单（表）

创建表的命令如下。

```
CREATE TABLE table_name (
    column1 datatype constraints,
    column2 datatype constraints,
    ...
);
```

创建表的命令参数说明及示例如表 5-2 所示。

表 5-2 创建表的命令参数说明及示例

参数名称	说明	示例
table_name	要创建的表的名称	mytable
column1, column2, …	表的列名	id, name, age, email
datatype	列的数据类型	INT, VARCHAR(100)
constraints	列的约束条件	PRIMARY KEY, NOT NULL, AUTO_INCREMENT

【例5-1】使用 USE 语句选择数据库，然后使用 CREATE TABLE 语句创建表。

```
mysql> USE mydatabase;              # 选择当前数据库
Database changed
mysql > CREATE TABLE mytable ( id INT AUTO _ INCREMENT PRIMARY KEY, name
VARCHAR(100) NOT NULL, age INT, email VARCHAR(100));
Query OK, 0 rows affected (0.09 sec)
mysql>
```

CREATE TABLE mytable(…) 这条命令在 mydatabase 数据库中创建了一个名为 mytable 的新表，包含4个字段：id（自动递增的主键）、name（非空字符串）、age（整数）和 email（字符串）。

（1）表 mytable 的4个字段（列）
- id：整数类型，自动递增，并且被设置为主键。这意味着每一行在插入时都会自动获得一个唯一的 id 值。
- name：可变长度字符串类型，最大长度为 100 个字符，且不能为空。
- age：整数类型，没有额外的约束条件。
- email：可变长度字符串类型，最大长度为 100 个字符，同样没有额外的约束条件（但在实际应用中，可能会希望添加唯一性约束或格式验证）。

（2）注意事项
- 在实际应用中，为 email 字段添加唯一性约束是一个好习惯，这样可以确保每个用户的电子邮件地址在表中是唯一的。可以通过在 CREATE TABLE 语句中添加 UNIQUE 关键字来实现这一点，例如：email VARCHAR(100) UNIQUE。
- 还可以为 age 字段添加约束条件，比如设置一个合理的最小值或最大值，以确保存储在该字段中的数据是有意义的。这可以通过 CHECK 约束来实现（但请注意，并非所有 MySQL 版本都支持 CHECK 约束）。

现在，已经成功地使用 MySQL 创建了一个新的数据库表，并为其定义了字段和数据类型，可以继续向这个表中插入数据，或者执行其他数据库操作。

【例5-2】创建一个简单的 departments 表。

```
mysql> CREATE TABLE departments (
    department_id INT AUTO_INCREMENT PRIMARY KEY,
    department_name VARCHAR(100) NOT NULL
);
```

【例5-3】创建一个名为 employees 的表，用于存储员工信息。这个表将包含员工的 ID、姓名、职位、薪资、入职日期和部门 ID 等字段。

```
mysql> CREATE TABLE employees( employee_id INT AUTO_INCREMENT PRIMARY KEY,
    first_name VARCHAR(50) NOT NULL,
    last_name VARCHAR(50) NOT NULL,
    position VARCHAR(100),
    salary DECIMAL(10, 2),
```

```
    hire_date DATE,
    department_id INT,
    FOREIGN KEY (department_id) REFERENCES departments(department_id)
);
```

下面逐个解释 employees 表的字段及注意事项。

(1) employee_id
- 数据类型：INT。
- 约束条件：AUTO_INCREMENT, PRIMARY KEY。
- 功能描述：作为员工的唯一标识符，该字段会自动递增，且被设定为主键，确保每位员工都有一个独一无二的 ID。

(2) first_name
- 数据类型：VARCHAR(50)。
- 约束条件：NOT NULL。
- 功能描述：用于存储员工的名字，最大长度为 50 个字符，且不能为空。

(3) last_name
- 数据类型：VARCHAR(50)。
- 约束条件：NOT NULL。
- 功能描述：用于存储员工的姓氏，同样最大长度为 50 个字符，且不能为空。

(4) position
- 数据类型：VARCHAR(100)。
- 约束条件：无（允许为空）。
- 功能描述：用于存储员工的职位，最大长度为 100 个字符，这个字段是可选的。

(5) salary
- 数据类型：DECIMAL(10, 2)。
- 约束条件：无。
- 功能描述：用于存储员工的薪资，该数据类型能够精确到小数点后两位，满足薪资计算的精度需求。

(6) hire_date
- 数据类型：DATE。
- 约束条件：无。
- 功能描述：用于记录员工的入职日期。

(7) department_id
- 数据类型：INT。
- 约束条件：FOREIGN KEY 引用 departments(department_id)。
- 功能描述：用于存储员工所属部门的 ID，该字段是外键，与 departments 表中的 department_id 字段相关联，确保了数据的一致性和完整性。

(8) 注意事项
- 在创建 employees 表之前，请确保 departments 表已经存在，并且包含一个名为 department_id 的主键字段，因为 employees 表中的 department_id 字段是引用 departments 表的。

- 如果 departments 表尚未创建,需要先创建它,然后再创建 employees 表。
- 考虑到数据完整性和业务逻辑,可能还需要为 employees 表添加其他约束条件,例如,检查 salary 字段的值是否在合理范围内,或者为 position 字段添加唯一性约束(如果业务逻辑要求每个职位名称在表中唯一)。然而,请注意,MySQL 并不总是支持所有类型的约束,例如,CHECK 约束在某些版本的 MySQL 中可能不被支持或其行为可能与标准 SQL 有所不同。

总的来说,此处的 employees 表设计符合大多数企业存储员工信息的需求。

5. 显示当前数据库中的所有表

使用 SHOW TABLES 命令可列出当前数据库 mydatabase 中的所有表,包括 departments、employees 和 mytable,共计 3 个表。这是一个标准的 MySQL 命令,用于显示指定数据库中的所有表。

```
mysql> SHOW TABLES;
+---------------+
| Tables_in_mydatabase |
+---------------+
| departments   |
| employees     |
| mytable       |
+---------------+
3 rows in set (0.00 sec)
```

- SHOW TABLES:执行的命令,用于列出 mydatabase 数据库中的所有表。
- Tables_in_mydatabase:输出结果的列标题,表示列出的是 mydatabase 数据库中的表。
- departments、employees、mytable:mydatabase 数据库中的实际表名。
- 3 rows in set (0.00 sec):表示查询返回了 3 行结果,并且查询执行时间非常短(0.00 s)。

6. 显示当前数据库中的表结构

使用 DESCRIBE 命令(或等效的 SHOW COLUMNS FROM 命令)可以查看 mytable、departments 和 employees 这 3 个表的表结构。

【例 5-4】显示上面创建的 3 个表的表结构。

```
mysql> DESCRIBE mytable;
+-------+--------------+------+-----+---------+----------------+
| Field | Type         | Null | Key | Default | Extra          |
+-------+--------------+------+-----+---------+----------------+
| id    | int          | NO   | PRI | NULL    | auto_increment |
| name  | varchar(100) | NO   |     | NULL    |                |
| age   | int          | YES  |     | NULL    |                |
| email | varchar(100) | YES  |     | NULL    |                |
+-------+--------------+------+-----+---------+----------------+
4 rows in set (0.00 sec)
```

项目5　配置与管理 MySQL 数据库管理系统

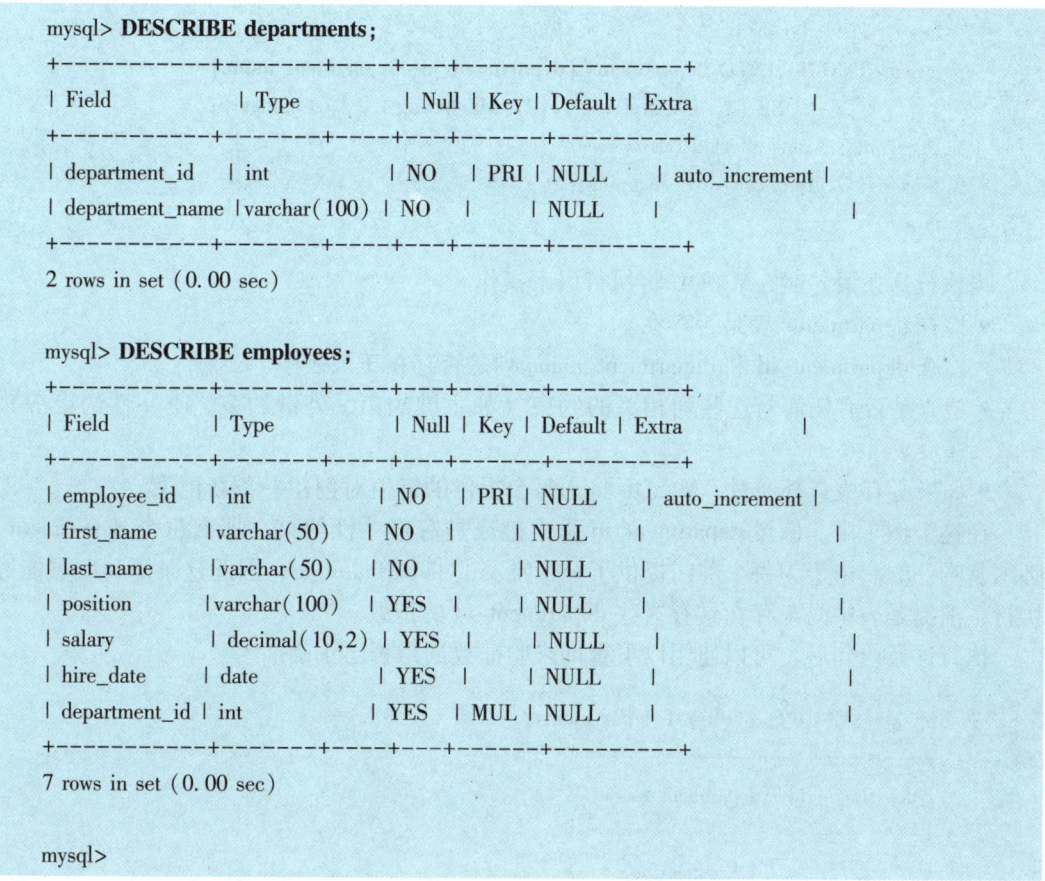

> **注意**
> - DESCRIBE 命令提供了有关表中字段的详细信息，包括字段名、数据类型、是否允许为空、是否为主键或外键（尽管外键约束可能不会在 DESCRIBE 输出中直接显示）、默认值以及额外信息（如自动递增）。
> - 如果在创建表时指定了外键约束，但 DESCRIBE 命令的输出中没有显示，可以使用 SHOW CREATE TABLE table_name 命令来查看表的完整定义，包括外键约束。
> - 确保在查看表结构之前已经选择了正确的数据库，否则 DESCRIBE 命令将显示当前数据库中的表结构。

任务 5-8　插入表数据并验证

在确保了 employees 表和 departments 表之间的关系通过外键约束正确设置之后，可以向 employees 表中插入数据。但是，在插入之前，请确保 departments 表中已经存在想要在 employees 表中引用的 department_id。

【例 5-5】先向 departments 表中插入一些数据（如果它们还不存在的话），然后向 employees 表中插入 3 条数据。插入完成后请进行验证。

1. 确保 departments 表中存在必要的部门

```
mysql> SELECT * FROM departments;
```

```
Empty set (0.00 sec)
mysql> INSERT INTO departments (department_id, department_name)
       VALUES (1, 'Engineering'), (2, 'Marketing'), (3, 'Finance');
Query OK, 3 rows affected (0.04 sec)
Records: 3  Duplicates: 0  Warnings: 0
mysql>
```

当执行这条语句时,MySQL 将执行以下操作。
- 检查 departments 表是否存在。
- 检查 department_id 和 department_name 列是否存在于该表中。
- 检查是否有任何与这些列相关的约束(如主键约束、外键约束、唯一性约束等)会被违反。
- 如果所有检查都通过,MySQL 将为每个提供的键值对创建一条新记录。

在这个例子中,假设 department_id 是主键或具有唯一性约束,那么每个 department_id 都必须是唯一的。由于为每个部门提供了一个唯一的 department_id,因此这条语句应该能够成功执行,前提是表中尚未存在具有这些 department_id 的记录。

执行这条语句后,可以使用以下查询来验证数据是否已正确插入。

```
mysql> SELECT * FROM departments;
+---------------+-----------------+
| department_id | department_name |
+---------------+-----------------+
|             1 | Engineering     |
|             2 | Marketing       |
|             3 | Finance         |
+---------------+-----------------+
3 rows in set (0.00 sec)

mysql>
```

这将返回 departments 表中的所有记录,包括刚刚插入的 3 条记录(如果表中没有其他记录的话)。

2. 再向 departments 表中添加 3 个部门

要向 departments 表中再添加 3 条记录,只需再次使用 INSERT INTO 语句,并列出新的部门 ID 和部门名称。由于 department_id 字段被设置为 AUTO_INCREMENT,通常不需要手动指定它(除非有特定的原因需要这样做,比如迁移数据或填充已存在的 ID)。

确保 department_id 字段被设置为 AUTO_INCREMENT(如果还没有的话)。这通常是在创建表时完成的。在插入新记录时,不要指定 department_id 字段。MySQL 将自动为该字段生成一个唯一的值。

由于已经设置了 AUTO_INCREMENT,所以插入新记录的语句如下所示。

```
INSERT INTO departments (department_name)
VALUES
```

('Human Resources'),
('Sales'),
('IT');

在这种情况下，MySQL 将为每个新记录分配一个唯一的 department_id 值。添加完成后再次查看表 departments 的记录内容。

```
mysql> SELECT * FROM departments;
+---------------+-----------------+
| department_id | department_name |
+---------------+-----------------+
|             1 | Engineering     |
|             2 | Marketing       |
|             3 | Finance         |
|             4 | Human Resources |
|             5 | Sales           |
|             6 | IT              |
+---------------+-----------------+
6 rows in set (0.00 sec)
```

3. 向 employees 表中插入数据

向 employees 表中插入数据，必须注意外键约束的重要性。在下面的例子中，向 employees 表中插入了 3 条记录，每条记录都包含一个有效的 department_id，这些 department_id 对应于先前在 departments 表中插入的部门。

```
mysql> SELECT * FROM employees;
Empty set (0.00 sec)

mysql> INSERT INTO employees (first_name, last_name, position, salary, hire_date, department_id)
    VALUES('John', 'Doe', 'Software Engineer', 85000.00, '2023-01-15', 1),
          ('Jane', 'Smith', 'Product Manager', 95000.00, '2022-07-22', 2),
          ('Emily', 'Jones', 'Data Analyst', 72000.00, '2023-03-01', 3);
Query OK, 3 rows affected (0.00 sec)
Records: 3  Duplicates: 0  Warnings: 0
mysql> SELECT * FROM employees;
……
mysql>
```

在这个例子中，首先向 departments 表中插入了 3 个部门：Engineering、Marketing 和 Finance，每个部门都有一个唯一的 department_id，然后又向 employees 表中插入了 3 条记录，每条记录都引用了一个存在的 department_id。

请注意，由于已经为 employees 表的 department_id 字段添加了外键约束，因此尝试插入一个不存在的 department_id 将会导致错误。

4. 向 employees 表中插入 6 条新记录

现在，再向 employees 表中添加 6 条新记录，每条记录都将与一个现有的 department_id 相关联。以下是插入语句的示例。

```
INSERT INTO employees (first_name, last_name, position, salary, hire_date, department_id)
VALUES ('Michael', 'Brown', 'Senior Engineer', 105000.00, '2021-06-15', 1),
('Sarah', 'Lee', 'Marketing Specialist', 68000.00, '2023-02-22', 2),
('David', 'Wilson', 'CFO', 120000.00, '2020-11-01', 3),
('Lisa', 'Taylor', 'HR Manager', 88000.00, '2022-09-15', 4),
('Robert', 'Davis', 'Sales Representative', 75000.00, '2023-04-01', 5),
('Kevin', 'Clark', 'IT Support Specialist', 69000.00, '2023-05-10', 6);
```

这些插入语句将向 employees 表中添加以下员工。
- Michael Brown，高级工程师，隶属于工程部（department_id = 1）。
- Sarah Lee，市场营销专员，隶属于市场部（department_id = 2）。
- David Wilson，首席财务官，隶属于财务部（department_id = 3）。
- Lisa Taylor，人力资源经理，隶属于人力资源部（department_id = 4）。
- Robert Davis，销售代表，隶属于销售部（department_id = 5）。
- Kevin Clark，IT 支持专员，隶属于 IT 部（department_id = 6）。

执行完这些插入语句后，可以使用 SELECT * FROM employees 查询命令来验证 employees 表中的数据，如图 5-1 所示。

图 5-1　验证 employees 表中的数据

5. 验证数据是否已正确插入

插入成功后，可以使用"SELECT * FROM 表名称"查询命令来验证数据是否已正确插入。

【例 5-6】执行上述 SQL 语句后，可以通过以下查询来验证数据是否已正确插入。

```
mysql> SELECT * FROM departments;
……
mysql> SELECT * FROM employees;
……
mysql> quit
```

```
Bye
[root@Server01 ~]#
```

5.4 项目实训：配置与管理 MySQL 数据库管理系统

1. 项目实训目的

- 掌握安装 MySQL 数据库管理系统的方法。
- 学会初始化 MySQL 服务。
- 掌握运行安全配置脚本的方法。
- 掌握管理 MySQL 账户的方法。
- 掌握创建数据库与数据表的方法。
- 掌握管理数据表的方法。
- 掌握数据库的备份与恢复。

2. 项目背景

数据库管理员要熟练掌握在 CS9 环境下安装、配置和管理 MySQL 数据库的各项技能，包括安装 MySQL 数据库管理系统、初始化 MySQL 服务、运行安全配置脚本、管理 MySQL 账户、创建和管理数据库与数据表以及备份与恢复数据库。这些技能对于任何从事数据库管理工作的专业人员来说都是至关重要的。

3. 项目实训内容

在 CS9 中熟练完成安装 MySQL 数据库管理系统、初始化 MySQL 服务、运行安全配置脚本、管理 MySQL 账户、创建和管理数据库与数据表以及备份与恢复数据库等各项任务。

4. 做一做

进行项目实训，检查学习效果。

5.5 练习题

一、填空题

1. 数据库管理系统（DBMS）的核心功能包括存储、检索、定义、操作、管理和_____数据。
2. MySQL 通过_____语言来实现数据的定义，如 CREATE、ALTER 和 DROP 语句。
3. 在 MySQL 中，为了提高查询速度，可以使用_____技术。
4. 安装完 MySQL 后，默认情况下 MySQL 服务会监听端口_____和_____。
5. 使用 grep 命令查看 MySQL 初始密码时，应查看的文件是_____。
6. MySQL 中，用于修改用户密码的语句是_____。
7. 运行 mysql_secure_installation 脚本时，会提示设置或更改_____用户的密码。
8. 在 MySQL 中，密码策略级别分为 LOW、_____和 STRONG。
9. 在 MySQL 中，要创建一个新用户，可以使用_____语句。
10. 授予 MySQL 用户权限的语句是_____。

11. 在 MySQL 中，创建一个名为 newdb 的数据库的命令是 CREATE DATABASE _____。

12. 在创建表时，为字段设置自动递增的属性是 AUTO_INCREMENT，设置主键的属性是_____。

13. 使用_____命令可以查看当前数据库中的所有表。

二、选择题

1. MySQL 是哪个公司旗下的产品？（   ）
   A. IBM   B. Oracle   C. Microsoft   D. Apple

2. 在 MySQL 中，用于数据操作的语言是（   ）。
   A. DDL   B. DML   C. DCL   D. TCL

3. 运行 mysql_secure_installation 脚本时，不会进行的操作是（   ）。
   A. 设置 root 用户密码   B. 删除匿名用户
   C. 启用远程 root 登录   D. 删除测试数据库

4. MySQL 中，用于删除用户的语句是（   ）。
   A. DELETE USER   B. DROP USER
   C. REMOVE USER   D. DESTROY USER

5. MySQL 中，用于查看用户权限的语句是（   ）。
   A. SHOW GRANTS   B. SHOW PRIVILEGES
   C. LIST GRANTS   D. VIEW PRIVILEGES

6. 撤销 MySQL 用户权限的语句是（   ）。
   A. REVOKE   B. DENY   C. WITHDRAW   D. CANCEL

7. 下列哪个命令用于查看 MySQL 服务器上的所有数据库？（   ）
   A. SHOW DATABASES   B. SHOW TABLES
   C. DESCRIBE table_name   D. CREATE DATABASE

8. 在 MySQL 中，哪个字段类型可以用来存储可变长度的字符串？（   ）
   A. INT   B. DATE   C. VARCHAR   D. DECIMAL

9. 下列哪个约束条件可以确保字段的值在插入时自动递增？（   ）
   A. PRIMARY KEY   B. NOT NULL
   C. AUTO_INCREMENT   D. UNIQUE

10. 如果要为字段添加外键约束，应该使用哪个关键字？（   ）
    A. FOREIGN KEY   B. PRIMARY KEY
    C. UNIQUE   D. CHECK

11. 下列哪个命令可以用来查看表的详细结构？（   ）
    A. SHOW DATABASES   B. SHOW TABLES
    C. DESCRIBE table_ name   D. CREATE TABLE table_name

12. 下列哪个命令用于启动 MySQL 服务？（   ）
    A. systemctl start httpd   B. systemctl start mysqld
    C. service mysql start   D. start mysql

13. 使用 mysqldump 命令进行备份时，如果需要备份所有数据库，应使用哪个选项？（   ）
    A. --all-tables   B. --all-databases C. --databases   D. --all

14. 下列哪个命令用于从备份文件中恢复 MySQL 数据库？（　　）

A. mysql -u root -p < backup.sql
B. mysqldump -u root -p < backup.sql
C. mysqlimport -u root -p backup.sql
D. mysqlrestore -u root -p backup.sql

三、简答题

1. 简述 MySQL 数据库管理系统的特点。
2. 运行 mysql_secure_installation 脚本时，会进行哪些安全配置？
3. 如何在防火墙中放行 MySQL 服务？
4. 如何修改 MySQL 用户的密码？
5. 在创建 employees 表时，为什么需要确保 departments 表已经存在？并解释 department_id 字段在 employees 表中的作用。

项目 6　使用 shell 与 vim 编辑器

项目导入

系统管理员的一项重要工作就是要修改与设定某些重要软件的配置文件，因此至少要学会使用一种以上文字接口的文本编辑器。所有的 Linux 发行版本都内置有 vi 文本编辑器，很多软件也默认使用 vi 作为编辑的接口，因此读者一定要学会使用 vi 文本编辑器。vim 是进阶版的 vi，不但可以用不同颜色显示文本内容，还能够进行诸如 shell 脚本、C 语言等程序的编辑，因此，可以将 vim 视为一种程序编辑器。

知识和能力目标

• 了解 shell 的强大功能和 shell 的命令解释过程。	• 学会使用重定向和管道。 • 学会使用 vim 编辑器。

素养目标

• 遵守职业伦理，培养学生树立正确的职业目标、建立正确的职业价值体系。	• 厚植家国情怀，培养学生的大局意识和责任意识。

6.1　项目知识准备

shell 是用户与操作系统内核之间的接口，起着协调用户与系统的一致性和在用户与系统之间进行交互的作用。

6.1.1　shell 概述

1. shell 的地位

shell 在 Linux 系统中具有极其重要的地位，如图 6-1 中 Linux 系统结构组成所示。

2. shell 的功能

shell 最重要的功能是命令解释，从这个意义上来说，shell 是一个命令解释器。Linux 系统中的所有可执行文件都可以作为 shell 命令来执行。可执行文件的分类如表 6-1 所示。

当用户提交了一个命令后，shell 首先判断它是否为内置命令，如果是就通过 shell 内部的解释器将其解释为系统功能进行调用并转交给内核执行；若是外部命令或实用程序就试图在硬盘中查找该命令并将其调入内存，再将其解释为系统功能进行调用并转交给内核执行。在查找该命令时分为两种情况。

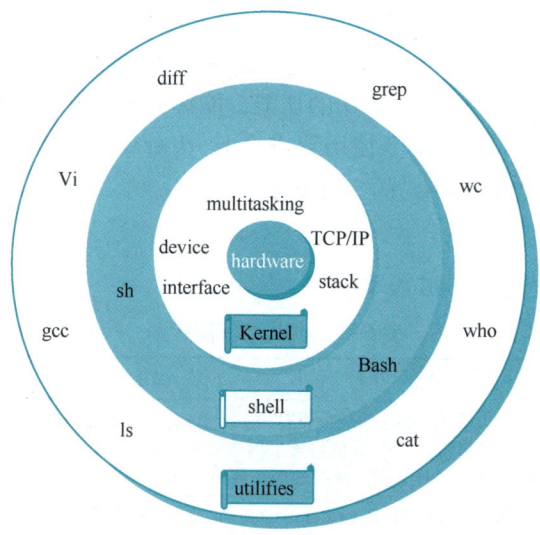

图 6-1 Linux 系统结构组成

表 6-1 可执行文件的分类

类别	说明
Linux 命令	存放在/bin、/sbin 目录下
内置命令	出于效率的考虑，将一些常用命令的解释程序构造在 shell 内部
实用程序	存放在/usr/bin、/usr/sbin、/usr/local/bin 等目录下
用户程序	用户程序经过编译生成可执行文件后，也可作为 shell 命令运行
shell 脚本	由 shell 语言编写的批处理文件

1）用户给出了命令路径，shell 就沿着用户给出的路径查找，若找到则调入内存，若没有则输出提示信息。

2）用户没有给出命令路径，shell 就在环境变量 PATH 所指定的路径中依次进行查找，若找到则调入内存，若没找到则输出提示信息。

图 6-2 描述了 shell 是如何完成命令解释的。此外，shell 还具有如下一些功能。

- shell 环境变量：用于存储系统和用户相关的配置信息，如路径信息、用户设置等。通过设置和使用环境变量，用户可以灵活配置 shell 的运行环境，影响命令的执行方式和结果，这是 shell 的一个重要功能。例如，PATH 环境变量决定了系统在哪些目录中查找可执行文件。

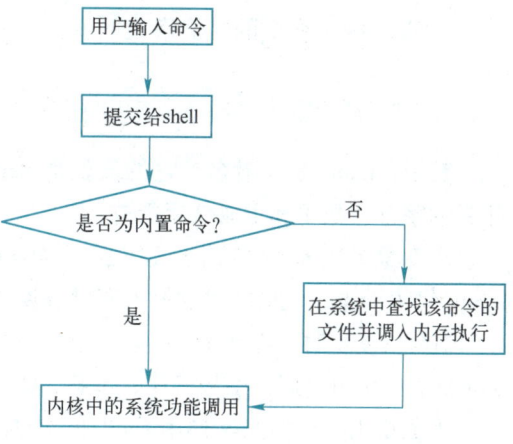

图 6-2 shell 执行命令解释的过程

- 正则表达式：一种强大的文本模式匹配工具。在 shell 中，正则表达式常用于命令的参数中，用于对文本进行过滤、查找和替换等操作，帮助用户更高效地处理文本数据。例如，grep 命令结合正则表达式可以在文件中搜索符合特定模式的文本行。
- 输入输出重定向与管道：输入输出重定向允许用户改变命令的输入来源和输出目的地，可以将命令的输出保存到文件中，或者将文件的内容作为命令的输入。管道则可以将一个命令的输出作为另一个命令的输入，实现多个命令的组合使用，从而完成更复杂的数据处理任务。这是 shell 中非常实用的功能，能极大地提高命令行操作的灵活性和效率。例如，ls -l | grep "txt" 这条命令使用管道将 ls -l 命令的输出传递给 grep 命令，用于查找当前目录下文件名包含"txt"的文件列表。

3. shell 的主要版本

表 6-2 列出了几种常见的 shell 版本。

表 6-2　shell 的不同版本

版本	说明
Bourne Again shell（Bash. bsh 的扩展）	Bash 是大多数 Linux 系统的默认 shell。Bash 与 bsh 完全向后兼容，并且在 bsh 的基础上增加和增强了很多特性。Bash 也包含了很多 C shell 和 Korn shell 中的优点。Bash 有非常灵活和强大的编程接口，同时又有很友好的用户界面
Korn shell（ksh）	Korn shell（ksh）由 Dave Korn 所写。它是 UNIX 系统上的标准 shell。另外，在 Linux 环境下有一个专门为 Linux 系统编写的 Korn shell 的扩展版本，即 Public Domain. Korn shell（pdksh）
tcsh（csh 的扩展）	tcsh 是 C. shell 的扩展。tcsh 与 csh 完全向后兼容，但它包含了更多的使用户感觉方便的新特性，其最大的提高是在命令行编辑和历史浏览方面

6.1.2　shell 环境变量

shell 支持具有字符串值的变量。shell 变量不需要专门的说明语句，通过赋值语句即可完成变量说明并予以赋值。在命令行或 shell 脚本文件中使用 $name 的形式引用变量 name 的值。

微课 6-1　shell 程序的变量和特殊字符

1. 变量的定义和引用

在 shell 中，变量的赋值格式如下：

```
name=string
```

其中，name 是变量名，它的值就是 string，"="是赋值符号。变量名是以字母或下画线开头的字母、数字和下画线字符序列。

在变量名（name）前加 $ 字符（如 $name）引用变量的值，引用的结果就是用字符串 string 代替 $name。此过程也称为变量替换。

在定义变量时，若 string 中包含空格、制表符和换行符，则 string 必须用'string'（或者"string"）的形式，即用单（双）引号将其括起来。双引号内允许变量替换，而单引号内则不允许。

下面给出一个定义和使用 shell 变量的例子。

```
//显示字符常量
$ echo who are you
who are you
$ echo 'who are you'
who are you
```

```
$ echo "who are you"
who are you
$
//由于要输出的字符串中没有特殊字符，所以使用''和""的效果是一样的，即便不使用""，其效果
也等同于使用了""来处理该字符串
$ echo Je t'aime
>
//使用特殊字符（'）
//由于'不匹配，shell 认为命令行没有结束，按<Enter>键后会出现系统第二提示符
//让用户继续输入命令行，按<Ctrl+C>组合键结束
$
//为了解决这个问题，可以使用下面的两种方法
$ echo "Je t'aime"
Je t'aime
$ echo Je t\'aime
Je t'aime
```

2. shell 变量的作用域

与程序设计语言中的变量一样，shell 变量有其规定的作用范围。shell 变量分为局部变量和全局变量。

- 局部变量的作用范围仅仅限制在其命令行所在的 shell 或 shell 脚本文件中。
- 全局变量的作用范围则包括本 shell 进程及其所有子进程。
- 可以使用 export 内置命令将局部变量设置为全局变量。

下面给出一个 shell 变量作用域的例子。

```
$ var1=Linux          //在当前 shell 中定义变量 var1
$ var2=unix           //在当前 shell 中定义变量 var2 并将其输出
$ export var2
$ echo $var1          //引用变量的值
Linux
$ echo $var2
unix
$ echo $$             //显示当前 shell 的 PID
2670
$ bash                //调用子 shell
$ echo $$             //显示当前 shell 的 PID
2709
$ echo $var1          //由于 var1 没有被 export，所以在子 shell 中已无值
$ echo $var2          //由于 var2 被 export，所以在子 shell 中仍有值
unix
$ exit                //返回主 shell，并显示变量的值
$ echo $$
2670
```

```
$ echo $var1
Linux
$ echo $var2
unix
$
```

3. 环境变量

环境变量是指由 shell 定义和赋初值的 shell 变量。shell 用环境变量来确定查找路径、注册目录、终端类型、终端名称、用户名等。所有环境变量都是全局变量，并可以由用户重新设置。表 6-3 列出了一些 shell 中常用的环境变量。

表 6-3　shell 中常用的环境变量

环境变量名	说明	环境变量名	说明
EDITOR、FCEDIT	Bash fc 命令的默认编辑器	PATH	Bash 寻找可执行文件的搜索路径
HISTFILE	用于存储历史命令的文件	PS1	命令行的一级提示符
HISTSIZE	历史命令列表的大小	PS2	命令行的二级提示符
HOME	当前的用户目录	PWD	当前工作目录
OLDPWD	前一个工作目录	SECONDS	当前 shell 开始后所流逝的秒数

不同类型的 shell 环境变量有不同的设置方法。在 Bash 中，设置环境变量用 set 命令，命令的格式是：

```
set 环境变量=变量的值
```

例如，设置用户的主目录为 /home/john，可以用以下命令。

```
$ set HOME=/home/john
```

不加任何参数地直接使用 set 命令可以显示出用户当前所有环境变量的设置，如下所示。

```
$ set
BASH=/bin/Bash
BASH_ENV=/root/.bashrc
（略）
PATH=/usr/local/sbin:/usr/local/bin:/usr/sbin:/usr/bin:/sbin:/bin:/usr/bin/X11
PS1='[\u@\h \W]\$'
PS2='>'
SHELL=/bin/Bash
```

可以看到路径 PATH 的设置如下。

```
PATH=/usr/local/sbin:/usr/local/bin:/usr/sbin:/usr/bin:/sbin:/bin:/usr/bin/X11
```

总共有 7 个目录，Bash 会在这些目录中依次搜索用户输入的命令的可执行文件。
在环境变量前面加上 $ 符号，表示引用环境变量的值，举例如下。

```
# cd $HOME
```

项目 6　使用 shell 与 vim 编辑器

即把目录切换到用户的主目录。

当修改 PATH 变量时，如将一个路径/tmp 加到 PATH 变量前，应设置如下。

> # PATH=/tmp:$PATH

此时，在保存原有 PATH 路径的基础上进行了添加。shell 在执行命令前，会先查找这个目录。

要将环境变量重新设置为系统默认值，可以使用 unset 命令。例如，下面的命令用于将当前的语言环境重新设置为默认的英文状态。

> # unset LANG

4. 工作环境设置文件

shell 环境依赖于多个文件的设置。用户并不需要每次登录后都对各种环境变量进行手工设置，通过环境设置文件，用户工作环境的设置可以在登录的时候自动由系统来完成。环境设置文件有两种，一种是系统环境设置文件，另一种是个人环境设置文件。

（1）系统中的用户环境设置文件
- 登录环境设置文件：/etc/profile。
- 非登录环境设置文件：/etc/bashrc。

（2）用户设置的环境设置文件
- 登录环境设置文件：$HOME/.Bash_profile。
- 非登录环境设置文件：$HOME/.bashrc。

 注意
　　只有在特定情况下才读取 profile 文件，确切地说，是在用户登录的时候。当运行 shell 脚本以后，就无须再读 profile 文件。

系统中的用户环境设置文件对所有用户均生效，而用户的环境设置文件对用户自身生效。用户可以修改自己的用户环境设置文件来覆盖系统环境设置文件中的全局设置。例如：
- 用户可以将自定义的环境变量存放在 $HOME/.Bash_profile 中。
- 用户可以将自定义的别名存放在 $HOME/.bashrc 中，以便在每次登录和调用子 shell 时生效。

6.2　项目设计与准备

本项目要用到 Server01，完成的任务如下。
1）掌握正则表达式。
2）学会使用重定向和管道命令。
3）掌握脚本入门常识。
4）掌握 vim 编辑器的使用方法。

6.3　项目实施

Server01 的 IP 地址为 192.168.10.1/24，计算机的网络连接方式是仅主机模式（VMnet1）。

任务 6-1　使用正则表达式

正则表达式（Regular Expression，regex 或 regexp）是一种强大的文本处理工具，它使用特定的模式来描述或匹配一系列符合某个规则的字符串。在处理文本数据、验证输入、搜索和替换等方面，正则表达式有着广泛的应用。

1. grep 命令

grep 命令用来在文本文件中查找内容，它的名字源于"global regular expression print"。指定给 grep 命令的文本模式叫作"正则表达式"。它可以是普通的字母或者数字，也可以使用特殊字符来匹配不同的文本模式。稍后将更详细地讨论正则表达式。grep 命令打印出所有符合指定规则的文本行。举例如下。

```
$ grep  'match_string'  file
```

该命令即从指定文件中找到含有字符串的行。

2. 正则表达式字符

Linux 定义了一个使用正则表达式的模式识别机制。Linux 系统库包含了对正则表达式的支持，鼓励程序中使用这个机制。

遗憾的是，shell 的特殊字符辨认系统没有利用正则表达式，因为它们比 shell 自己的缩写更加难用。shell 的特殊字符和正则表达式是很相似的，为了正确利用正则表达式，用户必须了解两者之间的区别。

 注意

由于正则表达式使用了一些特殊字符，所以所有的正则表达式都必须用单引号包含起来。

正则表达式字符可以包含某些特殊的模式匹配字符。句号匹配任意一个字符，相当于 shell 的问号。紧接句号之后的星号匹配零个或多个任意字符，相当于 shell 的星号。方括号的用法跟 shell 的一样，只是用"^"代替"!"来匹配不在指定列表内的字符。

表 6-4 列出了正则表达式的模式匹配字符。

表 6-4　模式匹配字符

模式匹配字符	说明
.	匹配单个任意字符
[list]	匹配字符串列表中的其中一个字符
[range]	匹配指定范围中的一个字符
[^]	匹配指定字符串或指定范围以外的一个字符

表 6-5 列出了与正则表达式模式匹配字符配合使用的量词。

表 6-5　量词

量词	说明
*	匹配前一个字符零次或多次
\{n\}	匹配前一个字符 n 次

(续)

量词	说明
\{n, \}	匹配前一个字符至少 n 次
\{n, m\}	匹配前一个字符 n 次至 m 次

表 6-6 列出了正则表达式中可用的控制字符。

表 6-6 控制字符

控制字符	说明
^	只在行头匹配正则表达式
$	只在行末匹配正则表达式
\	引用特殊字符

控制字符是用来标记行头或者行尾的，支持统计字符串的出现次数。

非特殊字符代表它们自己，如果要表示特殊字符需要在前面加上反斜杠。

举例如下。

help	匹配包含 help 的行
\..$	匹配倒数第 2 个字符是句点的行
^...$	匹配只有 3 个字符的行
^[0-9]\{3\}[^0-9]	匹配以 3 个数字开头，之后是一个非数字字符的行
^\([A-Z][A-Z]\)*$	匹配只包含偶数个大写字母的行

任务 6-2 使用输入输出重定向与管道

在 UNIX 和类 UNIX 操作系统（如 Linux 和 macOS）中，输入输出重定向与管道是强大的命令行工具，它们允许用户以灵活的方式处理数据流。

1. 重定向

所谓重定向，就是不使用系统的标准输入端口、标准输出端口或标准错误端口，而进行重新指定，所以重定向分为输入重定向、输出重定向和错误重定向。通常情况下重定向到一个文件。在 shell 中，重定向主要依靠重定向符来实现，即 shell 通过检查命令行中有无重定向符来决定是否需要实施重定向。表 6-7 列出了常用的重定向符。

表 6-7 重定向符

重定向符	说明
<	实现输入重定向。输入重定向并不经常使用，因为大多数命令都以参数的形式在命令行上指定输入文件的文件名。尽管如此，当使用一个不接受文件名为输入参数的命令，而需要的输入内容又存储在一个已存在的文件中时，就可以通过输入重定向来解决这一问题
>或>>	实现输出重定向。输出重定向比输入重定向更常用。输出重定向使用户能把一个命令的输出重定向到一个文件中，而不是显示在屏幕上。很多情况下都可以使用这种功能。例如，如果某个命令的输出很多，在屏幕上不能完全显示，即可把它重定向到一个文件中，稍后再用文本编辑器来打开这个文件
2>或 2>>	实现错误重定向
&>	同时实现输出重定向和错误重定向

要注意的是，在实际执行命令之前，命令解释程序会自动打开（如果文件不存在则自动创建）且清空该文件（文件中已存在的数据将被删除）。当命令完成时，命令解释程序会正确地关闭该文件，而命令在执行时并不知道它的输出流已被重定向。

下面举几个使用重定向的例子。

1）将 ls 命令生成的/tmp 目录的一个清单存到当前目录下的 dir 文件中。

$ ls -l /tmp >dir

2）将 ls 命令生成的/tmp 目录的一个清单以追加的方式存到当前目录下的 dir 文件中。

$ ls -l /tmp >>dir

3）将 passwd 文件的内容作为 wc 命令的输入。

$ wc</etc/passwd

4）将命令 myprogram 的错误信息保存在当前目录下的 err_file 文件中。

$ myprogram 2>err_file

5）将命令 myprogram 的输出信息和错误信息保存在当前目录下的 output_file 文件中。

$ myprogram &>output_file

6）将命令 ls 的错误信息保存在当前目录下的 err_file 文件中。

$ ls -l 2>err_file

 注意
　　该命令并没有产生错误信息，但 err_file 文件中的原文件内容会被清空。

当输入重定向符时，命令解释程序会检查目标文件是否存在。如果不存在，命令解释程序将会根据给定的文件名创建一个空文件；如果文件已经存在，命令解释程序则会清除其内容并准备写入命令的输出结果。这种操作方式表明：当重定向到一个已存在的文件时需要十分小心，数据很容易在用户还没有意识到之前就丢失了。

Bash 输入输出重定向可以通过使用下面的选项来设置不覆盖已存在的文件。

$ set -o noclobber

这个选项仅用于对当前命令解释程序输入输出进行重定向，而其他程序仍可能覆盖已存在的文件。

7）/dev/null。空设备的一个典型用法是丢弃从 find 或 grep 等命令送来的错误信息。

$ grep delegate /etc/* 2>/dev/null

上面 grep 命令的含义是从/etc 目录下的所有文件中搜索包含字符串 delegate 的所有行。由于是在普通用户的权限下执行该命令，grep 命令是无法打开某些文件的，系统会显示"未得到允许"的错误提示。通过将错误重定向到空设备，可以在屏幕上只得到有用的输出。

2. 管道

许多 Linux 命令具有过滤特性，即一条命令通过标准输入端口接收一个文件中的数据，命令执行后产生的结果数据又通过标准输出端口送给后一条命令，作为该命令的输入数据。后一条命令也是通过标准输入端口接收输入数据。

shell 提供管道命令"|"将这些命令前后衔接在一起，形成一个管道线。格式为：

命令 1|命令 2|…|命令 *n*

管道线中的每一条命令都作为一个单独的进程运行，每一条命令的输出作为下一条命令的输入。由于管道线中的命令总是从左到右顺序执行的，因此管道线是单向的。

管道线的实现创建了 Linux 系统管道文件并进行重定向，但是管道不同于 I/O 重定向。输入重定向导致一个程序的标准输入来自某个文件，输出重定向是将一个程序的标准输出写到一个文件中，而管道是直接将一个程序的标准输出与另一个程序的标准输入相连接，不需要经过任何中间文件。

例如，运行命令 who 来找出谁已经登录系统。

$ who   >tmpfile

该命令的输出结果是每个用户对应一行数据，其中包含了一些有用的信息，这些信息将保存在临时文件中。

现在运行下面的命令。

$ wc –l   <tmpfile

该命令会统计临时文件的行数，最后的结果是登录系统的用户人数。

可以将以上两个命令组合起来。

$ who|wc   –l

管道符号告诉命令解释程序将左边的命令（在本例中为 who）的标准输出流连接到右边的命令（在本例中为 wc   –l）的标准输入流。现在命令 who 的输出不经过临时文件就可以直接送到命令 wc 中。

下面再举几个使用管道的例子。

1）以长格式递归的方式分屏显示/etc 目录下的文件和目录列表。

$ ls –Rl   /etc | more

2）分屏显示文本文件/etc/passwd 的内容。

$ cat /etc/passwd | more

3）统计文本文件/etc/passwd 的行数、字数和字符数。

$ cat /etc/passwd | wc

4）查看是否存在 john 用户。显示为空表示不存在该用户。

```
$ cat /etc/passwd | grep john
```

5）查看系统是否安装了 apache 和 yum 软件包。显示为空表示没有安装该软件。

```
$ rpm –qa | grep apache
$ rpm –qa | grep yum
```

6）显示文本文件中的若干行。

```
$ tail –15 myfile | head –3
```

管道仅能操纵命令的标准输出流。如果标准错误输出未重定向,那么任何写入其中的信息都会在终端屏幕上显示。管道可用来连接两个以上的命令。由于使用了一种称为过滤器的服务程序,多级管道在 Linux 中是很普遍的。过滤器只是一段程序,它从自己的标准输入流读入数据,然后写到自己的标准输出流中,这样就能沿着管道过滤数据了。举例如下。

```
$ who|grep   ttyp| wc   –l
```

who 命令的输出结果由 grep 命令来处理,而 grep 命令则过滤掉(丢弃掉)所有不包含字符串"ttyp"的行。这个输出结果经过管道送到命令 wc,而该命令的功能是统计剩余的行数,这些行数与网络用户的人数相对应。

Linux 系统一个很大的优势就是按照这种方式将一些简单的命令连接起来,形成更复杂、功能更强的命令。那些标准的服务程序仅仅是一些管道应用的单元模块,在管道中它们的作用更加明显。

任务 6-3　编写 shell 脚本

shell 最强大的功能在于它是一个功能强大的编程语言。用户可以在文件中存放一系列的命令,这被称为 shell 脚本或 shell 程序,将命令、变量和流程控制有机结合起来将会得到一个功能强大的编程工具。shell 脚本语言非常擅长处理文本类型的数据,由于 Linux 系统中的所有配置文件都是纯文本的,所以 shell 脚本语言在 Linux 系统管理中发挥了巨大作用。

1. 脚本的内容

shell 脚本是以行为单位的,在执行脚本的时候会分解成一行一行依次执行。脚本中所包含的成分主要有注释、命令、shell 变量和流程控制语句。

- 注释。用于对脚本进行解释和说明,在注释行的前面要加上符号"#",这样在执行脚本的时候 shell 就不会对该行进行解释。
- 命令。在 shell 脚本中可以出现任何在交互方式下可以使用的命令。
- shell 变量。shell 支持具有字符串值的变量。shell 变量不需要专门的说明语句,通过赋值语句即可完成变量说明并予以赋值。在命令行或 shell 脚本文件中使用 $name 的形式引用变量 name 的值。
- 流程控制。主要为一些用于流程控制的内部命令。

表 6-8 列出了 shell 中用于流程控制的内置命令。

表 6-8 shell 中用于流程控制的内置命令

命令	说明
text expr 或 [expr]	用于测试一个表达式 expr 值的真假
if expr then command-table fi	用于实现单分支结构
if expr then command-table else command-talbe fi	用于实现双分支结构
case…case	用于实现多分支结构
for…do…done	用于实现 for 型循环
while…do…done	用于实现当型循环
until…do…done	用于实现直到型循环
break	用于跳出循环结构
continue	用于重新开始下一轮循环

2. 脚本的建立与执行

用户可以使用任何文本编辑器编辑 shell 脚本文件，如 vi、gedit 等。

shell 对 shell 脚本文件的调用可以采用 3 种方式：

1）将文件名（**script_file**）作为 shell 命令的参数。其调用格式如下。

$ **bash script_file**

当要被执行的脚本文件没有可执行权限时只能使用这种调用方式。

2）先将脚本文件（**script_file**）的访问权限改为可执行，以便该文件可以作为执行文件调用。具体方法如下。

$ **chmod +x script_file**
$ **PATH=$PATH:$PWD**
$ **script_file**

3）当执行一个脚本文件时，shell 会产生一个子 shell（即一个子进程）去执行文件中的命令。因此，脚本文件中的变量值不能传递到当前 shell（即父进程）。为了使脚本文件中的变量值传递到当前 shell，必须在命令文件名前面加 "." 命令。举例如下。

$ **./script_file**

"." 命令的功能是在当前 shell 中执行脚本文件中的命令，而不是产生一个子 shell 去执行命令文件中的命令。

3. 编写第一个 shell script 程序

```
[root@RHEL7-1 ~]# mkdir scripts; cd scripts
[root@RHEL7-1 scripts]# vim sh01.sh
#!/bin/bash
# Program：
```

```
# This program shows "Hello World!" in your screen.
# History:
# 2024/04/23    Bobby      First release
PATH=/bin:/sbin:/usr/bin:/usr/sbin:/usr/local/bin:/usr/local/sbin:~/bin
export PATH
echo -e "Hello World! \a \n"
exit 0
```

上述程序将所有的 script 放置到家目录的~/scripts 这个目录内，以便于管理。下面具体分析一下上面的程序。

1）第一行#!/bin/bash 在宣告这个 script 使用的 shell 名称。

因为使用的是 bash，所以必须以 "#!/bin/bash" 来宣告这个文件内的语法使用 bash 的语法，当这个程序被运行时，就能加载 bash 的相关环境配置文件（一般来说就是 non-login shell 的~/.bashrc），并且运行 bash 来使之后的命令能够运行。这是很重要的。在很多情况下，如果没有设置好这一行，那么该程序很可能会无法运行，因为系统可能无法判断该程序需要使用什么 shell 来运行。

2）程序内容的说明。

整个 script 中，除了第一行的 "#!" 是用来声明 shell 的之外，其他的 "#" 都是用来 "注释" 的。所以上面的程序中，第二行以下就是用来说明整个程序的基本数据。

 建议

　　一定要养成说明该 script 内容与功能、版本信息、作者与联络方式、建立日期、历史记录等的习惯。这将有助于未来程序的改写与调试。

3）主要环境变量的声明。

务必要将一些重要的环境变量设置好，PATH 与 LANG（如果使用与输出相关的信息时）是其中最重要的。如此一来，则可让这个程序在运行时可以直接执行一些外部命令，而不必写绝对路径。

4）主要程序部分。

在这个例子中，就是 echo 那一行。

5）运行结果会通过定义回传值进行反馈。

一个命令运行成功与否，可以使用 $? 这个变量来查看。也可以利用 exit 这个命令来让程序中断，并且回传一个数值给系统。在这个例子中，使用了 exit 0，这代表离开 script 并且回传一个 0 给系统，所以当运行完这个 script 后，若接着执行 echo $?，则可得到 0 的值。利用这个 exit n（n 是数字）的功能，还可以自定义错误信息，让这个程序变得更加智能。

该程序的运行结果如下。

```
[root@RHEL7-1 scripts]# sh   sh01.sh
Hello World!
```

而且应该还会听到"咚"的一声，为什么呢？这是 echo 加上 -e 选项的原因。

另外，也可以利用 "**chmod   a+x   sh01.sh;   ./sh01.sh**" 来运行这个 script。

任务 6-4　使用 vim 编辑器

vi 是 vimsual interface 的简称，vim 在 vi 的基础上改进和增加了很多特性，它是纯粹的自由软件。它可以执行输出、删除、查找、替换、块操作等众多文本操作，而且用户可以根据自己的需要对其进行定制，这是其他编辑工具所不具备的。vim 不是一个排版程序，它不像 Word 或 WPS 那样可以对字体、格式、段落等其他属性进行编排，它只是一个文本编辑程序。vim 是全屏幕文本编辑器，它没有菜单，只有命令。

慕课 6-2　使用 vim 编辑器

1. vim 的启动与退出

在系统提示符后输入 vim 和想要编辑（或建立）的文件名，便可进入 vim，如下。

```
$ vim
$ vim myfile
```

如果只输入 vim，而不带文件名，也可以进入 vim，如图 6-3 所示。

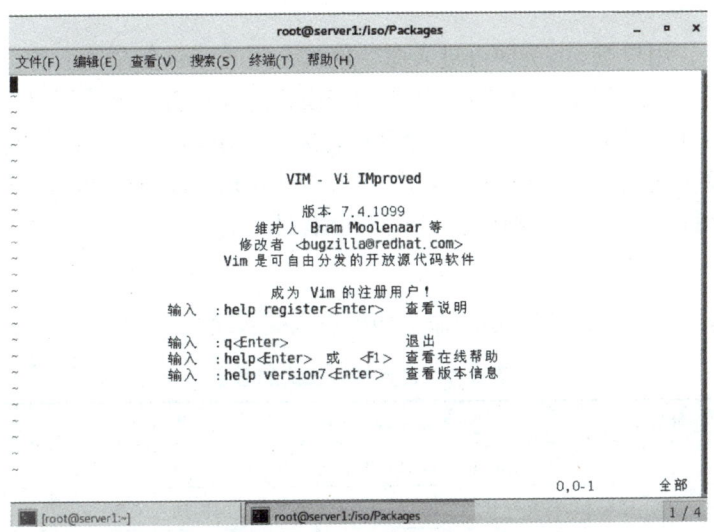

图 6-3　vim 编辑环境

在命令模式下输入 :q、:q!、:wq 或 :x（注意 : 号），就会退出 vim。其中，:wq 和 :x 是存盘退出，而 :q 是直接退出。如果文件已有新的变化，vim 会提示保存文件，:q 命令也会失效，这时可以用 :w 命令保存文件后再用 :q 命令退出，或用 :wq、:x 命令退出。如果不想保存改变后的文件，就需要用 :q! 命令，这个命令将不保存文件而直接退出 vim。举例如下。

:w	//保存
:w　filename	//另存为 filename
:wq!	//保存退出
:wq! filename	//以 filename 为文件名保存后退出
:q!	//不保存退出
:x	//保存并退出，功能和 :wq! 相同

2. vim 的工作模式

vim 有 3 种基本工作模式：编辑模式、插入模式和命令模式。考虑到各种用户的需要，可采用状态切换的方法实现工作模式的转换。切换只是习惯性的问题，一旦能够熟练使用 vim，就会觉得它其实也很好用。

进入 vim 之后，首先进入的是编辑模式。进入编辑模式后 vim 等待编辑命令输入而不是文本输入，也就是说这时输入的字母都将作为编辑命令来解释。

进入编辑模式后，光标停在屏幕第一行首位，用"_"表示，其余各行的行首均有一个"~"符号，表示该行为空行。最后一行是状态行，显示出当前正在编辑的文件名及其状态。如果是[New File]，则表示该文件是一个新建的文件；如果输入 vim 文件名后，文件已在系统中存在，则在屏幕上显示出该文件的内容，并且光标停在第一行的首位，在状态行显示出该文件的文件名、行数和字符数。

在编辑模式下输入插入命令 i、附加命令 a、打开命令 o、修改命令 c、取代命令 r 或替换命令 s 都可以进入插入模式。在插入模式下，用户输入的任何字符都被 vim 当作文件内容保存起来，并将其显示在屏幕上。在文本输入过程中（插入模式下），若想回到命令模式，按<Esc>键即可。

在编辑模式下，用户按<:>键即可进入命令模式，此时 vim 会在显示窗口的最后一行（通常也是屏幕的最后一行）显示一个":"作为命令模式的提示符，等待用户输入命令。多数文件管理命令都是在此模式下执行的。末行命令执行完后，vim 自动回到编辑模式。

若在命令模式下输入命令过程中改变了主意，可用<Backspace>键将输入的命令全部删除之后，再按一下<Backspace>键，即可使 vim 回到编辑模式。

3. vim 命令

在编辑模式下，输入表 6-9 所示的命令均可进入插入模式。

表 6-9 进入插入模式的命令

类型	命令	说明
进入插入模式	i	从光标所在位置前开始插入文本
	I	将光标移到当前行的行首，然后在其前面插入文本
	a	用于在光标当前所在位置之后追加新文本
	A	将光标移到所在行的行尾，从那里开始插入新文本
	o	在光标所在行的下面新开一行，并将光标置于该行行首，等待输入
	O	在光标所在行的上面插入一行，并将光标置于该行行首，等待输入

表 6-10 列出了命令模式下常用的命令。

表 6-10 命令模式下常用的命令

类型	命令	说明
跳行	:n	直接输入要移动到的行号即可实现跳行
退出	:q	退出 vim
	:wq	保存退出 vim
	:q!	不保存退出 vim

（续）

类型	命令	说明
文件相关	:w	在光标所在行的下面新开一行，并将光标置于该行行首，等待输入
	:w file	在光标所在行的上面插入一行，并将光标置于该行行首，等待输入
	:n1,n2w file	将从 n1 开始到 n2 结束的行写到 file 文件中
	:nw file	将第 n 行写到 file 文件中
	:1,.w file	将从第 1 行起到光标当前位置的所有内容写到 file 文件中
	:.,$w file	将从光标当前位置起到文件结尾的所有内容写到 file 文件中
	:r file	打开另一个文件 file
	:e file	新建 file 文件
	:f file	把当前文件改名为 file 文件
字符串搜索、替换和删除	:/str/	从当前光标开始往右移动到有 str 的地方
	:?str?	从当前光标开始往左移动到有 str 的地方
	:/str/w file	将包含有 str 的行写到 file 文件中
	:/str1/,/str2/w file	将从 str1 开始到 str2 结束的内容写入 file 文件
	:s/str1/str2/	将第 1 个 str1 替换为 str2
	:s/str1/str2/g	将所有的 str1 替换为 str2
文本的复制、删除和移动	:n1,n2 co n3	将从 n1 开始到 n2 为止的所有内容复制到 n3 后面
	:n1,n2 m n3	将从 n1 开始到 n2 为止的所有内容移动到 n3 后面
	:d	删除当前行
	:nd	删除第 n 行
	:n1,n2 d	删除从 n1 开始到 n2 为止的所有内容
	:.,$d	删除从当前行到结尾的所有内容
	:/str1/,/str2/d	删除从 str1 开始到 str2 为止的所有内容
执行 shell 命令	:!Cmd	运行 shell 命令 Cmd
	:n1,n2 w !Cmd	将 n1~n2 行的内容作为 Cmd 命令的输入，如果不指定 n1 和 n2，则将整个文件的内容作为命令 Cmd 的输入
	:r !Cmd	将命令运行的结果写入当前行位置

在进行文本编辑等操作时，若想实现特定的粘贴与光标移动操作，可按如下步骤进行。按<Shift+P>组合键，这样便能将已复制或剪切的内容，精准地粘贴在当前光标所在的位置。完成粘贴后，通过键盘上的方向键（<↑>、<↓>、<←>、<→>），或者其他用于移动光标的快捷键（如在文档中，<Home>键可将光标移至当前行的行首，<End>键可将光标移至当前行的行尾；在一些编辑器中，<Ctrl+Home>可将光标移至文档开头，<Ctrl+End>可将光标移至文档结尾等），将光标移动到目标位置。到达目标位置后，再次按<P>键，此时之前粘贴过的内容会再次被粘贴在光标位置之后；若按<Shift+P>键，则会将内容粘贴在光标位置之前。这种操作方式在调整文本顺序、重复使用特定内容等场景中非常实用，能帮助用户高效地完成编辑任务。

```
p            //在光标之后粘贴
shift+p      //在光标之前粘贴
```

当进行查找和替换时，按<Esc>键进入命令模式，然后输入/或？就可以进行查找。例如：在一个文件中查找 swap 单词，首先按<Esc>键，进入命令模式，然后输入如下命令。

/swap

或：

?swap

若把光标所在行中的所有单词 the 替换成 THE，则需输入如下命令。

:s /the/THE/g

仅仅是把第 1~10 行中的 the 替换成 THE，则需输入如下命令。

:1,10　s /the/THE/g

这些编辑命令非常有弹性，基本上可以说是由命令符号与范围所构成。而且需要注意的是，此处采用 PC 的键盘来说明 vim 的操作，但在具体环境中还要参考相应的资料。

6.4　项目实训

项目实训 1：shell 编程

1. 项目实训目的

掌握 shell 环境变量、管道、输入输出重定向的使用方法。
熟悉 shell 程序设计。

项目实录 6-3
实现 shell 编程

2. 项目背景

1）利用循环计算 1+2+3+…+100 的值，该怎样编写程序？

如果想要让用户自行输入一个数字，让程序由 1+2+…直到用户输入的数字为止，该如何编写程序呢？

2）创建一个脚本，名为/root/batchusers，此脚本能实现为系统创建本地用户，并且这些用户的用户名来自一个包含用户名列表的文件。需同时满足下列要求。

- 此脚本要求提供一个参数，此参数就是包含用户名列表的文件。
- 如果没有提供参数，此脚本应该给出提示信息 Usage:/root/batchusers，然后退出并返回相应的值。
- 如果提供一个不存在的文件名，此脚本应该给出提示信息 input file not found，然后退出并返回相应的值。
- 创建的用户登录 shell 为/bin/false。
- 此脚本需要为用户设置默认密码"123456"。

3. 项目实训内容

练习 shell 程序设计方法及 shell 环境变量、管道、输入输出重定向的使用方法。

4. 做一做

进行项目实训，检查学习效果。

项目实训 2：vim 编辑器

1. 项目实训目的

- 掌握 vim 编辑器的启动与退出。
- 掌握 vim 编辑器的 3 种基本工作模式及使用方法。
- 熟悉 C/C++编译器 gcc 的使用。

2. 项目背景

在 Linux 操作系统中设计一个 C 语言程序，程序运行时显示的运行效果如图 6-4 所示。

```
[root@RHEL4 test]# ls
test  test.c
[root@RHEL4 test]# ./test
1+1=2
2+1=3   2+2=4
3+1=4   3+2=5   3+3=6
4+1=5   4+2=6   4+3=7   4+4=8
5+1=6   5+2=7   5+3=8   5+4=9   5+5=10
6+1=7   6+2=8   6+3=9   6+4=10  6+5=11  6+6=12
[root@RHEL4 test]# _
```

图 6-4　运行效果

3. 项目实训内容

练习 vim 编辑器的启动与退出；练习 vim 编辑器的使用方法；练习 C/C++编译器 gcc 的使用。

4. 做一做

进行项目实训，检查学习效果。

6.5 练习题

一、填空题

1. 由于核心在内存中是受保护的区块，因此必须通过________将输入的命令与 Kernel 沟通，以便让 Kernel 可以控制硬件正确无误地工作。

2. 系统合法的 shell 均写在________文件中。

3. 用户默认登录取得的 shell 记录于________的最后一个字段。

4. bash 的功能主要有________；________；________；________；________；________等。

5. shell 变量有其规定的作用范围，可以分为________与________。

6. ________可以观察目前 bash 环境下的所有变量。

7. 通配符主要有________、________、________等。

8. 正则表达式就是处理字符串的方法，是以________为单位来进行字符串处理的。

9. 正则表达式通过一些特殊符号的辅助，可以让使用者轻易地________、________、________某个或某些特定的字符串。

10. 正则表达式与通配符是完全不一样的。_____代表的是 bash 操作接口的一个功能，但_____则是一种字符串处理的表示方式。

二、简答题

1. vim 的 3 种基本工作模式是什么？如何切换？
2. 什么是重定向？什么是管道？什么是命令替换？
3. shell 变量有哪两种？分别如何定义？
4. 如何设置用户自己的工作环境？
5. 正则表达式的练习。首先要设置好环境，输入以下命令：

```
$ cd
$ cd  /etc
$ ls  -a  >~/data
$ cd
```

这样，/etc 目录下的所有文件的列表就会保存在主目录下的 data 文件中。

写出可以在 data 文件中查找满足条件的所有行的正则表达式。

(1) 以"P"开头。
(2) 以"y"结尾。
(3) 以"m"开头，以"d"结尾。
(4) 以"e""g"或"l"开头。
(5) 包含"o"，它后面跟着"u"。
(6) 包含"o"，隔一个字母之后是"u"。
(7) 以小写字母开头。
(8) 包含一个数字。
(9) 以"s"开头，包含一个"n"。
(10) 只含有 4 个字母。
(11) 只含有 4 个字母，但不包含"f"。

项目 7　配置与管理 NFS 服务器

项目导入

在 Windows 系统中，共享文件夹是一种常见的方式，它允许不同用户或计算机在网络上访问和存储文件。这种功能通常通过 Windows 的文件共享协议（如 SMB/CIFS）来实现，使得局域网内的用户能够方便地共享和协作处理文件。Windows 共享文件夹的设置相对简单，用户只需右击文件夹，选择"属性"，然后在"共享"选项卡中进行相关配置即可。

而在 Linux 系统中，NFS 则实现了类似的功能。NFS 允许一个系统在网络上与其他系统共享目录和文件，就像它们是在本地存储中一样。这种机制极大地促进了文件资源的共享和协作处理，特别是在服务器和客户端之间。

知识和能力目标

- 了解 NFS 服务的基本原理。
- 掌握 NFS 服务器的配置与调试方法。
- 掌握 NFS 客户端的配置方法。
- 掌握 NFS 故障排除的技巧。

素养目标

- 培养严谨治学、精益求精的科学态度，培养理论联系实际的实践精神。
- 培养安全意识与风险防范意识、培养历史责任感与使命担当精神。

7.1　项目知识准备

7.1.1　NFS 服务概述

Linux 系统和 Windows 系统之间可以通过 Samba 共享文件，那么 Linux 系统之间怎么进行资源共享呢？这就要用到网络文件系统（Network File System，NFS）了，它最早是 UNIX 系统之间共享文件和互相操作的一种方法，后来被 Linux 系统完美继承。NFS 与 Windows 系统中的"网上邻居"十分相似，它允许用户连接到一个共享位置，然后像对待本地硬盘一样操作。

微课 7-1　管理与管理 NFS 服务器

NFS 最早是由 Sun 公司于 1984 年开发出来的，其目的就是让不同计算机、不同操作系统之间可以彼此共享文件。由于 NFS 使用起来非常方便，因此很快得到了大多数 UNIX/Linux 系统的支持，而且被因特网工程任务组（Internet Engineering Task Force，IETF）指定为RFC1094、RFC1813和RFC3010标准。

1. 使用NFS的好处

使用NFS的好处是显而易见的。

1）本地工作站可以使用更少的磁盘空间，因为常规的数据可以存放在共享服务器上，而且可以通过网络访问到。

2）用户不必在网络上的每台机器中都设一个home目录，home目录可以放在NFS服务器上，并且在网络上处处可用。

例如，Linux系统计算机每次启动时就自动挂载到server01的/exports/nfs目录上，这个共享目录在本地计算机上被共享到每个用户的home目录中，如图7-1所示。具体命令如下。

```
［root@Client1 ~］# mount   server01:/exports/nfs   /home/client1/nfs
［root@Client2 ~］# mount   server01:/exports/nfs   /home/client2/nfs
```

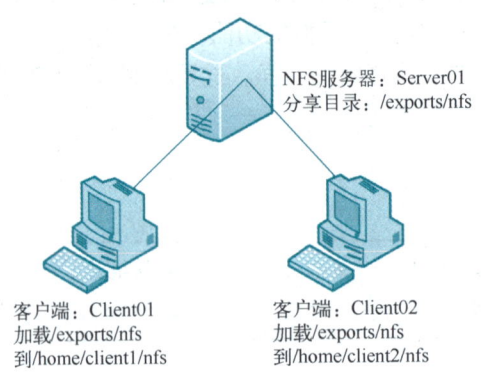

图7-1　客户端可以将服务器上的共享目录直接挂载到本地

这样，Linux系统计算机上的这两个用户都可以把/home/用户名/nfs当作本地硬盘，从而不用考虑网络访问问题。

3）诸如CD-ROM、DVD-ROM之类的存储设备可以在网络上被其他机器使用。这可以减少整个网络上可移动介质设备的数量。

2. NFS和RPC

绝大部分的网络服务都有固定的端口，如Web服务器的80端口、FTP服务器的21端口、Windows下NetBIOS服务器的137~139端口、DHCP服务器的67端口……客户端访问服务器上相应的端口，服务器通过端口提供服务。那么NFS服务是这样吗？它的工作端口是多少？只能很遗憾地说："NFS服务的工作端口未确定。"

这是因为NFS是一个很复杂的组件，它涉及文件传输、身份验证等方面的需求，每个功能都会占用一个端口。为了防止NFS服务占用过多的固定端口，它采用动态端口的方式来工作：每个功能提供服务时，都会随机取用一个小于1024的端口来提供服务。但这样一来又会对客户端造成困扰：客户端到底访问哪个端口才能获得NFS提供的服务呢？

此时，就需要用到远程过程调用（Remote Procedure Call，RPC）服务了。RPC主要的功能是记录每个NFS功能对应的端口，它工作在固定端口111。当客户端请求提供NFS服务时，会访问服务器的111端口（RPC），RPC会将NFS工作端口返回给客户端。NFS启动时，自动向 RPC 服务器注册，告诉它自己各个功能使用的端口。NFS 与 RPC 协作为客户端提供服务，如图 7-2 所示。

常规的 NFS 服务是按照如下流程进行的。

1）NFS 启动时，自动选择工作端口小于 1024 的 1011 端口，并向 RPC 服务（工作于 111 端口）汇报，RPC 服务记录下来。

2）客户端需要 NFS 提供服务时，首先向 111 端口的 RPC 服务查询 NFS 服务工作在哪个端口。

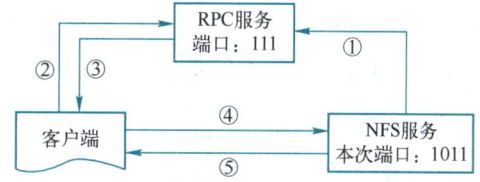

图 7-2　NFS 与 RPC 协作为客户端提供服务

3）RPC 服务回答客户端，它工作在 1011 端口。

4）于是，客户端直接访问 NFS 服务器的 1011 端口，请求服务。

5）NFS 服务经过权限认证，允许客户端访问自己的数据。

> **注意**
> 因为 NFS 服务需要向 RPC 服务器注册，所以 RPC 服务必须先于 NFS 服务完成启用。并且重新启动 RPC 服务后，也需要重新启动 NFS 服务，让 NFS 服务重新向 RPC 服务器注册，这样 NFS 服务才能正常工作。

7.1.2　NFS 服务的守护进程

Linux 系统中 NFS 服务的守护进程主要由以下 6 个部分组成。其中，前面 3 个是必需的，后面 3 个是可选的。

1．rpc.nfsd

rpc.nfsd 守护进程的主要作用是判断、检查客户端是否具备登录主机的权限，负责处理 NFS 请求。

2．rpc.mounted

rpc.mounted 守护进程的主要作用是管理 NFS。当客户端顺利通过 rpc.nfsd 登录主机后，在开始使用 NFS 提供的文件之前，它会检查客户端的权限（根据/etc/exports 来对比客户端的权限）。只有通过检查后，客户端才可以顺利访问 NFS 服务器上的资源。

3．rpcbind

rpcbind 守护进程的主要功能是进行端口映射。当客户端尝试连接并使用 RPC 服务器提供的服务（如 NFS 服务）时，rpcbind 会将所管理的与服务对应的端口号提供给客户端，从而使客户端可以通过该端口向服务器请求服务。在 CS9.4 中，rpcbind 默认已安装并且已经正常启动。

> **注意**
> 虽然 rpcbind 只用于 RPC，但它对 NFS 服务来说是必不可少的。如果 rpcbind 没有运行，NFS 客户端就无法查找从 NFS 服务器中共享的目录。

4．rpc.locked

既然共享的 NFS 文件可以让客户端使用，那么当多个客户端同时尝试写入某个文件时，就可能出现问题。rpc.lockd 可以用来解决这些问题，但是 rpc.lockd 必须要同时在客户端与服务端都开启后才可用。此外，rpc.lockd 也常与 rpc.stated 同时启动。

5. rpc. stated

rpc. stated 守护进程负责处理客户端与服务器之间的文件锁定问题，确定文件的一致性（与 rpc. locked 有关）。当因为多个客户端同时使用一个文件而造成文件破坏时，rpc. stated 可以用来检测该文件并尝试恢复。

6. rpc. quotad

rpc. quotad 守护进程提供了 NFS 和配额管理程序之间的接口。不管客户端是否通过 NFS 对数据进行处理，都会受配额限制。

7.2　项目设计与准备

在 VMWare 虚拟机中启动两台 Linux 系统的计算机，其中一台作为 NFS 服务器，主机名为 Server01，规划好 IP 地址，如 192.168.10.1；一台作为 NFS 客户端，主机名为 Client1，同样规划好 IP 地址，如 192.168.10.21。配置 NFS 服务器，使得 NFS 客户端 Client1 可以浏览 NFS 服务器中特定目录下的内容。NFS 服务器和 NFS 客户端使用的操作系统以及 IP 地址可以根据表 7-1 来设置。

慕课 7-2　配置与管理 NFS 服务器

表 7-1　NFS 服务器和 NFS 客户端使用的操作系统以及 IP 地址

主机名	操作系统	IP 地址	网络连接方式
NFS 服务器：Server01	CS9/RHEL 9	192.168.10.1	VMnet1
NFS 客户端：Client1	CS9/RHEL 9	192.168.10.21	VMnet1

7.3　项目实施

本项目要用到计算机名，在 Server01 上设置 /etc/hosts 文件，使 IP 地址与计算机名对应。

```
[root@Server01 ~]# cat /etc/hosts
127.0.0.1       localhost localhost.localdomain localhost4 localhost4.localdomain4
::1             localhost localhost.localdomain localhost6 localhost6.localdomain6
192.168.10.1    Server01
192.168.10.21   Client1
```

任务 7-1　配置一台完整的 NFS 服务器

要启用 NFS 服务，首先需要安装 NFS 服务的软件包，在 CS9 中，默认情况下 NFS 服务会被自动安装到计算机中。

1. 安装 NFS 服务器

要成功启用 NFS 服务，必须保证服务器中已经安装了 rpcbind 和 nfs-utils 两个软件包。

（1）安装 NFS 服务所必需的软件包

1）rpcbind。

NFS 服务要正常运行，就必须借助 RPC 服务的帮助，做好端口映射工作，而这个工作就是由 rpcbind 负责的。一般 Linux 启动后，都会自动执行该文件，可以用以下命令查看该命令是否执行。

```
[root@Server01 ~]# ps  -eaf |grep  rpcbind
root           3698    3544  0 00:45 pts/0    00:00:00 grep --color=auto rpcbind
```

rpcbind 默认监听 TCP 和 UDP 的 111 号端口，当客户端请求 RPC 服务时，先与该端口联系，询问所请求的 RPC 服务是由哪个端口提供的。可以通过以下命令查看 111 号端口是否已经处于监听状态。

```
[root@Server01 ~]# netstat  -anp|grep  :111
```

2) nfs-utils。

nfs-utils 是提供 rpc.nfsd 和 rpc.mounted 这两个守护进程与其他相关文档、执行文件的套件。这是 NFS 服务的主要套件。

（2）安装 NFS 服务

建议在安装 NFS 服务之前，使用如下命令检测系统是否安装了 NFS 相关性软件包。

```
[root@Server01 ~]# rpm  -qa |grep  nfs-utils
[root@Server01 ~]# rpm  -qa |grep  rpcbind
```

如果系统还没有安装 NFS 软件包，则可以使用 dnf 命令安装所需的软件包。默认没有安装。

1) 使用 dnf 命令安装 NFS 服务。

```
[root@Server01 ~]# mount  /dev/cdrom  /media
[root@Server01 ~]# vim  /etc/yum.repos.d/dvd.repo
[root@Server01 ~]# dnf  clean  all                    //安装前先清除缓存
[root@Server01 ~]# dnf  install  rpcbind  nfs-utils  -y
```

2) 所有软件包安装完毕，可以使用 rpm 命令再次查询。

```
[root@Server01 ~]# rpm  -qa|grep  nfs
ibnfsidmap-2.5.4-20.el9.x86_64
nfs-utils-2.5.4-20.el9.x86_64
sssd-nfs-idmap-2.9.1-2.el9.x86_64
[root@Server01 ~]# rpm  -qa|grep  rpc
ibtirpc-1.3.3-2.el9.x86_64
rpcbind-1.2.6-5.el9.x86_64
```

2. 启动 NFS，并设置防火墙

1) 查询 NFS 的各个程序是否正常运行，命令如下。

```
[root@Server01 ~]# rpcinfo  -p
    program vers proto   port  service
```

100000	4	tcp	111	portmapper
100000	3	tcp	111	portmapper
100000	2	tcp	111	portmapper
100000	4	udp	111	portmapper
100000	3	udp	111	portmapper
100000	2	udp	111	portmapper

2）如果没有看到 nfs 和 mounted 参数，则说明 NFS 没有运行，需要启动它。使用以下命令可以启动（3 个服务的启动顺序不能变）。

```
[root@Server01 ~]# systemctl start rpcbind
[root@Server01 ~]# systemctl enable rpcbind
[root@Server01 ~]# systemctl start nfs-utils
[root@Server01 ~]# systemctl start nfs-server
[root@Server01 ~]# systemctl enable nfs-server
```

3）设置 rpc-bind、mounted 和 nfs 这 3 个服务的防火墙选项为允许。

```
[root@Server01 ~]# firewall-cmd --permanent --add-service=rpc-bind
[root@Server01 ~]# firewall-cmd --permanent --add-service=mountd
[root@Server01 ~]# firewall-cmd --permanent --add-service=nfs
[root@Server01 ~]# firewall-cmd --reload
```

4）再次查询 NFS 的各个程序是否正常运行，命令如下（运行正常）。

```
[root@Server01 ~]# rpcinfo -p
```

program	vers	proto	port	service
....				
100024	1	tcp	51269	status
100005	1	udp	20048	mountd
100005	1	tcp	20048	mountd
100005	2	udp	20048	mountd
100005	2	tcp	20048	mountd
100005	3	udp	20048	mountd
100005	3	tcp	20048	mountd
100003	3	tcp	2049	nfs
100003	4	tcp	2049	nfs
100227	3	tcp	2049	nfs_acl

3. 配置文件/etc/exports

NFS 服务的配置主要是创建并维护/etc/exports 文件。这个文件定义了服务器上的哪几个部分与网络上的其他计算机共享，以及共享的规则都有哪些等。

（1）exports 文件的格式

现在来看看应该如何配置/etc/exports 文件。某些 Linux 发行套件并不会主动提供/etc/exports 文件，此时需要手动创建。

【例 7-1】请看下面的示例,需要的共享目录和测试文件一定要建立,否则会出错。

```
［root@Server01 ~］# mkdir  /tmp1   /tmp2   /home/dir1    /pub
［root@Server01 ~］# touch /tmp1/f1   /tmp2/f2   /home/dir1/f3   /pub/f4
［root@Server01 ~］# vim   /etc/exports
［root@Server01 ~］# cat   /etc/exports   -n
/              Server01(rw,no_root_squash)
/tmp1          *(rw)  *.long60.cn(rw,sync)
/tmp2          192.168.10.0/24(ro)
/home/dir1     Client1(rw,all_squash,anonuid=1200,anongid=1200)
/pub           *(ro,insecure,all_squash)
```

在以上配置中,第 5 行表示在 Server01 的客户端上访问 NFS 服务器的文件系统时,每一个用户都可以以服务器上同名用户的权限对根目录进行操作。

第 6 行表示客户端可以以读写的权限访问/tmp1 目录,位于 long60.cn 域的主机访问该目录时有读写权限,并且同步写入数据。

第 7 行表示只有 192.168.10.0/24 中的计算机才能访问/tmp2 共享文件夹,并且限制为只允许读取。

第 8 行表示 Client1 客户端上所有的用户都可以读写/home/dir1,并且所有用户的 UID 和 GID 都为 1200。

第 9 行设置了类似于 FTP 匿名用户的功能,所有的用户都能自由访问/pub 目录,并且都映射为 nobody 用户。

 说明

主机后面以圆括号"()"设置权限参数,若权限参数不止一个,则以逗号","分开,且主机名与圆括号是连在一起的,中间无空格。

在设置/etc/exports 文件时,需要特别注意空格的使用,因为在此配置文件中,除了分开共享目录和共享主机以及分隔多台共享主机外,在其余的情形下都不可以使用空格。例如,以下两个范例就分别表示不同的含义。

```
/home    Client(rw)
/home    Client  (rw)
```

上面第 1 行中,客户端 Client 对/home 目录具有读取和写入权限;第 2 行中的客户端 Client 对/home 目录只具有读取权限(这是系统对所有客户端的默认值),而除客户端 Client 之外的其他客户端对/home 目录具有读取和写入权限。

(2)主机名规则

这个文件的设置很简单,每一行最前面是要共享出来的目录,这个目录可以依照不同的权限共享给不同的主机。

至于主机名的设定,主要有以下两种方式。

1)可以使用完整的 IP 地址或者网段,例如,192.168.10.3、192.168.10.0/24 或 192.168.10.0/255.255.255.0 都可以接受。

2)可以使用主机名,这个主机名要在/etc/hosts 内或者使用 DNS,只要能被找到就行

（重点是可以找到 IP 地址）。如果是主机名，那么它可以支持通配符，例如，"*"或"?"均可以接受。

（3）权限规则

至于权限方面（就是圆括号内的参数），常用参数说明如表 7-2 所示。

表 7-2　权限常用参数说明

参数	说明
rw	read-write，可读写的权限
ro	read-only，只读权限
sync	数据同步写入内存与硬盘中
async	数据会先暂存于内存中，而非直接写入硬盘
no_root_squash	登录 NFS 主机使用共享目录的用户，如果是 root，那么对于这个共享的目录来说，它就具有 root 的权限。这个设置**极不安全**，不建议使用
root_squash	如果登录 NFS 主机使用共享目录的用户是 root，那么这个用户的权限将被压缩成匿名用户，通常它的 UID 与 GID 都会变成 nobody（nfsnobody）这个系统账号的身份
all_squash	不论登录 NFS 的用户身份如何，它的身份都会被压缩成匿名用户，即 nobody（nfsnobody）
anonuid	anon 是指 anonymous（匿名者），前面关于术语 squash 提到的匿名用户的 UID 设定值通常为 nobody（nfsnobody），但是可以由用户自行设定。当然，这个 UID 必须存在于/etc/passwd 中
anongid	同 anonuid，但是 UID 变成 GID 就可以了

4. 使用 exportfs 命令

如果修改/etc/exports 文件后不需要重新激活 NFS，则只要使用 exportfs -r 命令重新扫描一次/etc/exports 文件并重新将设定加载即可。exportfs 命令常用选项说明如表 7-3 所示。

表 7-3　exportfs 命令常用选项说明

选项	说明
-a	全部加载/etc/exports 的设置
-r	重新加载/etc/exports 的设置
-u	卸载某一目录
-v	将共享的目录显示在屏幕上

【例 7-2】承接例 7-1，使用 exportfs 命令对/etc/exports 文件进行一系列操作，观察输出结果。

```
[root@Server01 ~]# more /etc/exports
/               Server01(rw,no_root_squash)
/tmp1           *(rw) *.long60.cn(rw,sync)
/tmp2           192.168.10.0/24(ro)
/home/dir1      Client1(rw,all_squash,anonuid=1200,anongid=1200)
/pub            *(ro,insecure,all_squash)
[root@Server01 ~]# exportfs -r -v          //重新导出/etc/exports 中的目录，使/etc/exports 生效
```

```
exporting Client1:/home/dir1
exporting Server01:/
exporting 192.168.10.0/24:/tmp2
exporting *.long60.cn:/tmp1
exporting *:/pub
exporting *:/tmp1
```

[root@Server01 ~]# **exportfs -u * :/pub**   //取消/etc/exports 中所列/pub 目录的导出
[root@Server01 ~]# **exportfs -v * :/pub**   //重新导出/pub 目录
exporting * :/pub
[root@Server01 ~]# **exportfs -v**   //查看目录导出情况

```
/              Server01(sync,wdelay,hide,no_subtree_check,sec=sys,rw,no_root_squash,no_all_squash)
/home/dir1     Client1(sync,wdelay,hide,no_subtree_check,anonuid=1200,anongid=1200,sec=sys,rw,
               root_squash,all_squash)
/tmp2          192.168.10.0/24(sync,wdelay,hide,no_subtree_check,sec=sys,ro,root_squash,no_all_squash)
/tmp1          *.long60.cn(sync,wdelay,hide,no_subtree_check,sec=sys,rw,root_squash,no_all_squash)
/tmp1          <world>(sync,wdelay,hide,no_subtree_check,sec=sys,rw,root_squash,no_all_squash)
/pub           <world>(sync,wdelay,hide,no_subtree_check,sec=sys,ro,root_squash,all_squash)
```

最后查看/var/lib/nfs/etab 文件，确认该文件内容与 exportfs -v 命令的输出是一致的。

[root@Server01 ~]# **more /var/lib/nfs/etab**

任务 7-2 在客户端挂载 NFS

Linux 系统有多个好用的命令行工具，用于查看、连接、卸载、使用 NFS 服务器上的共享资源。

1. 配置 NFS 客户端

配置 NFS 客户端的一般步骤如下。

1）安装 nfs-utils 软件包。
2）识别要访问的远程共享。

```
showmount   -e   NFS 服务器 IP
```

3）确定挂载点。

```
mkdir   /nfstest
```

4）使用命令挂载 NFS 共享。

```
mount   -t nfs   NFS 服务器 IP:/gongxiang   /nfstest
```

5）修改 fstab 文件实现 NFS 共享永久挂载。

```
vim   /etc/fstab
```

2. 查看 NFS 服务器信息

在 CS9 中查看 NFS 服务器上的共享资源使用 showmount 命令，其语法格式如下。

showmount ［-adehv］ ［ServerName］

showmount 命令常用选项说明如表 7-4 所示。

表 7-4 showmount 命令常用选项说明

选项	说明
-a	查看服务器上的输出目录和所有连接客户端的信息，显示格式为 host：dir
-d	只显示被客户端使用的输出目录信息
-e	显示服务器上所有的输出目录（共享资源）

比如，如果服务器的 IP 地址为 192.168.10.1，则查看该服务器上的 NFS 共享资源，可以执行以下命令。需要先在客户端安装 **nfs-utils** 工具。

［root@Client1 ~］# **dnf install nfs-utils -y**
［root@Client1 ~］# **showmount -e 192.168.10.1**
Export list for 192.168.10.1：
/pub   *
/tmp1   (everyone)
/tmp2   192.168.10.0/24
/home/dir1 Client1
/   Server01

思考

如果出现以下错误信息，应该如何处理？

［root@Client01 ~］# **showmount 192.168.10.1 -e**
clnt_create：RPC：Port mapper failure - Unable to receive：errno 113（No route to host）

注意

出现错误的原因是 NFS 服务器的防火墙阻止了客户端访问 NFS 服务器。由于 NFS 使用许多端口，所以即使开放了 NFS 服务，仍然可能有问题。请确认同时开放了 rpcbind 和 mountd 服务，并将这两个服务加入 firewalld 防火墙。

不过，粗暴禁用防火墙也能达到实验效果。

［root@Client01 ~］# **systemctl stop firewalld**

3. 在客户端挂载 NFS 服务器共享目录

在 CS9 中挂载 NFS 服务器上的共享目录的命令为 mount（即可以加载其他文件系统的 mount）。

mount -t nfs 服务器名称或地址:输出目录 挂载目录

【例 7-3】要挂载 192.168.10.1 这台服务器上的/tmp1 目录，需要执行以下操作。
1）创建本地目录。
在客户端创建一个本地目录，用来挂载 NFS 服务器上的输出目录。

```
[root@Client1 ~]# mkdir  /nfs
```

2）挂载服务器目录。
使用相应的 mount 命令挂载服务器目录。

```
[root@Client1 ~]# mount  -t  nfs  192.168.10.1:/tmp1  /nfs
[root@Client1 ~]# ll /nfs
总用量 0
-rw-r--r--. 1 root root 0 9 月   14 2024 f1
```

4. 卸载 NFS 服务器共享目录

要卸载刚才挂载的 NFS 服务器共享目录，可以执行以下命令。

```
[root@Client1 ~]# umount   /nfs
```

5. 在客户端启动时自动挂载 NFS

我们知道，CS9 下的自动挂载文件系统都是在/etc/fstab 中定义的，NFS 也支持自动挂载。
1）编辑 fstab。
在 Client1 上，用文本编辑器打开/etc/fstab，在其中添加如下一行。

```
192.168.10.1:/tmp1      /nfs      nfs      defaults 0  0
```

2）使设置生效。
执行以下命令重新挂载 fstab 文件中定义的文件系统。

```
[root@Client1 ~]# mount     -a
[root@Client1 ~]# ll /nfs
总用量 0
-rw-r--r--. 1 root root 0 9 月   14 2024 f1
```

任务 7-3 了解 NFS 服务的文件存取权限

NFS 服务本身并不具备用户身份验证功能，那么当客户端访问时，服务器该如何识别用户呢？主要有以下标准。

1. root 账户

如果客户端是以 root 账户访问 NFS 服务器资源的，则基于安全方面的考虑，服务器会主动将客户端改成匿名用户，所以 root 账户只能访问服务器上的匿名资源。

2. NFS 服务器上有客户端账户

客户端是根据 UID 和 GID 来访问 NFS 服务器资源的，如果 NFS 服务器上有对应的用户名和组，就访问与客户端同名的资源。

3. NFS 服务器上没有客户端账户

如果 NFS 服务器上没有客户端账户，则客户端只能访问匿名资源。

7.4 企业 NFS 服务器实用案例

7.4.1 企业环境及需求

下面将剖析一个企业 NFS 服务器的真实案例，提出解决方案，以便读者能够对前面的知识有更深的理解。

1. 企业 NFS 服务器网络拓扑

企业 NFS 服务器网络拓扑如图 7-3 所示，NFS 服务器 Server01 的地址是 192.168.10.1，客户端 Client1 的 IP 地址是 192.168.10.20，客户端 Client2 的 IP 地址是 192.168.10.21。其他客户端 IP 地址不再罗列。在本例中有 3 个域：team1.smile60.cn、team2.smile60.cn 和 team3.smile60.cn。

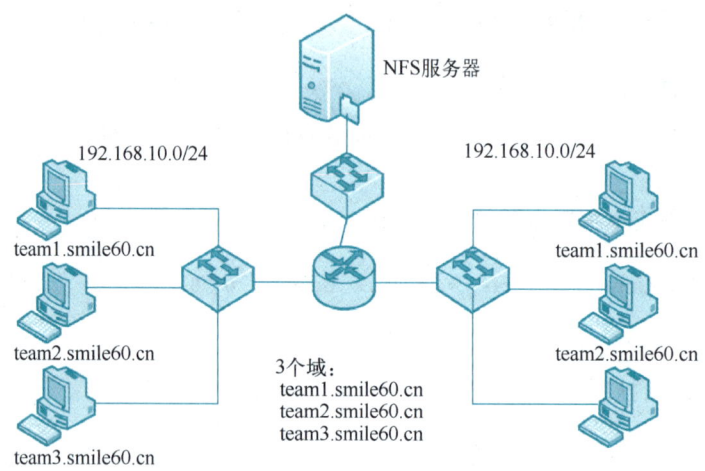

图 7-3　企业 NFS 服务器网络拓扑

2. 企业需求

1）共享/pub1 目录，允许所有客户端访问该目录并只有只读权限。

2）共享/nfs/public 目录，允许 192.168.10.0/24 和 192.168.9.0/24 网段的客户端访问，并且对此目录只有读取权限。

3）共享/nfs/team1、/nfs/team2、/nfs/team3 目录，并且/nfs/team1 只有 team1.smile60.cn 域成员可以访问，并有读、写权限，/nfs/team2、/nfs/team3 目录同理。

4）共享/nfs/works 目录，192.168.10.0/24 网段的客户端具有只读权限，并且将 root 用户映射成匿名用户。

5）共享/nfs/test 目录，所有人都具有读、写权限，但是当用户使用该共享目录时，都将账户映射成匿名用户，并且指定匿名用户的 UID 和 GID 都为 65534。

6）共享/nfs/security 目录，仅允许 192.168.10.20 客户端访问并具有读、写权限。

7.4.2 解决方案

首先将 3 台计算机（Server01、Client1 和 Client2）的 IP 地址等信息利用系统菜单设置，同时注意 3 台计算机的网络连接方式都是 VMnet1。保证 3 台计算机通信畅通。

1）在 NFS 服务器上创建相应目录，并在目录中创建示例文件。

```
[root@Server01 ~]# mkdir -p /pub1 /nfs /nfs/public /nfs/team1 /nfs/team2
[root@Server01 ~]# mkdir -p /nfs/team3 /nfs/works /nfs/test /nfs/security
[root@Server01 ~]# touch /pub1/pub.sam /nfs /nfs/public/pub7.sam
[root@Server01 ~]# touch /nfs/team1/tea1.sam /nfs/team2/tea2.sam
[root@Server01 ~]# touch /nfs/team3/tea3.sam /nfs/works/work.sam
[root@Server01 ~]# touch /nfs/test/test.sam /nfs/security/sec.sam
```

2）安装 nfs-utils 及 rpcbind 软件包（见前文）。

```
[root@Server01 ~]# mount /dev/cdrom /media
[root@Server01 ~]# vim /etc/yum.repos.d/dvd.repo
[root@Server01 ~]# dnf clean all              //安装前先清除缓存
[root@Server01 ~]# dnf install rpcbind nfs-utils -y
```

3）编辑/etc/exports 配置文件。

使用 vim 编辑/etc/exports 主配置文件（原内容清空）。主配置文件的主要内容如下。

```
[root@Server01 ~]# vim /etc/exports
/pub1            *(ro)
/nfs/public      192.168.10.0/24(ro)      192.168.9.0/24(ro)
/nfs/team1       *.team1.smile60.cn(rw)
/nfs/team2       *.team2.smile60.cn(rw)
/nfs/team3       *.team3.smile60.cn(rw)
/nfs/works       192.168.10.0/24(ro,root_squash)
/nfs/test        *(rw,all_squash,anonuid=5555,anongid=6555)
/nfs/security    192.168.10.20(rw)
```

> **注意**
> 在发布共享目录的格式中除了共享目录是必需参数外，其他参数都是可选的，并且共享目录与客户端之间以及客户端与客户端之间需要使用空格，但是客户端与参数之间不能有空格。

4）启动 nfs，并设置防火墙。
① 查询 NFS 的各个程序是否正常运行，命令如下。

```
[root@Server01 ~]# rpcinfo -p
```

② 如果没有看到 nfs 和 mountd 选项，则说明 NFS 没有运行，需要启动它。使用以下命令可以启动。

```
[root@Server01 ~]# systemctl start  rpcbind
[root@Server01 ~]# systemctl start  nfs-utils
[root@Server01 ~]# systemctl start  nfs-server
```

③ 设置 rpc-bind、mountd 和 nfs 这 3 个服务的防火墙选项为允许。

```
[root@Server01 ~]# firewall-cmd  --permanent  --add-service=rpc-bind
[root@Server01 ~]# firewall-cmd  --permanent  --add-service=mountd
[root@Server01 ~]# firewall-cmd  --permanent  --add-service=nfs
[root@Server01 ~]# firewall-cmd  --reload
```

5）设置共享文件权限属性。

```
[root@Server01 ~]# chmod   777 -R  /pub1  /nfs  /nfs/public
[root@Server01 ~]# chmod   777 -R  /nfs/team1 /nfs/team2  /nfs/team3
[root@Server01 ~]# chmod   777 -R  /nfs/works  /nfs/test  /nfs/security
```

6）使/etc/exports 文件的改动立即生效。

在 CS9 中，修改了 NFS 共享的配置文件/etc/exports 后，要使改动立即生效，可以使用以下命令。

```
[root@Server01 ~]# exportfs  -arv
exporting 192.168.10.20:/nfs/security
exporting 192.168.10.0/24:/nfs/works
exporting 192.168.10.0/24:/nfs/public
exporting 192.168.9.0/24:/nfs/public
exporting *.team3.smile60.cn:/nfs/team3
exporting *.team2.smile60.cn:/nfs/team2
exporting *.team1.smile60.cn:/nfs/team1
exporting *:/nfs/test
exporting *:/pub1
```

- -a 选项用于将/etc/exports 文件中的所有条目添加到 NFS 共享的输出中。
- -r 选项用于重新加载/etc/exports 文件中的变化。
- -v 选项用于显示共享的详细信息，这是可选的，可以查看哪些共享被成功输出。

7）NFS 服务器本机测试。

① 使用 rpcinfo 命令检测 NFS 是否使用了固定端口。

```
[root@Server01 ~]# rpcinfo  -p
……
    100005    1   udp   20048  mountd
    100005    1   tcp   20048  mountd
    100005    2   udp   20048  mountd
    100005    2   tcp   20048  mountd
    100005    3   udp   20048  mountd
```

```
100005      3    tcp    20048    mountd
100003      3    tcp    2049     nfs
100003      4    tcp    2049     nfs
……
```

② 检测 NFS 的注册状态。

格式如下。

```
rpcinfo -u 主机名或 IP 地址 进程
[root@Server01 ~]# rpcinfo -u 192.168.10.1 rpcbind
program 100000 version 2 ready and waiting
program 100000 version 3 ready and waiting
program 100000 version 4 ready and waiting
```

③ 查看共享目录和参数设置。

```
[root@Server01 ~]# cat /var/lib/nfs/etab
```

8）Linux 客户端测试（192.168.10.21）。

① 查看 NFS 服务器共享目录。

格式如下。

```
showmount -e IP 地址（显示 NFS 服务器的所有共享目录）
showmount -d IP 地址（仅显示被客户端挂载的共享目录）
[root@Server01 ~]# showmount -e 192.168.10.1
Export list for 192.168.10.1：
/nfs/test       *
/pub1           *
/nfs/team3      *.team3.smile60.cn
/nfs/team2      *.team2.smile60.cn
/nfs/team1      *.team1.smile60.cn
/nfs/works      192.168.10.0/24
/nfs/public     192.168.9.0/24,192.168.10.0/24
/nfs/security   192.168.10.20
[root@Server01 ~]# showmount -d 192.168.10.1
Directories on 192.168.10.1：
```

② 在 **Client1** 上挂载及卸载 NFS（需要安装 **nfs-utils** 工具）。

格式如下。

```
mount -t nfs NFS 服务器 IP 地址或主机名：共享名 本地挂载点
[root@Client1 ~]# mkdir /nfs/pub1 /nfs/nfs /nfs/test
[root@Client1 ~]# mount -t nfs 192.168.10.1:/pub1 /nfs/pub1
[root@Client1 ~]# mount -t nfs 192.168.10.1:/nfs/works /nfs/nfs
[root@Client1 ~]# mount -t nfs 192.168.10.1:/nfs/test /nfs/test
```

```
[root@Client1 ~]# ll  /nfs/pub1   /nfs/nfs   /nfs/test
/nfs/nfs:
总用量 0
-rwxrwxrwx. 1 root root 0 10 月 12 13:54 work.sam

/nfs/pub1:
总用量 0
-rwxrwxrwx. 1 root root 0 10 月 12 13:54 pub.sam

/nfs/test:
总用量 0
-rwxrwxrwx. 1 root root 0 10 月 12 13:54 test.sam

[root@Client1 ~]# cd /nfs/pub1
[root@Client pub1]# ls
pub.sam
[root@Client1 pub1]# mkdir df
mkdir: 无法创建目录"df": 只读文件系统        //只读系统
[root@Client pub1]# cd /nfs/nfs
[root@Client1 nfs]# mkdir df
mkdir: 无法创建目录"df": 只读文件系统        //不能写入目录
[root@Client1 nfs]# cd /nfs/test
[root@Client1 test]# mkdir df
[root@Client1 test]#    ls
df   test.sam
[root@Client1 test]# cd
[root@Client1 ~]# umount  /nfs/pub1  /nfs/nfs   /nfs/test # 卸载/nfs/pub1、/nfs/nfs/./nfs/test,
避免自动挂载受影响
[root@Client1 test]#
```

9) 测试自动挂载是否成功。
① 在 Client1 上启动自动挂载 NFS。
使用 vim 编辑/etc/fstab，在该文件中增加一行（内容如下）。编辑完成后存盘退出。

```
192.168.10.1:/nfs/test      /nfs/test       nfs      defaults  0  0
```

② 使用 reboot 命令重启 Linux 系统。
③ 在 NFS 服务器 Server01 的/nfs/test 目录中新建文件和文件夹供测试用。

```
[root@Server01 ~]# mkdir   /nfs/test/dirtest
[root@Server01 ~]# touch   /nfs/test/filetest
```

④ 在 Linux 客户端 Client1 上查看/nfs/test 是否挂载成功，如图 7-4 所示。

```
[root@Client1 ~]# df -h
文件系统              容量  已用  可用 已用% 挂载点
devtmpfs              4.0M     0  4.0M    0% /dev
tmpfs                 866M     0  866M    0% /dev/shm
tmpfs                 347M  7.2M  340M    3% /run
/dev/nvme0n1p3        9.3G  133M  9.2G    2% /
/dev/nvme0n1p5        7.4G  4.0G  3.5G   54% /usr
/dev/nvme0n1p4        7.4G   86M  7.4G    2% /home
/dev/nvme0n1p8        889M   39M  851M    5% /tmp
/dev/nvme0n1p6        7.4G  290M  7.2G    4% /var
/dev/nvme0n1p2        436M  275M  162M   64% /boot
/dev/nvme0n1p1        500M  7.0M  493M    2% /boot/efi
192.168.10.1:/nfs/test 9.3G 134M  9.2G    2% /nfs/test
tmpfs                 174M   52K  174M    1% /run/user/42
tmpfs                 174M   92K  174M    1% /run/user/0
/dev/sr0              9.9G  9.9G     0  100% /run/media/root/RHEL-9-3-0-BaseOS-x86_64
[root@Client1 ~]# ll /nfs/test
总用量 0
drwxr-xr-x. 2 5555 6555  6 10月 12 14:44
drwxr-xr-x. 2 root root  6 10月 12 15:00 dirtest
-rw-r--r--. 1 root root  0 10月 12 15:00 filetest
-rwxrwxrwx. 1 root root  0 10月 12 13:54 test.sam
[root@Client1 ~]#
```

图 7-4 查看/nfs/test 是否挂载成功

7.5 排除 NFS 故障

与其他网络服务一样,运行 NFS 的计算机同样可能出现问题。当 NFS 服务无法正常工作时,需要根据 NFS 相关的错误消息,选择适当的解决方案。NFS 采用 C/S 结构,并通过网络通信,因此,可以将常见的故障点划分为 3 个:网络、客户端、服务器。

1. 网络

关于网络的故障,主要有以下两个方面的问题。

1)网络无法连通。

使用 ping 命令检测网络是否连通,如果出现异常,则检查物理线路、交换机等网络设备,或者计算机的防火墙设置。

2)无法解析主机名。

对于客户端而言,无法解析服务器的主机名,可能会导致使用 mount 命令挂载失败,并且如果服务器无法解析客户端的主机名,则在设置时,同样会出现错误,所以需要在/etc/hosts 文件中添加相应的主机记录。

2. 客户端

客户端在访问 NFS 服务器时,多使用 mount 命令,下面列出常见的错误信息以供参考。

1)服务器无响应:端口映射失败——RPC 超时。

NFS 服务器已经关机,或者其 RPC 端口映射进程(portmap)已关闭。重新启动服务器的 portmap 程序,更正该错误。

2)出现 rpc mount export:RPC:Unable to receive 错误。

```
[root@Client1 ~]# showmount -e 192.168.10.1
rpc mount export:RPC:Unable to receive; errno = No route to host
```

原因是 mountd 服务没有加入 NFS 服务器的防火墙允许列表中,解决方法如下。

```
[root@Server01 ~]# firewall-cmd    --permanent    --add-service=mountd
[root@Server01 ~]# firewall-cmd    --reload
```

3）拒绝访问。客户端不具备访问 NFS 服务器共享文件的权限。

4）不被允许。执行 mount 命令的用户权限过低，必须具有 root 身份或是系统组的成员才可以执行 mount 命令。也就是说，只有 root 用户和系统组的成员才能进行 NFS 安装、卸装操作。

3. 服务器

1）NFS 服务进程状态。

为了 NFS 服务器正常工作，首先要保证所有相关的 NFS 服务进程为开启状态。

使用 rpcinfo 命令，可以查看 RPC 的相应信息，命令格式如下。

```
rpcinfo   -p   主机名或 IP 地址
```

登录 NFS 服务器后，使用 rpcinfo 命令检查 NFS 相关进程的启动情况。

如果 NFS 相关进程并没有启动，则使用 systemctl 命令启动 NFS 服务，接着再次使用 rpcinfo 命令测试，直到 NFS 服务工作正常。

2）检测共享目录输出。

客户端如果无法访问服务器的共享目录，则可以登录服务器，检查配置文件，确保/etc/exports 文件已设定共享目录，并且客户端拥有相应权限。通常情况下，使用 showmount 命令能够检测 NFS 服务器的共享目录输出情况。

```
[root@Server01 ~]# showmount    -e    192.168.10.1
```

7.6 项目实训：配置与管理 NFS 服务器

1. 项目背景

某企业的销售部有一个局域网，域名为 long60.cn，其网络拓扑如图 7-5 所示。网内有一台 Linux 共享资源服务器 shareserver，域名为 shareserver.long60.cn。现要在 shareserver 上配置 NFS 服务器，使销售部的所有主机都可以访问 shareserver 中/share 共享目录中的内容，但不允许客户端更改共享资源的内容。同时，让主机 China 在每次系统启动时，自动将 shareserver 的/share 目录中的内容挂载到 china3 的/share1 目录下。

项目实录 7-3
配置与管理 NFS
服务器

2. 深度思考

思考以下几个问题。

1）主机名的作用是什么？其他为主机命名的方法还有哪些？哪些是临时生效的？

2）配置共享目录时使用了什么通配符？

3）同步与异步选项如何应用？作用是什么？

4）在视频中为了给其他用户赋予读写权限，使用了什么命令？

5）命令 showmount 与 mount 在什么情况下使用？本项目使用它们完成什么功能？

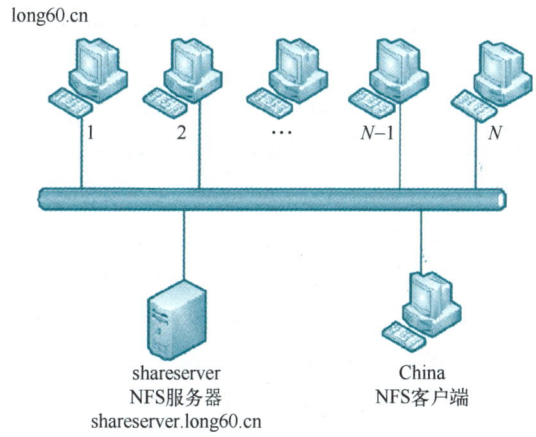

图 7-5　NFS 服务器搭建网络拓扑

6）如何实现 NFS 共享目录的自动挂载？本项目是如何实现自动挂载的？

3. 做一做

将项目完整地做一遍。

7.7　练习题

一、填空题

1. Linux 操作系统和 Windows 操作系统之间可以通过_____共享文件，和 UNIX 操作系统之间通过_____共享文件。

2. NFS 的英文全称是_____，中文名称是_____。

3. RPC 的英文全称是_____，中文名称是_____。RPC 最主要的功能是记录每个 NFS 功能对应的端口，它工作在固定端口_____。

4. Linux 下的 NFS 服务主要由 6 部分组成，其中_____、_____、_____是必需的。

5. _____守护进程的主要作用是判断、检查客户端是否具备登录主机的权限，负责处理 NFS 请求。

6. _____是提供 rpc.nfsd 和 rpc.mounted 这两个守护进程与其他相关文档、执行文件的套件。

7. 在 CS9 下查看 NFS 服务器上的共享资源使用_____命令，它的格式是_____。

8. CS9 下的自动挂载文件系统是在_____中定义的。

二、选择题

1. NFS 工作站要挂载（mount）远程 NFS 服务器上的一个目录时，以下哪一项是服务器必需的？（　　）

A. rpcbind 启动

B. NFS 服务启动

C. 共享目录加载到/etc/exports 文件中

D. 以上全都需要

2. 请选择正确的命令，将 NFS 服务器 svr.long60.cn 的/home/nfs 共享目录挂载到本机/home2 下。（　　）

   A. mount -t nfs svr.long60.cn:/home/nfs　/home2

   B. mount -t -s nfs svr.long60.cn./home/nfs　/home2

   C. nfsmount svr.long60.cn:/home/nfs　/home2

   D. nfsmount -s svr.long60.cn /home/nfs　/home2

3. 哪个命令用来通过 NFS 使磁盘资源被其他系统使用？（　　）

   A. share   B. mount   C. export   D. exportfs

4. 以下 NFS 中，关于用户 ID 映射的描述正确的是（　　）。

   A. 服务器上的 root 用户默认值和客户端的一样

   B. root 被映射到 nfsnobody 用户

   C. root 不被映射到 nfsnobody 用户

   D. 在默认情况下，anonuid 不需要密码

5. 公司有 10 台 Linux 服务器，想用 NFS 在 Linux 服务器之间共享文件，应该修改的文件是（　　）。

   A. /etc/exports   B. /etc/crontab   C. /etc/named.conf   D. /etc/smb.conf

6. 查看 NFS 服务器 192.168.12.1 中共享目录的命令是（　　）。

   A. show-e 192.168.12.1

   B. show //192.168.12.1

   C. showmount-e 192.168.12.1

   D. showmount-l 192.168.12.1

7. 将 NFS 服务器 192.168.12.1 的共享目录/tmp 装载到本地目录/nfs/shere 的命令是（　　）。

   A. mount 192.168.12.1/tmp /nfs/shere

   B. mount-t nfs 192.168.12.1/tmp /nfs/shere

   C. mount-t nfs 192.168.12.1:/tmp /nfs/shere

   D. mount-t nfs //192.168.12.1/tmp /nfs/shere

三、简答题

1. 简述 NFS 服务的工作流程。

2. 简述 NFS 服务的好处。

3. 简述 NFS 服务各组件及其功能。

4. 简述如何排除 NFS 故障。

项目 8　配置与管理 samba 服务器

项目导入

是谁最先搭起 Windows 和 Linux 之间沟通的"桥梁",不仅实现了两者间的无缝资源共享服务,还配备了功能强大的打印服务?答案无疑是 samba。作为一款开源的服务器软件,samba 基于 SMB/CIFS 协议,巧妙地实现了 Windows 与 Linux(以及其他类 UNIX 系统)之间的文件和打印资源共享。它不仅功能强大,具备跨平台资源共享和打印服务能力,更是一款具有深远影响力和广泛应用价值的开源软件,极大地推动了 Windows 和 Linux 之间的互操作性,为不同平台间的数据交换和协作提供了强有力的支持。

知识和能力目标

- 了解 samba 环境及协议。
- 掌握 samba 的工作原理。
- 掌握主配置文件 samba.conf 的主要配置。
- 掌握 samba 服务密码文件。
- 掌握 samba 文件和打印共享的设置。
- 掌握 Linux 和 Windows 客户端共享 samba 服务器资源的方法。

素养目标

- 厚植家国情怀,培养学生的大局意识和责任意识。
- 培养辩证思维与逻辑分析能力,培养生态文明观和人与自然和谐相处的思想,培养开放、包容、文明交流互鉴的精神。

8.1　项目知识准备

对于初次接触 Linux 的用户而言,samba 服务无疑是一个耳熟能详的名字。其之所以备受瞩目,关键在于 samba 率先在 Linux 与 Windows 两大操作系统之间构建了互通的桥梁。得益于 samba,Linux 系统与 Windows 系统之间能够实现顺畅通信,无论是文件的复制还是不同操作系统间的资源共享均变得轻而易举。samba 不仅能够部署为一个功能卓越的文件服务器,满足本地及远程用户的文件访问需求,更可以进一步配置为提供联机输出服务的服务器。甚至在某些场景下,samba 服务器能够完全替代 Windows Server 中的域控制器,极大地简

微课 8-1　管理与维护 samba 服务器

化了域管理的复杂流程，使得管理工作更加便捷高效。

8.1.1 了解 samba 应用环境

samba 的应用环境涵盖了多个方面，其中最核心的是文件和打印机共享功能。
- 文件和打印机共享：文件和打印机共享是 samba 的主要功能，通过服务器消息块（Server Message Block，SMB）协议实现资源共享，将文件和打印机发布到网络中，以供用户访问。
- 身份验证和权限设置：smbd 服务支持 user mode 和 domain mode 等身份验证和权限设置模式，通过加密方式可以保护共享的文件和打印机。
- 名称解析：samba 通过 nmbd 服务可以搭建 NetBIOS 名称服务器（NetBIOS Name Server，NBNS），提供名称解析，将计算机的 NetBIOS 名解析为 IP 地址。
- 浏览服务：在局域网中，samba 服务器可以成为本地主浏览器（Local Master Browser，LMB），保存可用资源列表。当使用客户端访问 Windows 网上邻居时，会提供浏览列表，显示共享目录、打印机等资源。

8.1.2 了解 SMB 协议

SMB（Server Message Block）通信协议，是专为局域网设计的，旨在实现文件和打印机的共享。该协议由 Microsoft 与 Intel 于 1987 年联合开发，最初作为 Microsoft 网络的核心通信协议而存在。随后，samba 项目巧妙地将 SMB 协议引入到 UNIX 系统，使得 UNIX 系统用户也能享受到 SMB 协议带来的资源共享便利。

通过 NetBIOS over TCP/IP 技术，samba 不再局限于局域网内的资源共享，还能够跨越互联网的边界，实现全球范围内计算机的资源共享。这一功能的实现，得益于 TCP/IP 在互联网上的广泛应用，使得基于 SMB 协议的资源共享不再受地域限制。

SMB 协议在 OSI 模型的会话层、表示层以及应用层的部分层面发挥作用。它充分利用了 NetBIOS 的 API，为用户提供了丰富的资源共享功能。同时，SMB 协议作为一个开放性的协议标准，允许进行协议扩展，以适应不断变化的用户需求和技术发展。然而，这种开放性也导致了 SMB 协议的庞大和复杂性，其最上层作业多达 65 个，每个作业又包含超过 120 个函数，为协议的实现和维护带来了不小的挑战。

8.2 项目设计与准备

本项目要用到 Server01、Client1 和 Client2，设备情况如表 8-1 所示。

表 8-1 samba 服务器和 Windows 客户端使用的设备情况

主机名	操作系统	IP 地址	网络连接方式
samba 共享服务器：Server01	CS9/RHEL 9	192.168.10.1/24	VMnet1（仅主机模式）
Linux 客户端：Client1	CS9/RHEL 9	192.168.10.21/24	VMnet1（仅主机模式）
Windows 客户端：Client2	Windows 10	192.168.10.40/24	VMnet1（仅主机模式）

8.3 项目实施

任务 8-1 安装并启动 samba 服务

使用 rpm -qa ｜grep samba 命令检测系统是否安装了 samba 软件包。

```
[root@Server01 ~]# rpm  -qa |grep samba
```

1）挂载 ISO 映像文件。

慕课 8-2 配置与管理 samba 服务器

```
[root@Server01 ~]# mount  /dev/cdrom  /media
```

2）制作 yum 源文件/etc/yum.repos.d/dvd.repo（见前面的项目相关内容），不再赘述。
3）使用 dnf 命令查看 samba 软件包的信息。

```
[root@Server01 ~]# dnf  info samba
```

4）使用 dnf 命令安装 samba 服务。

```
[root@Server01 ~]# dnf  clean all            //安装前先清除缓存
[root@Server01 ~]# dnf  install  samba  -y
```

5）所有软件包安装完毕，可以使用 rpm 命令再次查询。

```
[root@Server01 ~]# rpm  -qa | grep samba
samba-common-4.18.6-100.el9.noarch
samba-client-libs-4.18.6-100.el9.x86_64
samba-common-libs-4.18.6-100.el9.x86_64
samba-libs-4.18.6-100.el9.x86_64
samba-dcerpc-4.18.6-100.el9.x86_64
samba-ldb-ldap-modules-4.18.6-100.el9.x86_64
samba-common-tools-4.18.6-100.el9.x86_64
samba-4.18.6-100.el9.x86_64
```

6）启动 smb 服务，设置开机启动该服务。

```
[root@Server01 ~]# systemctl  start  smb ; systemctl  enable  smb
Created symlink /etc/systemd/system/multi-user.target.wants/smb.service → /usr/lib/systemd/system/smb.service.
```

> **注意**
> 在服务器配置中，更改配置文件后，一定要记得重启服务，让服务重新加载配置文件，这样新配置才生效。重启的命令是 systemctl restart smb 或 systemctl reload smb。

任务 8-2 了解主要配置文件 smb.conf

samba 的配置文件一般放在/etc/samba 目录中，主配置文件名为 smb.conf。

1. samba 服务程序中的参数以及作用

使用 ll 命令查看 smb.conf 文件属性，并使用命令 vim /etc/samba/smb.conf 查看文件的详细内容，如图 8-1 所示（使用"：set nu"加行号，后面同样处理，不再赘述）。

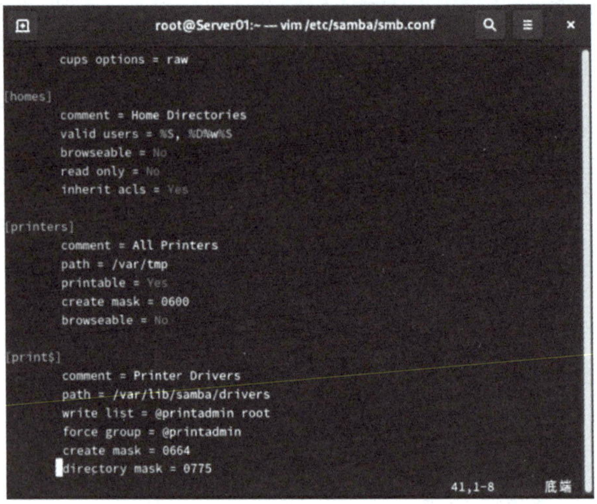

图 8-1 查看 smb.conf 配置文件

smb.conf 文件通常位于/etc/samba/目录下，其结构精心划分为几个关键部分，涵盖全局设置（[global]）、个人用户目录（[homes]）以及打印服务（[printers]）。每一部分均包含一系列精心设计的参数，这些参数对 samba 服务的行为模式与响应机制起着决定性作用。

 技巧

为了方便配置，建议先备份 smb.conf，一旦发现错误可以随时从备份文件中恢复主配置文件。操作如下。

[root@Server01 ~]# cd /etc/samba；ls
lmhosts smb.conf smb.conf.example
[root@Server01 samba]# cp smb.conf smb.conf.bak；cd
[root@Server01 ~]#

2. Share Definitions 共享服务的定义

Share Definitions 设置对象为共享目录和打印机，如果想发布共享资源，需要对 Share Definitions 部分进行配置。Share Definitions 字段非常丰富，设置灵活。

先来看几个常用的字段。

1）设置共享名。共享资源发布后，必须为每个共享目录或打印机设置不同的共享名，供网络用户访问时使用，并且共享名可以与原目录名不同。

共享名的设置非常简单，格式如下。

[共享名]

2）共享资源描述。网络中存在各种共享资源，为了方便用户识别，可以为其添加备注信息，方便用户查看共享资源的内容。格式如下。

```
comment =备注信息
```

3）共享路径。共享资源的原始完整路径可以使用 path 字段进行发布，务必正确指定。格式如下。

```
path =绝对地址路径
```

4）设置匿名访问。设置是否允许对共享资源进行匿名访问，可以更改 public 字段。格式如下。

```
public = yes      # 允许匿名访问
public = no       # 禁止匿名访问
```

【例 8-1】samba 服务器中有个目录为/share，需要将该目录发布为共享目录，定义共享名为 public，要求：允许浏览、只读、允许匿名访问。设置如下所示。

```
[public]
    comment = public
    path = /share
    browseable = yes
    read only = yes
    public = yes
```

5）设置访问用户。如果共享资源存在重要数据，需要对访问用户进行审核，可以使用 valid users 字段进行设置。格式如下。

```
valid users =用户名
valid users =@组名
```

【例 8-2】samba 服务器/share/tech 目录中存放了公司技术部数据，只允许技术部员工和经理访问，技术部组为 tech，经理账号为 manager。

```
[tech]
    comment=tech
    path=/share/tech
    valid users=@tech,manager
```

6）设置目录为只读。共享目录如果需要限制用户的读写操作，可以通过 read only 实现。格式如下。

```
read only = yes    # 只读
read only = no     # 读写
```

7）设置过滤主机。注意网络地址的写法。相关示例如下。

```
hosts allow = 192.168.10.   server.abc.com
```

上述程序表示允许来自 192.168.10.0 或 server.abc.com 的访问者访问 samba 服务器资源。

```
hosts deny = 192.168.2.
```

上述程序表示不允许来自 192.168.2.0 网络的主机访问当前 samba 服务器资源。

【例 8-3】 samba 服务器公共目录/public 中存放大量共享数据,为保证目录安全,仅允许 192.168.10.0 网络的主机访问,并且只允许读取,禁止写入。

```
[public]
    comment = public
    path = /public
    public = yes
    read only = yes
    hosts allow = 192.168.10.
```

8)设置目录可写。如果共享目录允许用户进行写操作,可以使用 writable 或 write list 两个字段进行设置。

writable 格式如下。

```
writable = yes        # 读写
writable = no         # 只读
write list 格式:
write list = 用户名
write list = @组名
```

注意

[homes]为特殊共享目录,表示用户主目录。[printers]表示共享打印机。

任务 8-3 samba 服务的日志文件和密码文件

日志文件对 samba 非常重要,它存储着客户端访问 samba 服务器的信息,以及 samba 服务的错误提示信息等,可以通过分析日志,帮助解决客户端访问和服务器维护等问题。

1. samba 服务日志文件

在/etc/samba/smb.conf 文件中,log file 为设置 samba 日志的字段,如下所示。

```
log file = /var/log/samba/log.%m
```

samba 服务的日志文件默认存放在/var/log/samba/中,其中 samba 会分别为每个连接到 samba 服务器的计算机建立日志文件。使用 ls -a /var/log/samba 命令可以查看日志的所有文件。

当客户端通过网络访问 samba 服务器后,会自动添加客户端的相关日志。所以,Linux 管理员可以根据这些文件来查看用户的访问情况和服务器的运行情况。另外当 samba 服务器工作异常时,也可以通过/var/log/samba/的日志进行分析。

2. samba 服务密码文件

samba 服务器发布共享资源后,客户端访问 samba 服务器,需要提交用户名和密码进行身份验证,验证合格后才可以登录。samba 服务为了实现客户身份验证功能,将用户名和密码信息存放在/etc/samba/smbpasswd 中，在客户端访问时，将用户提交的信息与 smbpasswd 中存放的信息进行比对，只有信息相同且 samba 服务器其他安全设置允许时，客户端与 samba 服务器的连接才能建立成功。

那么如何建立 samba 账号呢？首先，samba 账号并不能直接建立，而是需要先建立同名的 Linux 系统账号。例如，如果要建立一个名为 yy 的 samba 账号，那么 Linux 系统中必须提前存在一个同名的 yy 账号。

在 samba 中，添加账号的命令为 smbpasswd，格式如下。

```
smbpasswd  -a  用户名
```

【例 8-4】在 samba 服务器中添加 samba 账号 mysystem。

1）建立 Linux 系统账号 mysystem。

```
[root@Server01~]# useradd   mysystem
[root@Server01~]# passwd   mysystem
```

2）添加 mysystem 用户的 samba 账号。

```
[root@Server01~]# smbpasswd   -a   mysystem
New SMB password：
Retype new SMB password：
Added user mysystem.
```

samba 账号添加完毕。如果在添加 samba 账号时输入两次密码后出现错误信息 "Failed to modify password entry for user amy"，则是因为 Linux 本地用户里没有 mysystem 这个用户，在 Linux 系统中添加就可以了。

 提示

在建立 samba 账号之前，一定要先建立一个与 samba 账号同名的系统账号。

经过上面的设置，再次访问 samba 共享文件时就可以使用 mysystem 账号了。

任务 8-4　user 服务器实例解析

在 CS9/RHEL 9 中，samba 服务程序默认使用的是用户密码认证（user）模式。可以确保只允许有密码并经过验证的用户访问共享资源，而且验证过程十分简单。

【例 8-5】大学教务处资料共享与访问控制设置（以 root 用户身份操作）。

（1）背景描述

某大学为了提升教学资料的管理效率和便捷性，决定采用一台配置在 CS9/RHEL 9 系统上的 samba 服务器来集中存储和管理各部门的资料。特别是教务处，需要有一个专属的目录 /university/teaching/ 来存放所有教学相关的资料，并确保该目录仅对教务处的工作人员开放访问。

（2）目标
- 在 CS9/RHEL 9 的 samba 服务器上创建并配置 /university/teaching/ 目录。
- 设置访问控制，确保只有教务处的工作人员能够访问 /university/teaching/ 目录。
- 配置 samba 服务器，使教务处员工能够通过校园网络来访问和共享该目录中的教学资料。

（3）需求分析

在/university/teaching/目录中存放有教务处的重要数据，为了保证其他部门无法查看其内容，需要将全局配置中的 security 设置为 user 安全级别，这样就启用了 samba 服务器的身份验证机制。然后在共享目录/university/teaching/下设置 valid users 字段，配置只允许教务处员工访问这个共享目录。

具体步骤如下。

1. 在 Server01 上配置 samba 服务器（任务 8-1 已安装 samba 服务组件）

1）建立共享目录，并在目录下建立测试文件。

```
[root@Server01 ~]# mkdir  -p   /university/teaching
[root@Server01 ~]# touch   /university/teaching/test_share.tar
```

2）添加教务处用户和组，并添加相应的 samba 账号。

① 使用 groupadd 命令添加 teaching 组，然后执行 useradd 命令和 passwd 命令，以添加教务处员工的账号及密码。此处单独增加一个 test_user1 账号，不属于 teaching 组，供测试用。

```
[root@Server01 ~]# groupadd   teaching              # 建立销售组 teaching
[root@Server01 ~]# useradd   -g  teaching   teach1  # 建立用户 teach1，添加到 teaching 组
[root@Server01 ~]# useradd   -g  teaching   teach2  # 建立用户 teach2，添加到 teaching 组
[root@Server01 ~]# useradd   test_user1             # 供测试用
[root@Server01 ~]# passwd   teach1                  # 设置用户 teach1 密码
[root@Server01 ~]# passwd   teach2                  # 设置用户 teach2 密码
[root@Server01 ~]# passwd   test_user1              # 设置用户 test_user1 密码
```

② 为教务处成员添加相应的 samba 账号。

```
[root@Server01 ~]# smbpasswd  -a  teach1
New SMB password:
Retype new SMB password:
Added user teach1.
[root@Server01 ~]# smbpasswd  -a  teach2
New SMB password:
Retype new SMB password:
Added user teach2.
```

3）修改 samba 主配置文件 vim   /etc/samba/smb.conf。直接在原文件末尾添加，但要注意将原文件的[global]删除或用"#"注释，文件中不能有两个同名的[global]。当然也可直接在原来的[global]上修改（末行模式下输入": set nu"可以显示行号）。

```
[global]
        workgroup = SAMBA
        security = user

        passdb backend = tdbsam
```

```
                printing = cups
                printcap name = cups
                load printers = yes
            cups options = raw
    ……
        [teaching]
                # 设置共享目录的共享名为 teaching
                comment=teaching
                path=/university/teaching
                # 设置共享目录的绝对路径
                writable = yes
                browseable = yes
                valid users = @teaching
                # 设置可以访问的用户为 teaching 组
```

2. 设置本地权限、SELinux 和防火墙（Server01）

1）设置共享目录的本地权限和属组。

```
[root@ Server01~]# chmod   770   /university/teaching   -R
[root@ Server01~]# chown   :teaching   /university/teaching   -R
```

-R 选项是递归调用的，一定要加上。请读者再次复习前文的权限相关内容。

2）更改共享目录和用户家目录的 context 值，或者禁用 SELinux。

```
[root@ Server01~]# chcon  -t  samba_share_t  /university/teaching  -R
[root@ Server01~]# chcon  -t  samba_share_t  /home/teach1  -R
[root@ Server01~]# chcon  -t  samba_share_t  /home/teach2  -R
```

或者：

```
[root@ Server01 ~]# getenforce
Enforcing
[root@ Server01 ~]# setenforce   Permissive
```

或者：

```
[root@ Server01 ~]# setenforce   0
```

3）让防火墙放行，这一步很重要。

```
[root@ Server01 ~]# firewall-cmd  --permanent  --add-service=samba
success
[root@ Server01 ~]# firewall-cmd  --reload                 # 重新加载防火墙
success
[root@ Server01 ~]# firewall-cmd  --list-all
```

```
    public（active）
    ……
        services：cockpit dhcpv6-client http samba ssh          #已经加入防火墙的允许服务
    ……
```

4）重新加载 samba 服务并设置开机时自动启动。

```
[root@Server01 ~]# systemctl    restart    smb
[root@Server01 ~]# systemctl    enable     smb
```

3. Windows 客户端访问 samba 共享服务器

一是在 Windows 10 中利用资源管理器进行测试，二是利用 Linux 客户端进行测试。本例使用 Windows 10 来测试。以下操作在 Client2 上进行。

1）在 Windows 客户端上配置 IP 地址和子网掩码。

由于使用的宿主机就是 Windows 10，并且 Server01 使用的网络连接是 VMnet1，所以可以在宿主机的 VMnet1 网卡上设置 IP 地址为 192.168.10.40/24。这样就不需要再单独创建一个 Windows 10 的虚拟机了。

2）在 Windows 客户端 Client2 上使用 UNC 路径直接访问 samba 服务器。

依次选择"开始"→"运行"命令，使用 UNC 路径直接进行访问，如\\192.168.10.1。打开"Windows 安全中心"对话框，如图 8-2 所示。输入 teach1 或 teach2 及其密码，登录后可以正常访问。

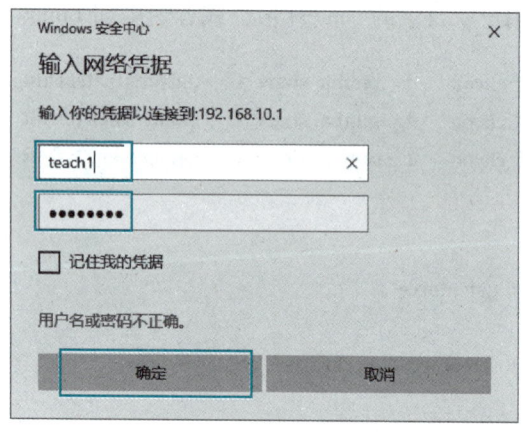

图 8-2 "Windows 安全中心"对话框

 试一试

注销 Windows 10 客户端，使用 test_user1 用户和密码登录会出现什么情况？

3）使用映射网络驱动器访问 samba 服务器共享目录。Windows 10 默认不会在桌面上显示"此电脑"图标。首先让"此电脑"在桌面上显示。

① 在桌面空白处右击，在弹出的快捷菜单中选择"个性化"命令。

② 单击"主题"→"桌面图标设置"命令。

③ 勾选"计算机"复选框，单击"应用"→"确定"按钮。

④ 回到桌面，发现"此电脑"图标已回到桌面上了。
⑤ 双击"此电脑"图标，单击"计算机"→"映射网络驱动器"下拉按钮。
⑥ 在下拉列表中单击"映射网络驱动器"命令，如图 8-3 所示，在弹出的"映射网络驱动器"对话框中选择 Z 驱动器，并输入 teaching 共享目录的地址，如 \\192.168.10.1\teaching，单击"完成"按钮，如图 8-4 所示。
⑦ 在接下来的对话框中输入可以访问 teaching 共享目录的 samba 账号和密码。

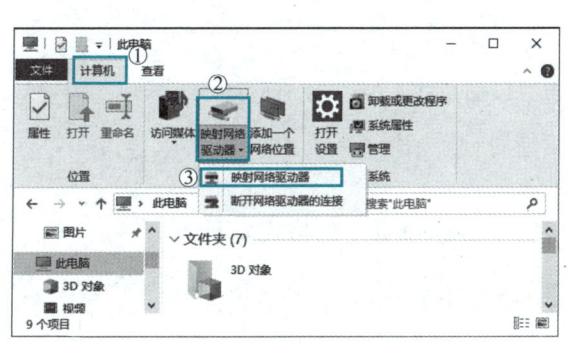

图 8-3　选择"映射网络驱动器"命令　　　　图 8-4　"映射网络驱动器"对话框

⑧ 再次双击"此电脑"图标，驱动器 Z，也就是共享目录 teaching，可以很方便地访问了，如图 8-5 所示。

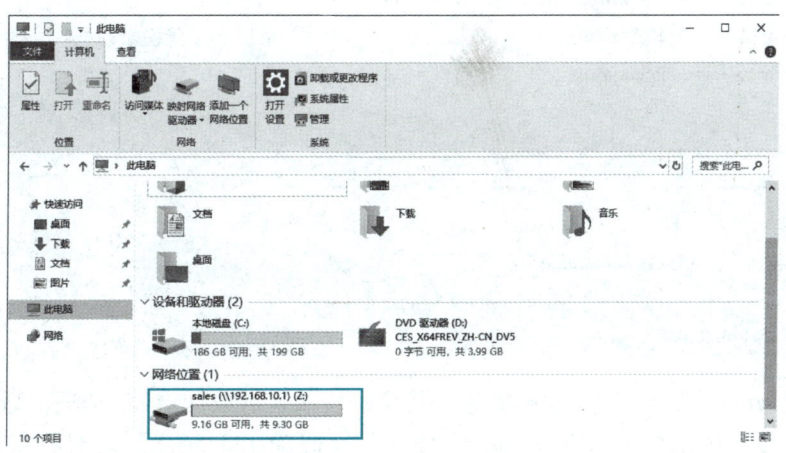

图 8-5　成功设置网络驱动器 Z

特别提示

samba 服务器在将本地文件系统共享给 samba 客户端时，涉及本地文件系统权限和 samba 共享权限。当客户端访问共享资源时，最终的权限取这两种权限中最严格的。在后面的实例中，不再单独设置本地权限。如果读者对权限不是很熟悉，请参考前面项目 3 的相关内容。

4. Linux 客户端访问 samba 共享服务器

在 Linux 客户端中访问 samba 共享服务器，可以采用以下两种方式。

1）结合本实例在 Linux 客户端 Client1 上使用 smbclient 命令访问服务器。

① 在 Client1 上安装 samba 客户端 samba-client 和 samba 文件系统支持工具 cifs-utils。

```
[root@Client1 ~]# mount /dev/cdrom /media
mount: /media: WARNING: source write-protected, mounted read-only
[root@Client1 ~]# dnf install samba-client cifs-utils -y
……
已安装:
  cifs-utils-7.0-1.el9.x86_64                    keyutils-1.6.3-1.el9.x86_64
  samba-client-4.18.6-100.el9.x86_64
完毕!
```

② smbclient 可以列出目标主机共享目录列表。smbclient 命令的格式如下。

```
smbclient -L 目标 IP 地址或主机名 -U 登录用户名%密码
```

当查看 Server01（192.168.10.1）主机的共享目录列表时，提示输入密码。这时可以不输入密码，而直接按<Enter>键，表示匿名登录，然后显示匿名用户可以看到的共享目录列表。

```
[root@@Client1 ~]# smbclient -L 192.168.10.1
Password for [SAMBA\root]:                       # 以 root 身份登录
Anonymous login successful

  Sharename       Type      Comment
  ---------       ----      -------
  print$          Disk      Printer Drivers
  teaching        Disk      teaching
  IPC$            IPC       IPC Service (Samba 4.18.6)
SMB1 disabled -- no workgroup available
```

若想使用 samba 账号查看 samba 服务器共享的目录，可以加上 -U 选项，后面接用户名%密码。下面的命令用于显示只有 teach2 账号（其密码为 12345678）才有权限浏览和访问的 teaching 共享目录。

```
[root@@Client1 ~]# smbclient -L 192.168.10.1 -U teach2%12345678    # 以 teach2 身份登录
  Sharename       Type      Comment
  ---------       ----      -------
  print$          Disk      Printer Drivers
  teaching        Disk      teaching
  IPC$            IPC       IPC Service (Samba 4.18.6)
  teach2          Disk      Home Directories
SMB1 disabled -- no workgroup available
```

注意

不同用户使用 smbclient 浏览的结果可能是不一样的,这由服务器设置的访问控制权限而定。

③ 还可以使用 smbclient 命令行共享访问模式浏览共享的资料。smbclient 命令行共享访问模式的命令格式如下。

> smbclient　//目标 IP 地址或主机名/共享目录　-U　用户名%密码

下面的命令运行后,将进入交互式界面(输入"?"可以查看具体命令)。

```
[root@@Client1~]# smbclient    //192.168.10.1/teaching    -U    teach2%12345678
Try "help" to get a list of possible commands.
smb: \> ls

    test_share.tar                    A        0    Mon Sept 9 20:39:23 2024

            9754624 blocks of size 1024. 9647416 blocks available
smb: \>mkdir    testdir                # 新建一个目录进行测试
smb: \>ls

    test_share.tar                    A        0    Mon Sept 9 20:39:23 2024
    testdir                           D        0    Mon Sept 9 21:15:13 2024

            9754624 blocks of size 1024. 9647416 blocks available
smb: \>exit
[root@@Client1~]#
```

另外,smbclient 登录 samba 服务器后,可以使用 help 查询支持的命令。

④ 以 teest_user1 身份登录 samba 服务器,共享失败。

```
[root@Client1~]# smbclient    //192.168.10.1/teaching    -U    test_user1%12345678
session setup failed: NT_STATUS_LOGON_FAILURE
```

2) 结合本实例在 Linux 客户端使用 mount 命令挂载共享目录。

mount 命令挂载共享目录的格式如下。

> mount -t cifs //目标 IP 地址或主机名/共享目录名称 挂载点 -o username=用户名

下面的命令执行结果为将 192.168.10.1 主机上的共享目录 teaching 挂载到 /smb/sambadata 目录下,cifs 是 samba 使用的文件系统。

```
[root@@Client1~]# mkdir  -p  /smb/sambadata
[root@@Client1~]# mount -t cifs //192.168.10.1/teaching /smb/sambadata/ -o username=teach1
```

```
Password for teach1@//192.168.10.1/teaching：********    //输入 teach1 的 samba 用户密码，
                                                         //不是系统用户密码
[root@@Client1 ~]# cd  /smb/sambadata
[root@@Client1 sambadata]# ls
testdir  test_share.tar
root@Client1 sambadata]# cd
```

任务 8-5　配置可匿名访问的 samba 服务器

那么如何配置可匿名访问的 samba 服务器呢？

【例 8-6】公司需要添加 samba 服务器作为文件服务器，工作组名为 Workgroup，共享目录为/share，共享名为 public，这个共享目录允许公司所有员工下载文件，但不允许上传文件。

分析：这个案例属于 samba 的基本配置，既然允许所有员工访问，就需要为每个用户建立一个 samba 账号，那么如果公司拥有大量用户呢？1000 个用户，甚至 100000 个用户，每个都设置会非常麻烦，可以采用匿名账户 nobody 访问，这样实现起来非常简单。

8.4　项目实训：配置与管理 samba 服务器

1. 项目背景

某公司有 system、develop、product design 和 test 4 个小组，个人办公操作系统为 Windows 10，少数开发人员采用 Linux 操作系统，服务器操作系统为 CS9/RHEL 9，需要设计一套建立在 CS9 之上的安全文件共享方案。每个用户都有自己的网络磁盘，develop 组到 test 组有共用的网络硬盘，所有用户（包括匿名用户）有一个只读共享资料库；所有用户（包括匿名用户）要有一个存放临时文件的文件夹。samba 服务器搭建网络拓扑如图 8-6 所示。

项目实录 8-3 配置与管理 samba 服务器

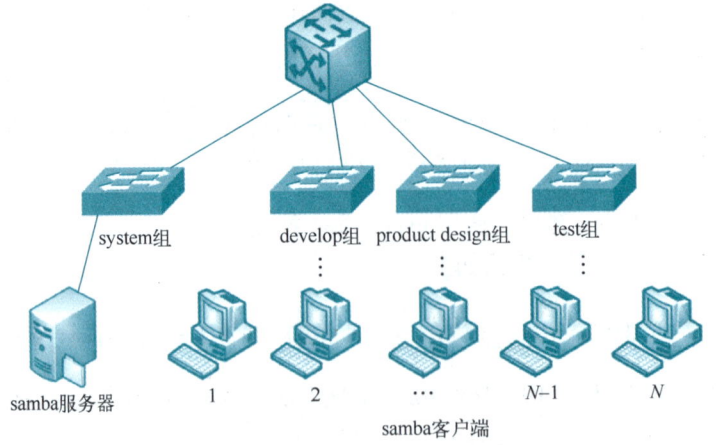

图 8-6　samba 服务器搭建网络拓扑

2. 项目要求

1）system 组具有管理所有 samba 空间的权限。

2）各部门的私有空间：各小组拥有自己的空间，除了小组成员及 system 组有权限以外，其他用户不可访问（包括列表、读和写）。

3）资料库：所有用户（包括匿名用户）都具有读取权限而不具有写入数据的权限。

4）develop 组与 test 组之外的用户不能访问 develop 组与 test 组的共享空间。

5）公共临时空间：让所有用户可以读取、写入、删除。

3. 深度思考

思考以下几个问题。

1）用 mkdir 命令建立共享目录，可以同时建立多少个目录？

2）chown、chmod、setfacl 这些命令如何熟练应用？

3）组账户、用户账户、samba 账户等的建立过程是怎样的？

4）useradd 各类选项（-g、-G、-d、-s、-M）的含义分别是什么？

5）权限 700 和 755 的含义是什么？请查找相关权限表示的资料，也可以向作者索要相关微课资源。

6）注意不同用户登录后的权限变化。

4. 做一做

根据项目要求完成项目。

8.5 练习题

一、填空题

1. samba 服务功能强大，使用_____协议，英文全称是_____。
2. SMB 经过开发，可以直接运行于 TCP/IP 上，使用 TCP 的_____端口。
3. samba 服务由两个进程组成，分别是_____和_____。
4. samba 服务软件包包括_____、_____、_____和_____（不要求版本号）。
5. samba 的配置文件一般就放在_____目录中，主配置文件名为_____。
6. samba 服务器有_____、_____、_____、_____和_____5 种安全模式，默认级别是_____。

二、选择题

1. 用 samba 共享了目录，但是在 Windows 网络邻居中却看不到它，应该在/etc/samba/smb.conf 中怎样设置才能正确工作？（　　）

　　A. AllowWindowsClients=yes　　　　B. Hidden=no
　　C. Browseable=yes　　　　　　　　　D. 以上都不是

2. （　　）命令可用来卸载 samba-3.0.33-3.7.el5.i386.rpm。

　　A. rpm -D samba-3.0.33-3.7.el5　　B. rpm -i samba-3.0.33-3.7.el5
　　C. rpm -e samba-3.0.33-3.7.el5　　D. rpm -d samba-3.0.33-3.7.el5

3. （　　）命令可以允许 198.168.0.0/24 访问 samba 服务器。

　　A. hosts enable = 198.168.0.　　　B. hosts allow = 198.168.0.
　　C. hosts accept = 198.168.0.　　　D. hosts accept = 198.168.0.0/24

4. 启动 samba 服务时，（　　）是必须运行的端口监控程序。

A. nmbd B. lmbd C. mmbd D. smbd

5. 下面列出的服务器类型中，（　　）可以使用户在异构网络操作系统之间进行文件系统共享。

A. FTP B. samba C. DHCP D. Squid

6. samba 服务的密码文件是（　　）。

A. smb.conf B. samba.conf C. smbpasswd D. smbclient

7. 利用（　　）命令可以对 samba 的配置文件进行语法测试。

A. smbclient B. smbpasswd C. testparm D. smbmount

8. 可以通过设置条目（　　）来控制访问 samba 共享服务器的合法主机名。

A. allow hosts B. valid hosts C. allow D. publics

9. samba 的主配置文件中不包括（　　）。

A. global 参数
B. directory shares 部分
C. printers shares 部分
D. applications shares 部分

三、简答题

1. 简述 samba 服务器的应用环境。
2. 简述 samba 的工作流程。
3. 简述 samba 服务器搭建基本流程的 5 个主要步骤。

项目 9　　配置与管理 DHCP 服务器

项目导入

在构建包含大量计算机的网络环境时，手动为企业内部各个部门的数百台设备逐一配置 IP 地址无疑是一项烦琐且易出错的任务。为了提高效率并确保网络配置的一致性与可管理性，采用动态主机配置协议（Dynamic Host Configuration Protocol，DHCP）成了一种不可或缺的解决方案。

DHCP 能够自动为客户端设备分配 IP 地址、子网掩码、默认网关以及 DNS 服务器等关键网络参数，极大地简化了网络管理工作。通过详尽的网络规划与合理的 DHCP 配置，不仅能显著提升网络管理的效率与灵活性，还能为企业的数字化转型奠定坚实的网络基础。

在完成该项目之前，首先应对整个网络进行规划，确定网段的划分及每个网段可能的主机数量等信息。

知识和能力目标

● 了解 DHCP 服务器在网络中的作用。 ● 理解 DHCP 的工作过程。	● 掌握 DHCP 服务器的基本配置。 ● 掌握 DHCP 客户端的配置和测试。

素养目标

● 贯彻科学思维，培养学生的网络工匠精神。	● 正确认识和理解学习的价值，培养学生树立终身学习的意识。

9.1　项目知识准备

DHCP 是一个局域网的网络协议，使用用户数据报协议（User Datagram Protocol，UDP）工作，其主要有两个用途：一是用于内部网或网络服务供应商自动分配 IP 地址；二是用于内部网管理员对所有计算机进行中央管理。

9.1.1　DHCP 服务器概述

DHCP 基于客户端/服务器模式，当 DHCP 客户端启动时，它会自动与 DHCP 服务器通信，要求提供自动分配 IP 地址的服务，而安装了 DHCP 服务软件的服务器则会响应要求。

DHCP 是一种基于 TCP/IP、用于简化主机 IP 地址分配管理的网络服务，用户可以利用 DHCP 服务器管理动态的 IP 地址分配及其他相关的环境配置工作，如 DNS 服务器、WINS 服务器、网关（Gateway）的设置。

微课 9-1　配置与管理 DHCP 服务器

在 DHCP 机制中，DHCP 系统可以分为服务器和客户端两部分，服务器使用固定的 IP 地址，在局域网中扮演着给客户端提供动态 IP 地址、DNS 配置和网关配置的角色。客户端与 IP 地址相关的配置，都在启动时由服务器自动分配。

9.1.2　DHCP 的工作过程

DHCP 客户端和服务器申请 IP 地址、获得 IP 地址的工作过程一般分为 4 个阶段，如图 9-1 所示。

1. DHCP 客户端发送 IP 地址租用请求

当客户端启动网络时，由于网络中的每台机器都需要有一个地址，所以此时的计算机 TCP/IP 地址与 0.0.0.0 绑定在一起。它会发送一个"DHCP Discover"（DHCP 发现）广播信息包到本地子网。该信息包发送给 UDP 端口 67，即 DHCP/BOOTP 服务器端口。

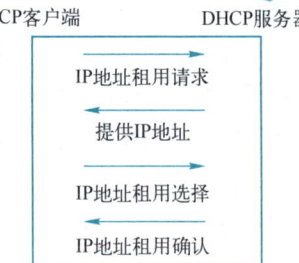

图 9-1　DHCP 的工作过程

2. DHCP 服务器提供 IP 地址

本地子网的每一个 DHCP 服务器都会接收"DHCP Discover"信息包。每个接收到请求的 DHCP 服务器都会检查它是否有提供给请求客户端的有效空闲地址，如果有，则以"DHCP Offer"（DHCP 提供）信息包作为响应。该信息包包括有效的 IP 地址、子网掩码、DHCP 服务器的 IP 地址、租用期限，以及其他有关 DHCP 范围的详细配置。所有发送"DHCP Offer"信息包的服务器将保留它们提供的这个 IP 地址（该地址暂时不能分配给其他客户端）。"DHCP Offer"信息包广播发送到 UDP 端口 68，即 DHCP/BOOTP 客户端端口。响应是以广播的方式发送的，因为客户端没有能直接寻址的 IP 地址。

3. DHCP 客户端 IP 地址租用选择

客户端通常对第一个提议产生响应，并以广播的方式发送"DHCP Request"（DHCP 请求）信息包作为回应。该信息包告诉服务器"是的，我想让你给我提供服务。我接受你给我的租用期限"。另外，一旦信息包以广播方式发送，网络中的所有 DHCP 服务器都可以看到该信息包，那些提议没有被客户端承认的 DHCP 服务器将保留的 IP 地址返回给它的可用地址池。客户端还可利用 DHCP Request 询问服务器的其他配置选项，如 DNS 服务器或网关地址。

4. DHCP 服务器 IP 地址租用确认

当服务器接收到"DHCP Request"信息包时，它以一个"DHCP Acknowledge"（DHCP 确认）信息包作为响应。该信息包提供了客户端请求的其他信息，并且也是以广播方式发送的。该信息包告诉客户端"一切准备好。记住你只能在有限时间内租用该地址，而不能永久占据！好了，以下是你询问的其他信息"。

注意

客户端执行 DHCP Discover 后,如果没有 DHCP 服务器响应客户端的请求,则客户端会随机使用 169.254.0.0/16 网段中的一个 IP 地址配置本机地址。

9.1.3 DHCP 服务器分配给客户端的 IP 地址类型

在客户端向 DHCP 服务器申请 IP 地址时,服务器并不总是给它一个动态的 IP 地址,而是根据实际情况决定。

1. 动态 IP 地址

客户端从 DHCP 服务器取得的 IP 地址一般都不是固定的,而是每次都可能不一样。在 IP 地址有限的企业内,动态 IP 地址可以最大化地达到资源的有效利用。它的利用原理并不是每个员工都会同时上线,而是优先为上线的员工提供 IP 地址,离线之后再收回。

2. 静态 IP 地址

客户端从 DHCP 服务器取得的 IP 地址也并不总是动态的。例如,有的企业除了员工用计算机外,还有数量不少的服务器,这些服务器如果也使用动态 IP 地址,则不但不利于管理,客户端访问起来也不方便。该怎么办呢?可以设置 DHCP 服务器记录特定计算机的 MAC 地址,然后为每个 MAC 地址分配一个固定的 IP 地址。

至于如何查询网卡的 MAC 地址,根据网卡是本机还是远程计算机,采用的方法也有所不同。

 小资料

什么是 MAC 地址?MAC 地址也叫作物理地址或硬件地址,是由网络设备制造商生产时写在硬件内部的(网络设备的 MAC 地址都是唯一的)。在 TCP/IP 网络中,从表面上看来是通过 IP 地址进行数据传输,但实际上最终是通过 MAC 地址来区分不同节点的。

1)查询本机网卡的 MAC 地址,使用 ifconfig 命令。
2)查询远程计算机网卡的 MAC 地址。既然 TCP/IP 网络通信最终要用到 MAC 地址,那么使用 ping 命令当然也可以获取对方的 MAC 地址信息,只不过它不会显示出来,要借助其他工具来完成。

```
[root@Server01~]# ifconfig
[root@Server01~]# ping  -c  1  192.168.10.21     //ping 远程计算机 1 次
[root@Server01~]# arp  -n                         //查询缓存在本地的远程计算机中的 MAC 地址
[root@Server01~]# arp  -n|grep  192.168.10.21
192.168.10.21            ether   00:0c:29:e3:98:a1   C                ens160
```

9.2 项目设计与准备

9.2.1 项目设计

部署 DHCP 之前应该先进行规划,明确哪些 IP 地址自动分配给客户端(作用域中应包含的 IP 地址），哪些 IP 地址手动指定给特定的服务器。例如，在本项目中，IP 地址要求如下。

1) 使用的网络是 192.168.10.0/24，网关为 192.168.10.254。

2) 192.168.10.1~192.168.10.30 网段地址是服务器的固定地址。

3) 客户端可以使用的地址段为 192.168.10.31~192.168.10.200，但 192.168.10.105、192.168.10.107 为保留地址。

 注意

手动配置的 IP 地址一定要排除掉保留地址，或者采用地址池以外的可用 IP 地址，否则会造成 IP 地址冲突。

9.2.2 项目准备

部署 DHCP 服务应满足下列需求。

1) 安装 Linux 企业版服务器作为 DHCP 服务器。

2) DHCP 服务器的 IP 地址、子网掩码、DNS 服务器等 TCP/IP 参数必须手动指定，否则将不能为客户端分配 IP 地址。

3) DHCP 服务器必须拥有一组有效的 IP 地址，以便自动分配给客户端。

4) 如果不特别指出，则所有 Linux 的虚拟机网络连接方式都选择 VMnet1（仅主机模式），如图 9-2 所示。请读者特别留意。

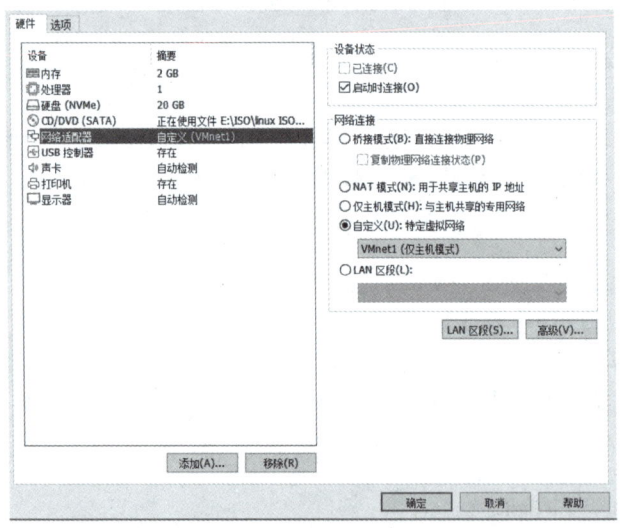

图 9-2　Linux 虚拟机的网络连接方式

5) 本项目要用到 Server01、Client1、Client2 和 Client3，设备情况如表 9-1 所示。

表 9-1　DHCP 服务器和客户端使用的设备情况

主机名	操作系统	IP 地址	网络连接方式
DHCP 服务器：Server01	CS9/RHEL 9	192.168.10.1/24	VMnet1（仅主机模式）
Linux 客户端：Client1	CS9/RHEL 9	自动获取	VMnet1（仅主机模式）
Linux 客户端：Client2	CS9/RHEL 9	保留地址	VMnet1（仅主机模式）
Windows 客户端：Client3	Windows 10	自动获取	VMnet1（仅主机模式）

9.3 项目实施

任务 9-1　在服务器 Server01 上安装 DHCP 服务器

慕课 9-2　配置与管理 DHCP 服务器

1）检测系统是否已经安装了 DHCP 相关软件（默认没有安装）。

```
[root@Server01 ~]# rpm    -qa | grep    dhcp
```

2）如果系统还没有安装 dhcp 软件包，则可以使用 dnf 命令安装。
① 挂载 ISO 映像文件。

```
[root@Server01 ~]# mount   /dev/cdrom   /media
```

② 制作用于安装的 yum 源文件（详见项目 1 中的相关内容）。

```
[root@Server01 ~]# vim   /etc/yum.repos.d/dvd.repo
```

③ 使用 dnf 命令查看 dhcp 软件包的信息。

```
[root@Server01 ~]# dnf   info   dhcp-server
```

④ 使用 dnf 命令安装 DHCP 服务器。

```
[root@Server01 ~]# dnf   clean   all              //安装前先清除缓存
[root@Server01 ~]# dnf   install   dhcp-server   -y
```

软件包安装完毕，可以使用 rpm 命令再一次查询，结果如下。

```
[root@Server01 ~]# rpm    -qa | grep    dhcp
dhcp-common-4.4.2-19.b1.el9.noarch
dhcp-server-4.4.2-19.b1.el9.x86_64
```

试一试

如果执行 dnf   install   dhcp* 命令，则结果是怎样的？读者不妨一试。

任务 9-2　熟悉 DHCP 主配置文件

基本的 DHCP 服务器搭建流程如下。
1）编辑主配置文件/etc/dhcp/dhcpd.conf，指定 IP 地址作用域（指定一个或多个 IP 地址范围）。
2）建立租用数据库文件。
3）重新加载配置文件或重新启动 dhcpd 服务使配置生效。
DHCP 的工作流程如图 9-3 所示。

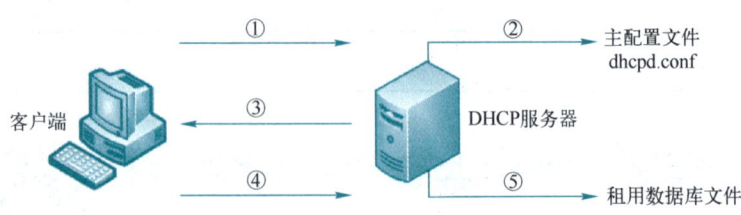

图 9-3 DHCP 的工作流程

1）客户端发送广播向服务器申请 IP 地址。

2）服务器收到请求后查看主配置文件 dhcpd.conf，根据客户端的 MAC 地址查看是否为客户端设置了固定 IP 地址。

3）如果为客户端设置了固定 IP 地址，则将该 IP 地址发送给客户端。如果没有设置固定 IP 地址，则将地址池中的 IP 地址发送给客户端。

4）客户端收到服务器回应后，客户端给予服务器回应，告诉服务器已经使用了分配的 IP 地址。

5）服务器将相关租用信息存入数据库。

1. 主配置文件 dhcpd.conf

1）复制样例文件到主配置文件。默认主配置文件（/etc/dhcp/dhcpd.conf）没有任何实质内容，打开查阅，发现里面有一句话"see /usr/share/doc/dhcp-server/dhcpd.conf.example"。复制样例文件到主配置文件。

```
[root@Server01 ~]# cp  /usr/share/doc/dhcp-server/dhcpd.conf.example  /etc/dhcp/dhcpd.conf
```

2）dhcpd.conf 主配置文件的组成部分有 parameters（参数）、declarations（声明）、option（选项）。

3）dhcpd.conf 主配置文件的整体框架。

dhcpd.conf 包括全局配置和局部配置。

- 全局配置可以包含参数或选项，该部分对整个 DHCP 服务器生效。
- 局部配置通常由声明部分表示，该部分仅对局部生效，例如，只对某个 IP 地址作用域生效。

dhcpd.conf 文件的格式如下。

```
# 全局配置
参数或选项;                    # 全局生效
# 局部配置
声明 {
      参数或选项;              # 局部生效
}
```

DHCP 配置文件中包含了部分参数或选项，以及声明的用法，其中注释部分可以放在任何位置，并以"#"开头，当一行内容结束时，以";"结束，花括号所在行除外。

可以看出整个配置文件分成全局和局部两个部分，但是并不容易看出哪些属于参数，哪些属于声明和选项。

2. 常用参数

参数主要用于设置服务器和客户端的动作或者是否执行某些任务，如设置 IP 地址租用时间、是否检查客户端使用的 IP 地址等，如表 9-2 所示。

表 9-2　dhcpd 服务程序配置文件中的常用参数说明

参数	作用	详细说明
default-lease-time	设置默认租约时间	指定客户端可以保持 IP 地址的默认时间（s）。如果客户端未请求特定的租期长度，将使用此值
max-lease-time	设置最大租约时间	指定客户端可租用 IP 地址的最长时间（s）。此值限制了客户端请求的租期长度
option domain-name	指定客户端的 DNS 域名	为客户端提供一个域名，这将用于 DNS 解析
option domain-name-servers	设置 DNS 服务器地址	提供一个或多个 DNS 服务器的 IP 地址，供客户端使用
option routers	定义默认网关	指定客户端应使用的默认网关的 IP 地址
option subnet-mask	设置子网掩码	指定客户端子网的子网掩码
authoritative	声明服务器为权威 DHCP 服务器	此声明指定服务器是网络中的权威 DHCP 服务器，可以发送拒绝 DHCP 请求的消息
subnet	定义子网	用于定义网络的 IP 地址范围。此声明后通常跟有子网掩码和相关配置
range	指定 IP 地址范围	在 subnet 声明中使用，指定一个 IP 地址范围用于动态分配
host	定义一个特定的主机	用于指定特定设备的固定 IP 地址配置，通常包括设备的 MAC 地址和分配给它的静态 IP 地址

3. 常用声明介绍

声明一般用来指定 IP 地址作用域、定义为客户端分配的 IP 地址池等。声明格式如下。

```
声明 {
    选项或参数；
}
```

常见声明的使用如下。

1) subnet 网络号 netmask 子网掩码 {…}。

作用：定义作用域，指定子网。

```
subnet 192.168.10.0  netmask 255.255.255.0 {
    …
}
```

 注意

网络号至少要与 DHCP 服务器的其中一个网络号相同。

2) range dynamic-bootp 起始 IP 地址 结束 IP 地址。

作用：指定动态 IP 地址范围。

```
range dynamic-bootp  192.168.10.100  192.168.10.200
```

注意

可以在 subnet 声明中指定多个 range，但多个 range 定义的 IP 地址范围不能重复。

4. 常用选项

选项通常用来配置 DHCP 客户端的可选参数，如定义客户端的 DNS 地址、默认网关等。选项内容都是以 option 关键字开始的。常用选项如下。

1）option routers　IP 地址。

作用：为客户端指定默认网关。

```
option routers    192.168.10.254
```

2）option subnet-mask　子网掩码。

作用：设置客户端的子网掩码。

```
option subnet-mask    255.255.255.0
```

3）option domain-name-servers　IP 地址。

作用：为客户端指定 DNS 服务器地址。

```
option  domain-name-servers    192.168.10.1
```

 注意

1）~3）项可以用在全局配置中，也可以用在局部配置中。

5. IP 地址绑定

DHCP 中的 IP 地址绑定用于给客户端分配固定 IP 地址。例如，服务器需要使用固定 IP 地址时就可以使用 IP 地址绑定，通过 MAC 地址与 IP 地址的对应关系为指定物理地址的计算机分配固定 IP 地址。

整个配置过程需要用到 host 声明和 hardware、fixed-address 参数。

1）host　主机名{…}。

作用：用于定义保留地址。

```
host    computer1{…}
```

 注意

该项通常搭配 subnet 声明使用。

2）hardware 类型 硬件地址。

作用：定义网络接口类型和硬件地址。常用类型为以太网（ethernet），硬件地址为 MAC 地址。

```
hardware    ethernet    3a:b5:cd:32:65:12
```

3）fixed-address　IP 地址。

作用：定义 DHCP 客户端指定的 IP 地址。

```
fixed-address 192.168.10.105
```

注意

  2)、3) 项只能应用于 host 声明中。

6. 租用数据库文件

  租用数据库文件用于保存一系列的租用声明，其中包含客户端的主机名、MAC 地址、分配到的 IP 地址，以及 IP 地址的有效期等相关信息。这个数据库文件是可编辑的 ASCII 格式文本文件，每当租约有变化时，都会在结尾添加新的租用记录。

  DHCP 服务器刚安装好时，租用数据库文件 dhcpd.leases 是空文件。

  当 DHCP 服务器正常运行时，就可以使用 cat 命令查看租用数据库文件内容了。

```
cat    /var/lib/dhcpd/dhcpd.leases
```

任务 9-3　配置 DHCP 服务器的应用实例

  现在完成一个简单的应用实例。

1. 实例需求

  人工智能学院拥有 155 台计算机设备，针对这些设备的 IP 地址配置需求，特制定以下详细规范。

  (1) 核心服务配置

- DHCP 服务器与 DNS 服务器均部署于 192.168.10.1/24，此地址同时作为网络中的关键服务节点。
- 有效 IP 地址范围限定为 192.168.10.1～192.168.10.254，子网掩码统一设置为 255.255.255.0，以确保网络通信的顺畅与一致性。
- 网关地址设定为 192.168.10.254，作为数据流量进出本网络的唯一通道。

  (2) 服务器地址规划

  为保障服务器稳定运行，特将 192.168.10.1～192.168.10.20 这一网段地址预留为服务器固定使用，避免与客户端地址冲突。

  (3) 客户端地址分配

- 客户端计算机可使用的 IP 地址范围限定为 192.168.10.21～192.168.10.150，以满足技术部门当前及未来一段时间内的扩展需求。
- 特别注意，192.168.10.105 与 192.168.10.107 两个地址作为保留地址，不得随意分配。其中，192.168.10.105 明确保留给 Client2 使用，以确保其网络资源的独占性。

  (4) 客户端自动配置策略

  除特别指定的 Client2 外，其余客户端（以 Client1 为代表）均应采用自动获取方式，通过 DHCP 服务器自动配置 IP 地址、子网掩码、网关及 DNS 服务器等网络参数，以提高配置效率与准确性，同时减少人为错误。

  总之，人工智能学院的 IP 地址配置方案旨在通过合理规划，确保网络资源的有效利用与管理的便捷性，为学院正常教学、科研、社会服务等顺利开展提供坚实的网络支撑。

2. 网络环境搭建

（1）Linux 服务器与客户端配置

Linux 服务器和客户端的地址信息如表 9-3 所示（可以使用 VM 的"克隆"技术快速安装需要的 Linux 客户端，MAC 地址因读者的计算机不同而不同）。

表 9-3 Linux 服务器和客户端的详细信息

角色及主机名	操作系统	IP 地址/获取方式	MAC 地址
DHCP 服务器 （主机名：Server01）	CS9/RHEL 9	192.168.10.1/24（静态分配）	00:0C:29:72:C6:A9
Linux 客户端 （主机名：Client1）	CS9/RHEL 9	设置为自动获取，测试客户端	00:0C:29:E3:98:A1
Linux 客户端 （主机名：Client2）	CS9/RHEL 9	设置为保留地址，测试客户端	00:0C:29:FD:43:12

（2）环境概述

在当前的虚拟化环境中，部署了 3 台运行 CS9/RHEL 9 操作系统的虚拟机，旨在构建一个用于测试与验证的网络架构。所有虚拟机均配置为仅主机模式（VMnet1），以确保网络环境的封闭性与安全性。

Server01 作为 DHCP 服务器，负责为网络中的客户端动态分配 IP 地址，其 IP 地址静态设置为 192.168.10.1/24，以确保服务的可达性与稳定性。

Client1 作为测试客户端之一，其 IP 地址配置为自动获取，通过 DHCP 服务器动态获取网络参数，以验证 DHCP 服务的正常运作。

Client2 同样作为测试客户端，但被分配了一个保留地址，该地址在 DHCP 服务器的配置中进行了特定预留，以满足特殊业务需求或测试场景。

此配置方案旨在模拟一个真实的网络环境，通过 DHCP 服务器的高效管理，实现 IP 地址的动态分配与资源的合理利用，同时确保网络架构的灵活性与可扩展性。

特别注意

一定将虚拟机"编辑-虚拟网络编辑器"中的 DHCP 停用，避免影响正常的 DHCP 服务器。

3. 服务器配置

1）定制全局配置和局部配置，局部配置需要把 192.168.10.0/24 声明出来，然后在该声明中指定一个 IP 地址池，范围为 192.168.10.21~192.168.10.150，但要去掉 192.168.10.105 和 192.168.10.107，其他分配给客户端使用。注意 range 的写法。

2）要保证使用固定 IP 地址，就要在 subnet 声明中嵌套 host 声明，目的是单独为 Client2 设置固定 IP 地址，并在 host 声明中加入 IP 地址和 MAC 地址绑定的选项以申请固定 IP 地址。

使用 vim /etc/dhcp/dhcpd.conf 命令可以编辑 DHCP 配置文件，全部配置文件的内容如下。

```
# 禁用 DDNS 更新
ddns-update-style none;


# 设置日志记录设施
```

```
log-facility local7;

# 定义全局配置参数（此处根据实际需求添加，题目中未明确指出全局配置内容）
# …（全局配置参数可根据需要在此处添加）

# 声明 192.168.10.0/24 子网，并配置相关参数
subnet 192.168.10.0 netmask 255.255.255.0 {
    # 指定 IP 地址池，排除特定地址
    range 192.168.10.21 192.168.10.104;        # 第一段可用地址范围
    range 192.168.10.106 192.168.10.106;       # 单个可用地址（排除 105 和 107 后的中间地址）
    range 192.168.10.108 192.168.10.150;       # 第二段可用地址范围

    # 配置 DNS 服务器地址
    option domain-name-servers 192.168.10.1;

    # 配置域名（此域名应根据实际情况替换）
    option domain-name "long60.cn";

    # 配置默认网关地址
    option routers 192.168.10.254;

    # 配置广播地址
    option broadcast-address 192.168.10.255;

    # 配置默认租赁时间和最大租赁时间
    default-lease-time 600;
    max-lease-time 7200;
}

# 为 Client2 配置固定 IP 地址，并绑定 MAC 地址
host Client2 {
    hardware ethernet 00:0C:29:FD:43:12;
    fixed-address 192.168.10.105;              # 为 Client2 分配的固定 IP 地址
}
```

3）配置完成，保存并退出，重启 dhcpd 服务，并设置开机自动启动。

```
[root@Server01 ~]# systemctl restart dhcpd
[root@Server01 ~]# systemctl enable dhcpd
```

 特别注意

如果 DHCP 启动失败，则可以使用 dhcpd 命令排错。

① 配置文件有问题。内容不符合语法结构，如缺少分号；声明的子网和子网掩码不匹配。

② 主机 IP 地址和声明的子网不在同一网段。

③ 主机没有配置 IP 地址。

④ 配置文件路径出问题，例如，在 RHEL6 以下版本中，配置文件保存在/etc/dhcpd.conf 文件中，但是在 RHEL6 及以上版本中，却保存在/etc/dhcp/dhcpd.conf 文件中。

4. 在客户端 Client1 上进行测试

注意

在真实网络中，应该不会出现客户端获取错误动态 IP 地址的问题。但如果使用的是 VMWare 12 或其他类似的版本，虚拟机中的 DHCP 客户端可能会获取到 192.168.79.0 网络中的一个地址，与预期目标不符。这时需要关闭 VMnet8 和 VMnet1 的 DHCP 服务功能。

关闭 VMnet8 和 VMnet1 的 DHCP 服务功能的方法如下（本项目的服务器和客户端的网络连接模式都为 VMnet1）：在 VMWare 主窗口中，依次单击"编辑"→"虚拟网络编辑器"命令，打开"虚拟网络编辑器"对话框，选中 VMnet1 或 VMnet8，去掉对应的 DHCP 服务启用选项，如图 9-4 所示。

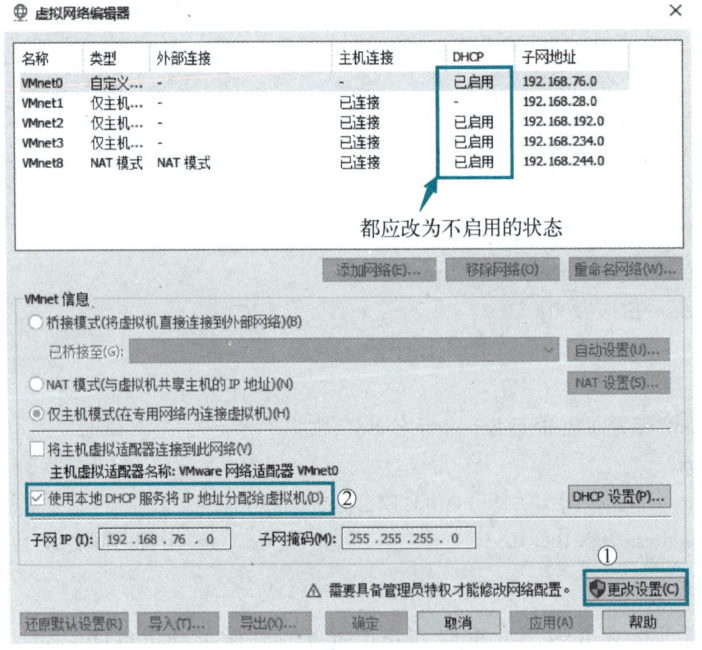

图 9-4 "虚拟网络编辑器"对话框

1）以 root 用户身份登录名为 Client1 的 Linux 系统计算机，依次单击"活动"→"显示应用程序"→"设置"→"网络"命令，打开"网络"对话框，如图 9-5 所示。

2）单击图 9-5 所示的齿轮按钮，在弹出的"有线"对话框中单击"IPv4"标签，并将"IPv4 方式"配置为"自动（DHCP）"，最后单击"应用"按钮，如图 9-6 所示。

图 9-5 "网络"对话框

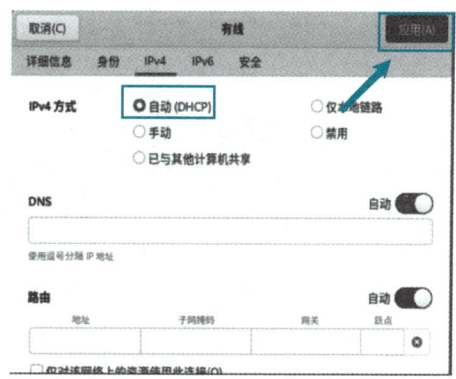
图 9-6 设置"自动（DHCP）"

3）回到图 9-5 所示的界面，在图 9-5 中先关闭"有线"，再打开"有线"，再单击齿轮按钮。这时会看到图 9-7 所示的结果：Client1 成功获取了 DHCP 服务器地址池的一个 IP 地址。

5. 在客户端 Client2 上进行测试

同样以 root 用户身份登录名为 Client2 的 Linux 客户端，按前文在客户端 Client1 上进行测试的方法，设置 Client2 自动获取 IP 地址，最后的结果如图 9-8 所示。

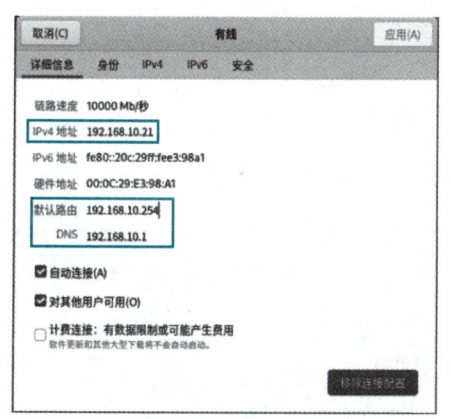
图 9-7 成功获取 IP 地址

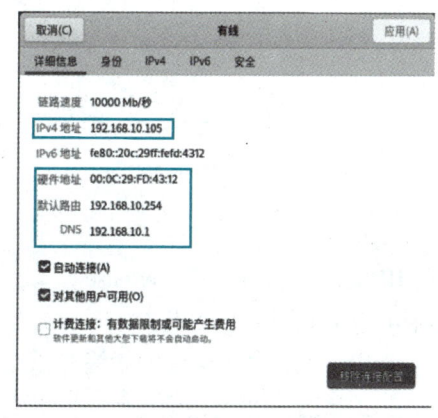
图 9-8 客户端 Client2 成功获取 IP 地址

6. Windows 客户端配置（Client3）

Windows 客户端比较简单，设置 TCP/IP 属性中的相关设置为自动获取即可。

① 打开宿主机的"控制面板-网络和 Internet"→"网络连接"，找到 VMnet1 网卡，如图 9-9 所示。

② 右击 VMnet1 网卡，打开"属性"对话框，选中"Internet 协议版 4（TCP/IPv4）"选项，单击"属性"按钮，将各相关属性值设为自动获取，然后单击"确定"按钮，完成设置，如图 9-10 所示。

③ 进行测试。在 Windows 命令提示符下，利用 ipconfig 命令可以释放 IP 地址，然后重新获取 IP 地址。

图 9-9　网络连接-VMnet1

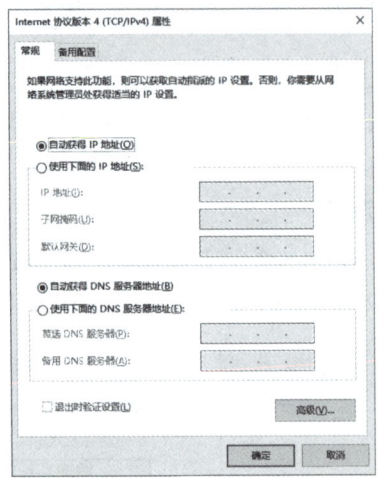

图 9-10　Internet 协议版 4（TCP/IPv4）属性

相关命令如下。
- 释放 IP 地址：ipconfig　/release。
- 重新申请 IP 地址：ipconfig　/renew。

使用 ipconfig　/all 命令得到的最终测试结果如图 9-11 所示。

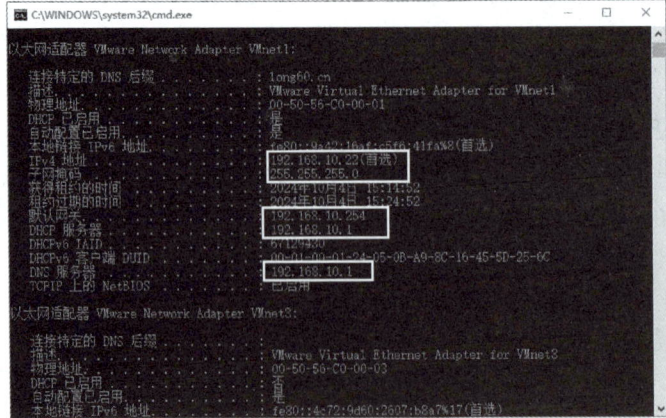

图 9-11　测试结果

7. 在服务器 Server01 端查看租用数据库文件

```
[root@Server01 ~]# cat    /var/lib/dhcpd/dhcpd.leases
……
lease 192.168.10.22 {
    starts 5 2024/10/04 07:29:52;
    ends 5 2024/10/04 07:39:52;
    cltt 5 2024/10/04 07:29:52;
    binding state active;
    next binding state free;
    rewind binding state free;
    hardware ethernet 00:50:56:c0:00:01;
    uid " \001\000PV\300\000\001";
    set vendor-class-identifier = "MSFT 5.0";
    client-hostname "PC1";
}
lease 192.168.10.21 {
    starts 5 2024/10/04 07:30:32;
    ends 5 2024/10/04 07:40:32;
    cltt 5 2024/10/04 07:30:32;
    binding state active;
    next binding state free;
    rewind binding state free;
    hardware ethernet 00:0c:29:e3:98:a1;
    uid " \001\000\014)\343\230\241";
    client-hostname "Client1";
```

9.4 项目实训：配置与管理 DHCP 服务器

1. 项目背景

项目实录 9-3 配置与管理 DHCP 服务器

某企业计划构建一台 DHCP 服务器来解决 IP 地址动态分配的问题，要求能够分配 IP 地址、网关、DNS 等网络属性信息。

（1）配置基本 DHCP

企业 DHCP 服务器和 DNS 服务器的 IP 地址均为 192.168.10.1，DNS 服务器的域名为 dns.long60.cn，默认网关地址为 192.168.10.254。

将 IP 地址 192.168.10.10/24 ~ 192.168.10.200/24 用于自动分配，将 IP 地址 192.168.10.100/24 ~ 192.168.10.120/24、192.168.10.10/24、192.168.10.20/24 排除，预留给需要手动指定 TCP/IP 参数的服务器，将 192.168.10.200/24 用作预留地址等。DHCP 服务器搭建网络拓扑如图 9-12 所示。

（2）配置 DHCP 超级作用域

企业内部建立 DHCP 服务器，网络规划采用单作用域结构，使用 192.168.10.0/24 网段的 IP 地址。随着企业规模扩大，设备数量增多，现有的 IP 地址无法满足网络需求，需要添加可用的 IP 地址。这时可以使用超级作用域增加 IP 地址，在 DHCP 服务器上添加新的作用域，使用 192.168.20.0/24 网段扩展网络地址的范围。该企业配置的 DHCP 超级作用域网络拓扑如图 9-13 所示（注意各虚拟机网卡的不同网络连接方式）。

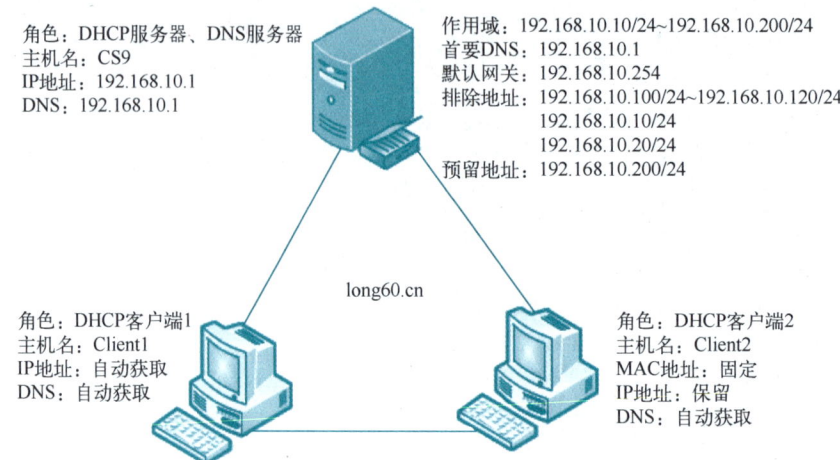

图 9-12　DHCP 服务器搭建网络拓扑

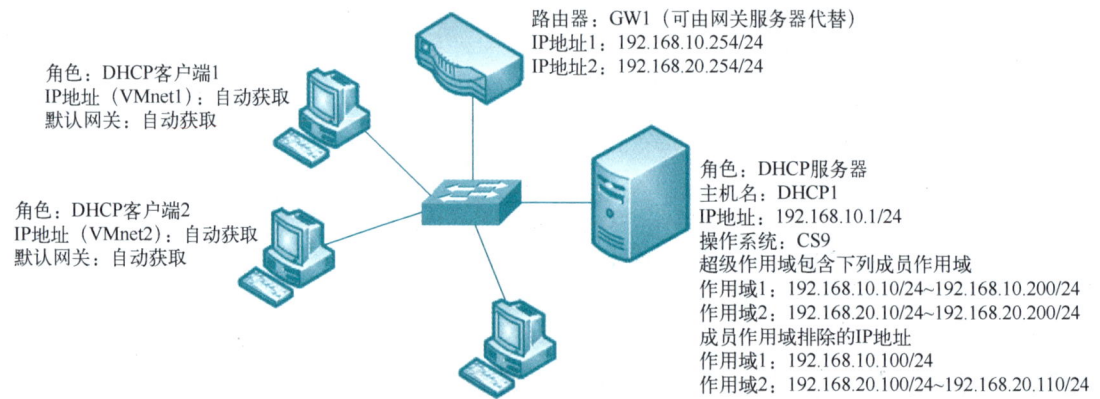

图 9-13　配置 DHCP 超级作用域网络拓扑

GW1 是网关服务器，可以由带 2 块网卡的 CS9 充当，2 块网卡分别连接虚拟机的 VMnet1 和 VMnet2。DHCP1 是 DHCP 服务器，作用域 1 的有效 IP 地址段为 192.168.10.10/24～192.168.10.200/24，默认网关是 192.168.10.254，作用域 2 的有效 IP 地址段为 192.168.20.10/24～192.168.20.200/24，默认网关是 192.168.20.254。

2 台客户端分别连接到虚拟机的 VMnet1 和 VMnet2，DHCP 客户端的 IP 地址获取方式是自动获取。

DHCP 客户端 1 应该获取 192.168.10.0/24 网络中的 IP 地址，网关是 192.168.10.254。

DHCP 客户端 2 应该获取 192.168.20.0/24 网络中的 IP 地址，网关是 192.168.20.254。

（3）配置 DHCP 中继代理

企业内部存在两个子网，分别为 192.168.10.0/24、192.168.20.0/24，现在需要使用一台 DHCP 服务器为这两个子网客户机分配 IP 地址。该企业配置的 DHCP 中继代理网络拓扑如图 9-14 所示。

图 9-14　配置 DHCP 中继代理网络拓扑

2. 深度思考

思考以下几个问题。

1）DHCP 软件包中哪些是必需的？哪些是可选的？
2）DHCP 服务器的范本文件如何获得？
3）如何设置保留地址？设置"host"声明有何要求？
4）超级作用域的作用是什么？
5）配置中继代理要注意哪些问题？

3. 做一做

根据实训内容，将项目完整地完成。

9.5 练习题

一、填空题

1. DHCP 工作过程包括＿＿＿＿、＿＿＿＿、＿＿＿＿、＿＿＿＿4 种信息包。

2. 如果 DHCP 客户端无法获得 IP 地址，将自动从＿＿＿＿地址段中选择一个作为自己的地址。

3. 在 Windows 环境下，使用＿＿＿＿命令可以查看 IP 地址配置，释放 IP 地址使用＿＿＿＿命令，续租 IP 地址使用＿＿＿＿命令。

4. DHCP 是一个简化主机 IP 地址分配管理的 TCP/IP 标准协议，英文全称是＿＿＿＿＿＿，中文名称为＿＿＿＿＿＿。

5. 当客户端注意到它的租用期到了＿＿＿＿以上时，就要更新该租用期。这时它发送一个＿＿＿＿信息包给它所获得原始信息的服务器。

6. 当租用期达到期满时间的近＿＿＿＿时，客户端如果在前一次请求中没能更新租用期的话，它会再次试图更新租用期。

7. 配置 Linux 客户端需要修改网卡配置文件，将 BOOTPROTO 项设置为＿＿＿＿。

二、选择题

1. TCP/IP 中，哪个协议是用来进行 IP 地址自动分配的？（   ）
   A. ARP　　　　　B. NFS　　　　　C. DHCP　　　　　D. DNS
2. DHCP 租用文件默认保存在（   ）目录中。
   A. /etc/dhcp　　　B. /etc　　　　C. /var/log/dhcp　　D. /var/lib/dhcpd
3. 配置完 DHCP 服务器，运行（   ）命令可以启动 DHCP 服务。
   A. systemctl start dhcpd.service　　　B. systemctl start dhcpd
   C. start dhcpd　　　　　　　　　　　D. dhcpd on

三、简答题

1. 动态 IP 地址方案有什么优点和缺点？简述 DHCP 服务器的工作过程。
2. 简述 IP 地址租用和更新的全过程。
3. 简述 DHCP 服务器分配给客户端的 IP 地址类型。

项目 10　配置与管理 DNS 服务器

项目导入

在构建高效校园网络环境的过程中，架设 DNS 服务器是确保网络内设备能够迅速访问本地及 Internet 资源的关键举措。此项目实施前，需细致规划 DNS 服务器的部署环境，并明确其扮演的多重角色及各自作用。

具体而言，应首先评估校园网络的规模、结构及未来扩展需求，以确定 DNS 服务器的最佳部署位置。DNS 服务器在网络中主要承担权威解析、缓存加速及转发查询等多重角色。作为权威解析服务器，它负责存储并提供特定域名的精确 IP 地址信息；作为缓存服务器，它能有效减少重复查询，提升网络访问速度；而作为转发服务器，则能优化查询路径，提高解析效率。

总之，合理部署并配置 DNS 服务器，对于提升校园网络的整体性能、确保用户访问体验具有重要意义。

知识和能力目标

- 了解 DNS 服务器的作用及其在网络中的重要性。
- 理解 DNS 的域名空间结构。
- 掌握 DNS 查询模式。
- 掌握 DNS 的域名解析过程。
- 掌握常规 DNS 服务器的安装与配置。
- 掌握辅助 DNS 服务器的配置。
- 掌握子域的概念及区域委派配置过程。
- 掌握转发服务器和缓存服务器的配置。
- 理解并掌握 DNS 客户端的配置。
- 掌握 DNS 的测试。

素养目标

- 培养自强不息、顽强拼搏的精神，培养乐观积极、迎难而上的精神。
- 贯彻科学思维，培养学生的网络工匠精神。

10.1　项目知识准备

域名服务（Domain Name Service，DNS）是互联网/局域网中最基础也是非常重要的一项服务，它提供了网络访问中域名和 IP 地址的相互转换。

微课 10-1　配置与管理 DNS 服务器

10.1.1 域名空间

在域名系统中，每台计算机的域名由一系列用点分开的字母数字段组成。例如，某台计算机的完全限定域名（Full Qualified Domain Name，FQDN）为 www.12306.cn，其域名为 12306.cn；另一台计算机的 FQDN 为 www.tsinghua.edu.cn，其域名为 tsinghua.edu.cn。域名是有层次的，域名中最重要的部分位于右边。FQDN 中最左边的部分是单台计算机的主机名或主机别名。

DNS 域名空间的分层结构如图 10-1 所示。

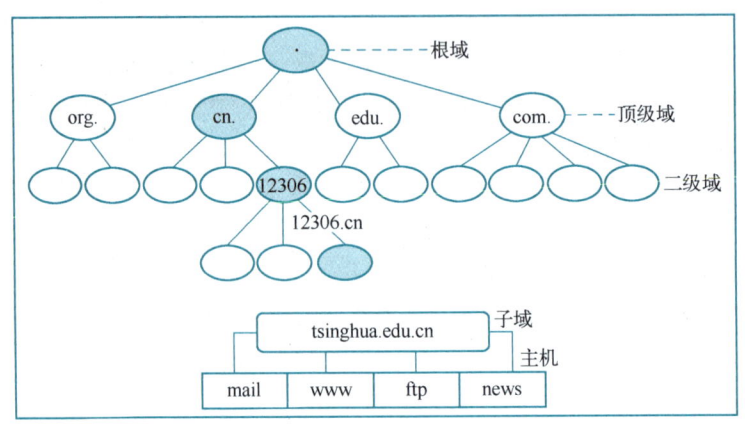

图 10-1　DNS 域名空间分层结构

整个 DNS 域名空间结构如同一棵倒挂的树，层次结构非常清晰。根域位于顶部，紧接在根域下面的是顶级域，每个顶级域又可以进一步划分为不同的二级域，二级域再划分出子域，子域下面可以是主机也可以再划分子域，直到最后的主机。在 Internet 中的域是由 InterNIC 负责管理的，域名的服务则由 DNS 来实现。

10.1.2 域名解析过程

DNS 解析过程如图 10-2 所示。

1）客户机提出域名解析请求，并将该请求发送给本地的域名服务器。

2）当本地的域名服务器收到请求后，就先查询本地的缓存，如果有该记录项，则本地的域名服务器就直接返回查询结果。

3）如果本地的缓存中没有该记录，则本地域名服务器直接把请求发给根域名服务器，然后根域名服务器再返回给本地域名服务器一个所查询域（根的子域）的主域名服务器的地址。

4）本地服务器再向上一步返回的域名服务器发送请求，然后接收请求的服务器查询自己的缓存，如果没有该记录，则返回相关的下级域名服务器的地址。

5）重复上一步，直到找到正确的记录。

6）本地域名服务器把返回的结果保存到缓存，以备下一次使用，同时还将结果返回给客户机。

项目 10　配置与管理 DNS 服务器

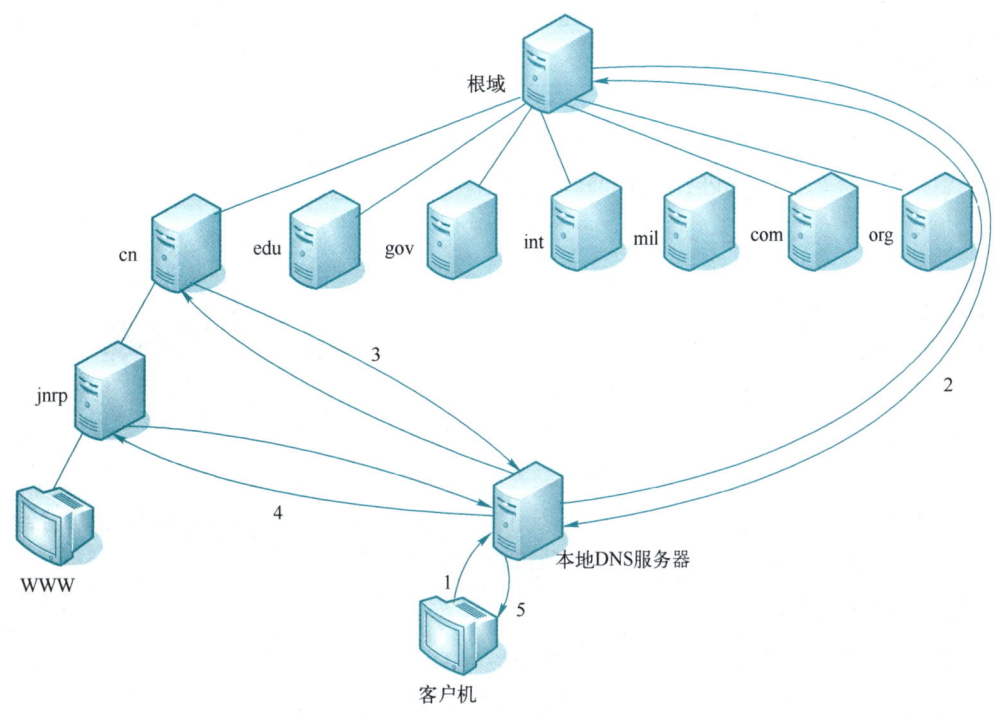

图 10-2　DNS 域名解析过程

10.2　项目设计与准备

10.2.1　项目设计

为了保证校园网中的计算机能够安全、可靠地通过域名访问本地网络以及互联网资源，需要在网络中部署主 DNS 服务器、从 DNS 服务器、缓存 DNS 服务器和转发 DNS 服务器。

10.2.2　项目准备

以下是 4 台计算机的配置概览，其中包括 3 台运行 Linux 操作系统和 1 台运行 Windows 10 操作系统的设备，具体信息如表 10-1 所示。

表 10-1　DNS 服务器和客户端信息

主机名	操作系统	IP 地址	角色及网络连接模式
Server01	CS9/RHEL 9	192.168.10.1/24	主 DNS 服务器；连接至 VMnet1
Server02	CS9/RHEL 9	192.168.10.2/24	从 DNS、缓存 DNS、转发 DNS 等；连接至 VMnet1
Client1	CS9/RHEL 9	192.168.10.21/24	Linux 客户端；连接至 VMnet1
Client3	Windows 10	192.168.10.40/24	Windows 客户端；连接至 VMnet1

 注意

所有 DNS 服务器的 IP 地址均配置为静态，以确保网络服务的稳定性和可靠性。

10.3 项目实施

在 Linux 下架设 DNS 服务器通常使用伯克利互联网域名（Berkeley Internet Name Domain，BIND）程序来实现，其守护进程是 named。

任务 10-1 安装与启动 DNS

BIND 是一款实现 DNS 服务器的开放源码软件。BIND 原本是美国国防高级研究计划局（Defense Advanced Research Projects Agency，DARPA）资助伯克利大学（Berkeley）开设的一个研究生课题。经过多年的变化和发展，BIND 已经成为世界上使用极为广泛的 DNS 服务器软件，目前互联网上绝大多数 DNS 服务器都是用 BIND 来架设的。

慕课 10-2 配置与管理 DNS 服务器

BIND 能够运行在当前大多数的操作系统上。目前，BIND 软件由互联网软件联合会（Internet Software Consortium，ISC）这个非营利机构负责开发和维护。

1. 安装 BIND 软件包

1）使用 dnf 命令安装 BIND 服务（在线安装）。

```
[root@Server01 ~]# dnf clean all                    # 安装前先清除缓存
[root@Server01 ~]# dnf install bind bind-chroot bind-utils -y
```

2）安装完后再次查询，发现已安装成功。

```
[root@Server01 ~]# rpm -qa|grep bind
bind-license-9.16.23-14.el9_3.noarch
bind-libs-9.16.23-14.el9_3.x86_64
bind-utils-9.16.23-14.el9_3.x86_64
bind-dnssec-doc-9.16.23-14.el9_3.noarch
python3-bind-9.16.23-14.el9_3.noarch
bind-dnssec-utils-9.16.23-14.el9_3.x86_64
bind-9.16.23-14.el9_3.x86_64
bind-chroot-9.16.23-14.el9_3.x86_64
```

2. DNS 服务的启动、停止与重启，设置开机自启动

```
[root@Server01 ~]# systemctl start named;systemctl stop named
[root@Server01 ~]# systemctl restart named; systemctl enable named
Created symlink /etc/systemd/system/multi-user.target.wants/named.service →/usr/lib/systemd/system/named.service.
```

任务 10-2 掌握 BIND 配置文件

一般的 DNS 配置文件分为主配置文件、区域配置文件和正、反向解析区域声明文件。下面介绍主配置文件和区域配置文件，正、反向解析区域声明文件会融合到实例中一并介绍。

1. 认识主配置文件

主配置文件位于/etc 目录下，可使用 cat 命令查看，注意"-n"用于显示行号。

> **注意**
> 在标准的/etc/named.conf 文件中，常见的是使用"//"来进行注释，尤其是对于单行注释。其他 DNS 服务器的配置文件也是使用"//"进行注释。

```
[root@Server01 ~]# cat  /etc/named.conf  -n
……                                         //略
options {
    listen-on port 53 { 127.0.0.1; };      //指定 BIND 侦听的 DNS 查询请求的本机 IP 地址及
                                           //端口
    listen-on-v6 port 53 { ::1; };         //限于 IPv6
    directory "/var/named";                //指定区域配置文件所在的路径
    dump-file "/var/named/data/cache_dump.db";
    statistics-file "/var/named/data/named_stats.txt";
    memstatistics-file "/var/named/data/named_mem_stats.txt";
    secroots-file "/var/named/data/named.secroots";
    recursing-file "/var/named/data/named.recursing";
    allow-query     { localhost; };        //指定接收 DNS 查询请求的客户端

    /*
     - If you are building an AUTHORITATIVE DNS server, do NOT enable recursion.
     - If you are building a RECURSIVE (caching) DNS server, you need to enable
       recursion.
     - If your recursive DNS server has a public IP address, you MUST enable access
       control to limit queries to your legitimate users. Failing to do so will
       cause your server to become part of large scale DNS amplification
       attacks. Implementing BCP38 within your network would greatly
       reduce such attack surface
    */
    recursion yes;

    dnssec-validation yes;

    managed-keys-directory "/var/named/dynamic";
    geoip-directory "/usr/share/GeoIP";

    pid-file "/run/named/named.pid";
    session-keyfile "/run/named/session.key";

    /* https://fedoraproject.org/wiki/Changes/CryptoPolicy */
    include "/etc/crypto-policies/back-ends/bind.config";
```

```
        };

        logging {
                channel default_debug {
                        file "data/named.run";
                        severity dynamic;
                };
        };

        zone "." IN {                              //用于指定根服务器的配置信息，一般不能改动
            type hint;
            file "named.ca";
        };

        include "/etc/named.rfc1912.zones";    //指定区域配置文件，一定要根据实际进行修改
        include "/etc/named.root.key";
```

options 配置段属于全局性的设置，常用的配置命令及功能如下。

1）directory：用于指定 named 守护进程的工作目录，各区域正、反向搜索解析文件和 DNS 根服务器地址列表文件 named.ca 应放在该配置指定的目录中。

2）allow-query{}：与 allow-query {localhost;} 功能相同。另外，还可使用地址匹配符来表示允许的主机：any 可匹配所有的 IP 地址，none 不匹配任何 IP 地址，localhost 匹配本地主机使用的所有 IP 地址，localnets 匹配同本地主机相连的网络中的所有主机。例如，若仅允许 127.0.0.1 和 192.168.1.0/24 网段的主机查询该 DNS 服务器，则命令如下。

```
        allow-query {127.0.0.1;192.168.1.0/24};
```

3）listen-on：设置 named 守护进程监听的 IP 地址和端口。若未指定，则默认监听 DNS 服务器所有 IP 地址的 53 号端口。当服务器安装有多块网卡，有多个 IP 地址时，可通过该配置命令指定所要监听的 IP 地址。对于只有一个地址的服务器，不必设置。例如，若要设置 DNS 服务器监听 192.168.1.2 这个 IP 地址，使用标准的 53 号端口，则配置命令如下。

```
        listen-on  port 53 { 192.168.1.2;};
```

4）forwarders{}：用于定义 DNS 转发器。设置转发器后，所有非本域的和在缓存中无法找到的域名查询，可由指定的 DNS 转发器来完成解析工作并进行缓存。forward 用于指定转发方式，仅在 forwarders 转发器列表不为空时有效，其用法为 "forward first | only;"。forward first 为默认方式，DNS 服务器会将用户的域名查询请求先转发给 forwarders 设置的转发器，由转发器来完成域名的解析工作，若指定的转发器无法完成解析或无响应，则再由 DNS 服务器自身来完成域名解析。若设置为 "forward only;"，则 DNS 服务器仅将用户的域名查询请求转发给转发器；若指定的转发器无法完成域名解析或无响应，则 DNS 服务器自身也不会试着对其进行域名解析。例如，某地区的 DNS 服务器为 61.128.192.68 和 61.128.128.68，若要将其设置为 DNS 服务器的转发器，则配置命令如下。

```
options{
        forwarders {61.128.192.68;61.128.128.68;};
        forward first;
};
```

2. 认识区域配置文件

区域配置文件位于/etc 目录下，可将 named.rfc1912.zones 复制为主配置文件中指定的区域配置文件，在本书中是**/etc/named.zones**（cp -p 表示把修改时间和访问权限也复制到新文件中）。

```
[root@Server01~]# cp  -p  /etc/named.rfc1912.zones  /etc/named.zones
[root@Server01~]# cat  /etc/named.rfc1912.zones
zone "localhost.localdomain" IN {
    type master;                        //主要区域
    file "named.localhost";             //指定正向解析区域声明文件
    allow-update { none; };
};
......                                  //略
zone "1.0.0.127.in-addr.arpa" IN {      //反向解析区域
 type master;
 file "named.loopback";                 //指定反向解析区域声明文件
 allow-update { none; };
};
......                                  //略
```

1) 区域声明。

① 主 DNS 服务器的正向解析区域声明格式如下（样本文件为 named.localhost）。

```
zone   "区域名称" IN {
    type master ;
    file  "实现正向解析的区域声明文件名";
    allow-update {none;};
};
```

② 从 DNS 服务器的正向解析区域声明的格式如下。

```
zone   "区域名称" IN {
    type slave ;
    file  "实现正向解析的区域声明文件名";
    masters {主 DNS 服务器的 IP 地址;};
};
```

反向解析区域的声明格式与正向相同，只是 file 指定的要读取的文件不同，以及区域的名称不同。若要反向解析 x.y.z 网段的主机，则反向解析的区域名称应设置为 z.y.x.in-addr.arpa（反向解析区域样本文件为 named.loopback）。

2）根区域文件/var/named/named.ca。

/var/named/named.ca 是一个非常重要的文件，其包含了互联网的顶级 DNS 服务器的名字和地址。利用该文件可以让 DNS 服务器找到根 DNS 服务器，并初始化 DNS 的缓冲区。当 DNS 服务器接到客户端主机的查询请求时，如果在缓冲区中找不到相应的数据，就会通过根服务器进行逐级查询。/var/named/named.ca 文件的主要内容如图 10-3 所示。

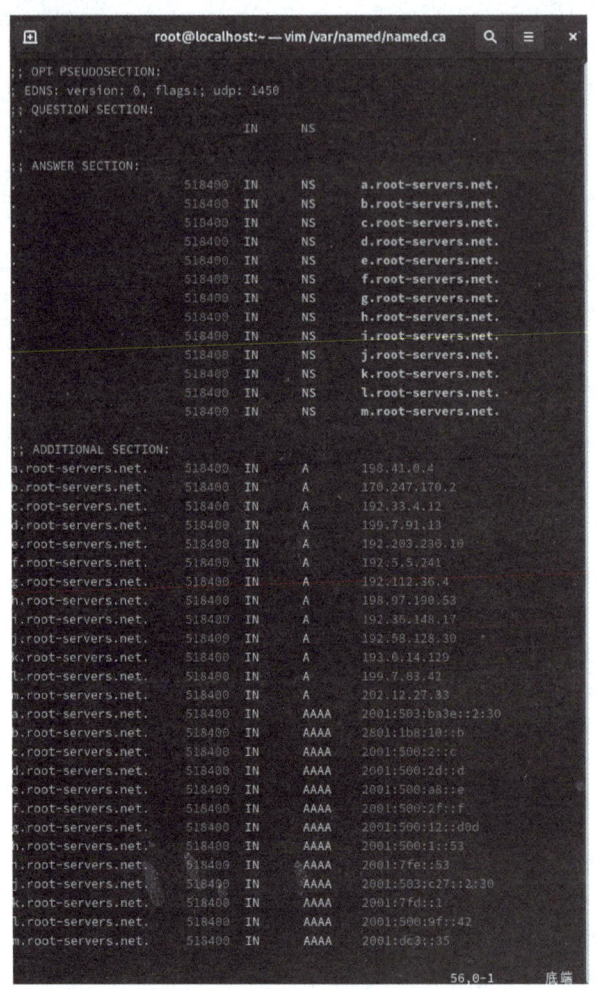

图 10-3　/var/named/named.ca 文件的主要内容

💡 说明

① 以"；"开始的行都是注释行。

② 行"．　518400　IN　NS　　a.root-servers.net."的含义："."表示根域；518400 是存活期；IN 是资源记录的网络类型，表示互联网类型；NS 是资源记录类型；"a.root-servers.net."是主机域名。

③ 行"a.root-servers.net.　518400　IN　A　198.41.0.4"的含义：a.root-servers.net. 是主机域名；518400 是存活期；A 是资源记录类型，用于指定根服务器的 IP 地址；198.41.0.4 对应的是 IP 地址。

由于 named.ca 文件经常会随着根服务器的变化而发生变化，所以建议最好从国际互联网络信息中心的 FTP 服务器下载最新的版本，文件名为 named.root。

任务 10-3　配置主 DNS 服务器实例

1. 实例环境及需求

某校园网要架设一台 DNS 服务器来负责 long60.cn 域的域名解析工作。DNS 服务器的 FQDN 为 dns.long60.cn，IP 地址为 192.168.10.1。要求为以下域名实现正、反向域名解析。

dns.long60.cn		192.168.10.1
mail.long60.cn	MX 资源记录	192.168.10.2
slave.long60.cn	←→	192.168.10.3
www.long60.cn		192.168.10.4
ftp.long60.cn		192.168.10.5

另外，为 www.long60.cn 设置别名为 web.long60.cn。

2. 配置过程

配置过程包括主配置文件、区域配置文件和正、反向解析区域声明文件的配置。

1) 配置主配置文件/etc/named.conf。

该文件在/etc 目录下。把 options 选项中的侦听 IP 地址（127.0.0.1）改成 any，把 dnssec-validation yes 改为 dnssec-validation no；把允许查询网段 allow-query 后面的 localhost 改成 any。在 include 语句中指定区域配置文件为 named.zones。修改后相关内容如下。

```
[root@Server01 ~]# vim  /etc/named.conf

    listen-on port 53 { any; };
    listen-on-v6 port 53 { ::1; };
    directory        "/var/named";
    dump-file        "/var/named/data/cache_dump.db";
    statistics-file "/var/named/data/named_stats.txt";
    memstatistics-file "/var/named/data/named_mem_stats.txt";
    allow-query     { any; };
    recursion yes;
    dnssec-enable yes;
    dnssec-validation no;
    dnssec-lookaside auto;
    ……
include "/etc/named.zones";                    //必须更改！！
include "/etc/named.root.key";
```

2) 配置区域配置文件 named.zones。

执行命令 vim /etc/named.zones，增加以下内容（在任务 10-2 中已将/etc/named.rfc1912.zones 复制为主配置文件中指定的区域配置文件/etc/named.zones）。

```
[root@Server01 ~]# vim   /etc/named.zones

zone "long60.cn" IN {
        type master;
        file "long60.cn.zone";
        allow-update { none; };
};

zone "10.168.192.in-addr.arpa" IN {
        type master;
        file "1.10.168.192.zone";
        allow-update { none; };
};
```

提示

区域配置文件的名称一定要与/etc/named.conf 文件中指定的文件名一致。在本书中是 named.zones。

3）修改 BIND 的正、反向解析区域声明文件。

① 创建 long60.cn.zone 正向解析区域声明文件。

正向解析区域声明文件位于/var/named 目录下，为编辑方便可先将样本文件 named.localhost 复制到 long60.cn.zone（加-p 选项的目的是保持文件属性），再对 long60.cn.zone 进行修改。

```
[root@Server01 ~]# cd   /var/named
[root@Server01 named]# cp   -p   named.localhost   long60.cn.zone
[root@Server01 named]# vim   /var/named/long60.cn.zone
$TTL 1D
@      IN SOA    long60.cn    root.long60.cn. (
                 1997022700   ; serial         //该文件的版本号
                 28800        ; refresh        //更新时间间隔
                 14400        ; retry          //重试时间间隔
                 3600000      ; expiry         //过期时间
                 86400)       ; minimum        //最小时间间隔，单位是 s
@         IN     NS                    dns.long60.cn.
@         IN     MX    10              mail.long60.cn.
dns       IN     A                     192.168.10.1
mail      IN     A                     192.168.10.2
slave     IN     A                     192.168.10.3
www       IN     A                     192.168.10.4
ftp       IN     A                     192.168.10.5
web       IN     CNAME                 www.long60.cn.
```

强调

1）正、反向解析区域声明文件的名称一定要与/etc/named.zones 文件区域声明中指定的文件名一致。

2）正、反向解析区域声明文件的所有记录行都要顶格写，前面不要留有空格，否则会导致 DNS 服务器不能正常工作。

说明如下。

第一个有效行为 SOA 资源记录。该记录的格式如下。

```
      @             IN SOA     origin.  contact. (
      );
```

其中，@是该域的替代符，例如，long60.cn.zone 文件中的@代表 long60.cn。origin 表示该域的主 DNS 服务器的 FQDN，用"."结尾表示这是个绝对名称。例如，long60.cn.zone 文件中的 origin 为"dns.long60.cn."。contact 表示该域管理员的电子邮件地址。它是正常 E-mail 地址的变通，将@变为"."。例如，long60.cn.zone 文件中的 contact 为"mail.long60.cn."。所以在上面的例子中，SOA 有效行（@ IN SOA @ root.long60.cn.）可以改为"@ IN SOA long60.cn. root.long60.cn."。

行 "@   IN NS   dns.long60.cn."说明至少应该定义一个该域的 DNS 服务器。

行 "@   IN MX 10   mail.long60.cn."用于定义邮件交换器，其中 10 表示优先级，数字越小，优先级越高。

② 创建 1.10.168.192.zone 反向解析区域声明文件。

反向解析区域声明文件位于/var/named 目录下，为方便编辑，可先将样本文件/etc/named/ named.loopback 复制到 1.10.168.192.zone，再对 1.10.168.192.zone 进行修改。

```
[root@Server01 named]# cp  -p  named.loopback   1.10.168.192.zone
[root@Server01 named]# vim  /var/named/1.10.168.192.zone
$TTL 1D
@       IN SOA    long60.cn    root.long60.cn. (
                                   0         ; serial
                                   1D        ; refresh
                                   1H        ; retry
                                   1W        ; expire
                                   3H )      ; minimum
@            IN NS          dns.long60.cn.
@            IN MX     10   mail.long60.cn.
1            IN PTR         dns.long60.cn.
2            IN PTR         mail.long60.cn.
3            IN PTR         slave.long60.cn.
4            IN PTR         www.long60.cn.
5            IN PTR         ftp.long60.cn.
```

4）设置防火墙放行，设置主配置文件、区域配置文件和正、反向解析区域声明文件的属组为 named（如果前面复制主配置文件和区域文件时使用了-p 选项，则此步骤可省略）。

```
［root@Server01 named］# firewall-cmd    --permanent --add-service=dns
［root@Server01 named］# firewall-cmd    --reload
［root@Server01 named］# chgrp    named    /etc/named.conf   /etc/named.zones
［root@Server01 named］# chgrp    named long60.cn.zone    1.10.168.192.zone
```

5）重新启动 DNS 服务，添加开机自启动功能。

```
［root@Server01 named］# systemctl    restart named ; systemctl    enable    named
```

6）在 Client3（Windows 10）上测试。

① 将 Client3 的 TCP/IP 属性中的首选 DNS 服务器地址设置为 192.168.10.1，如图 10-4 所示。

② 在命令提示符下使用 nslookup 测试，如图 10-5 所示。

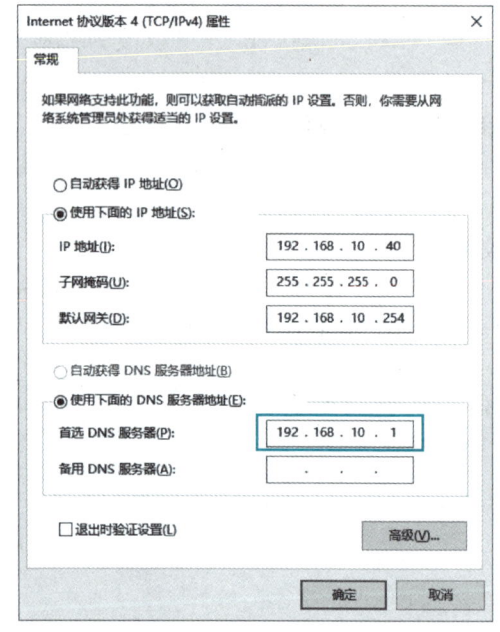

图 10-4　设置首选 DNS 服务器　　　　图 10-5　在 Windows 10 中的测试结果

7）在 Linux 客户端 Client1 上测试。

① 在 Linux 操作系统中，可以修改/etc/resolv.conf 文件来设置 DNS 客户端，如下所示。

```
［root@Client1 ~］# vim   /etc/resolv.conf
    nameserver 192.168.10.1
    nameserver 192.168.10.2
    search   long60.cn
［root@Client1 ~］# systemctl    restart    NetworkManager              //重启网络管理服务
```

其中，nameserver 指明 DNS 服务器的 IP 地址，可以设置多个 DNS 服务器，查询时按照文件中指定的顺序解析域名。只有当第一个 DNS 服务器没有响应时，才向下面的 DNS 服务器发出域名解析请求。search 用于指明域名搜索顺序，当查询没有域名后缀的主机名时，将自动附加由 search 指定的域名。

在 Linux 操作系统中，还可以通过系统菜单设置 DNS，相关内容已多次介绍，不再赘述。

② 使用 nslookup 测试 DNS。BIND 软件包提供了 3 个 DNS 测试工具：nslookup、dig 和 host。其中 dig 和 host 是命令行工具，而 nslookup 既可以使用命令行模式，也可以使用交互模式。下面在客户端 Client1（192.168.10.20）上测试，前提是必须保证与 Server01 服务器通信畅通。

```
[root@Client1 ~]# nslookup            //运行 nslookup 命令
>server
Default server：192.168.10.1
Address：192.168.10.1#53

>www.long60.cn                        //正向查询，查询域名 www.long60.cn 对应的 IP 地址
Server：    192.168.10.1
Address：       192.168.10.1#53

Name：   www.long60.cn
Address：192.168.10.4
>192.168.10.2                         //反向查询，查询 IP 地址 192.168.10.2 对应的域名
2.10.168.192.in-addr.arpaname = mail.long60.cn.
>set all                              //显示当前设置的所有值
Default server：192.168.10.1
Address：192.168.10.1#53
Default server：192.168.10.2
Address：192.168.10.2#53

Set options：
   novc             nodebug           nod2
   search           recurse
   timeout = 0      retry = 3   port = 53   ndots = 1
   querytype = A         class = IN
   srchlist = long60.cn

//查询 long60.cn 域的 NS 资源记录配置
> set type=NS      //此行中 type 的取值还可以为 SOA、MX、CNAME、A、PTR 及 any 等
>long60.cn
Server：    192.168.10.1
Address：       192.168.10.1#53

long60.cn    nameserver = dns.long60.cn.
> exit
[root@Client1 ~]#
```

 特别说明

如果要求所有员工均可以访问外网地址，还需要设置根域，并建立根域对应的区域文件，这样才可以访问外网地址。

下载根 DNS 服务器的最新版本。下载完毕，将该文件改名为 named.ca，然后复制到/var/named 下。

任务 10-4　配置缓存 DNS 服务器

下面是公司内部只作缓存使用的 DNS 服务器（缓存 DNS 服务器），对外部的网络请求一概拒绝，只需要在 Server02 上配置好/etc/named.conf 文件中的以下项目即可。

1）在 Server02 上安装 DNS 服务器。

2）配置/etc/named.conf，配置完成后使用 **cat /etc/named.conf** 命令显示。在本书中，黑体一般表示添加或更改内容。

```
options {
    listen-on port 53 { any; };
    listen-on-v6 port 53 { any; };
    allow-query     { any; };
    recursion yes;
    dnssec-validation no;           //停用 DNSSEC 验证功能
    forwarders{ 192.168.10.1;};     //设置转发到的 DNS 服务器
    forward only;                   //指明这个服务器是缓存 DNS 服务器
};
```

3）设置防火墙放行，设置主配置文件的属组为 named。

```
[root@Server02 ~]# firewall-cmd   --permanent --add-service=dns
[root@Server02 ~]# firewall-cmd   --reload
[root@Server02 ~]# chgrp   named   /etc/named.conf
```

4）重新启动 DNS 服务，添加开机自启动功能。

```
[root@Server02 ~]# systemctl   restart named ; systemctl   enable   named
```

5）将 Client3（Windows 10）的首选 DNS 服务器设置为 192.168.10.2 进行测试。测试结果如图 10-6 所示。

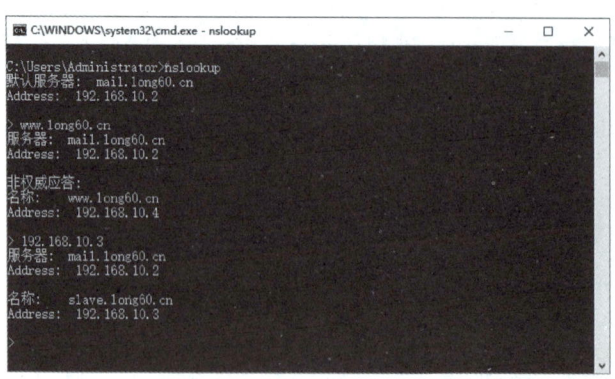

图 10-6　在 Windows 10 中测试缓存服务器的结果

这样，一个简单的缓存 DNS 服务器就架设成功了。一般缓存 DNS 服务器都是互联网服务提供商（Internet Service Provider，ISP）或者大型公司才会使用。

任务 10-5　测试 DNS 的常用命令及常见错误

1. dig 命令

dig 命令是一个灵活的命令行方式的域名查询工具，常用于从 DNS 服务器获取特定的信息。例如，通过 dig 命令查看域名 www.long60.cn 的信息。

```
[root@Client1 ~]# dig www.long60.cn

; <<>> DiG 9.9.4-RedHat-9.9.4-50.el7 <<>> www.long60.cn
……
; EDNS: version: 0, flags:; udp: 4096
;; QUESTION SECTION:
;www.long60.cn.              IN   A

;; ANSWER SECTION:
www.long60.cn.     86400    IN   A    192.168.10.4

;; AUTHORITY SECTION:
long60.cn.         86400    IN   NS   dns.long60.cn.

;; ADDITIONAL SECTION:
dns.long60.cn.     86400    IN   A    192.168.10.1

;; Query time: 2msec
;; SERVER: 192.168.10.1#53(192.168.10.1)
;; WHEN: Tue Jul 17 22:22:40 CST 2018
;; MSG SIZE  rcvd: 91
```

2. host 命令

host 命令用来进行简单的主机名信息查询。在默认情况下，host 命令只在主机名和 IP 地址之间转换。下面是一些常见的 host 命令的使用方法。

```
[root@Client1 ~]# host   dns.long60.cn           //正向查询主机地址
dns.long60.cn has address 192.168.10.1
[root@Client1 ~]# host   192.168.10.3            //反向查询 IP 地址对应的域名
3.10.168.192.in-addr.arpa domain name pointer slave.long60.cn.
//查询不同类型的资源记录配置，-t 选项后可以为 SOA、MX、CNAME、A、PTR 等
[root@Client1 ~]# host   -t   NS   long60.cn
long60.cn name server dns.long60.cn.
[root@Client1 ~]# host   -l   long60.cn          //列出整个 long60.cn 域的信息
[root@Client1 ~]# host   -a   web.long60.cn      //列出与指定主机资源记录相关的信息
```

3. DNS 服务器配置中的常见错误

1）配置文件名写错。在这种情况下，运行 nslookup 命令不会出现命令提示符 ">"。

2）主机域名后面没有 "."，这是常犯的错误。

3）/etc/resolv.conf 文件中 DNS 服务器的 IP 地址不正确。在这种情况下，运行 nslookup 命令不出现命令提示符。

4）回送地址的数据库文件有问题。同样运行 nslookup 命令不出现命令提示符。

5）在/etc/named.conf 文件中的 zone 区域声明中定义的文件名与/var/named 目录下的区域数据库文件名不一致。

> **提示**
> 可以查看/var/log/messages 日志文件内容了解配置文件出错的位置和原因。

10.4 项目实训：配置与管理 DNS 服务器

1. 项目实训目的

- 掌握 Linux 系统中主 DNS 服务器的配置方法。
- 掌握 Linux 系统下从 DNS 服务器的配置方法。

项目实录 10-3 配置与管理 DNS 服务器

2. 项目背景

某企业有一个局域网（192.168.10.0/24），其 DNS 服务器搭建网络拓扑如图 10-7 所示。该企业中已经有自己的网页，员工希望通过域名来访问，同时员工也需要访问互联网上的网站。该企业已经申请了域名 long60.cn，企业需要互联网上的用户通过域名访问公司的网页。

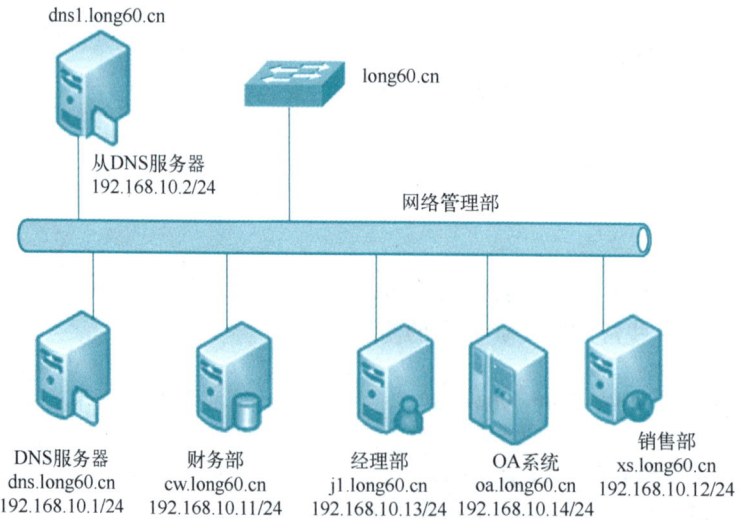

图 10-7 某企业 DNS 服务器搭建网络拓扑

要求在企业内部构建一台 DNS 服务器，为局域网中的计算机提供域名解析服务。DNS 服务器管理 long60.cn 的域名解析，DNS 服务器的域名为 dns.long60.cn，IP 地址为 192.168.10.1。从 DNS 服务器的 IP 地址为 192.168.10.2。同时还必须为客户提供互联网上的主机域名解析，要求分别能解析以下域名：财务部（cw.long60.cn，192.168.10.11）、经理部（jl.long60.cn，192.168.10.13）、OA系统（oa.long60.cn，192.168.10.14）、销售部（xs.long60.cn，192.168.10.12）。

3. 项目实训内容

练习配置 Linux 操作系统下的主 DNS 及从 DNS 服务器。

4. 做一做

根据实训内容进行项目实训，检查学习效果。

10.5 练习题

一、填空题

1. 在互联网中，计算机之间直接利用 IP 地址进行寻址，因而需要将用户提供的主机名转换成 IP 地址，这个过程称为_____。
2. DNS 提供了一个_____的命名方案。
3. DNS 顶级域名中表示商业组织的是_____。
4. _____表示主机的资源记录，_____表示别名的资源记录。
5. 可以用来检测 DNS 资源创建是否正确的两个工具是_____、_____。
6. DNS 服务器的查询模式有_____、_____。
7. DNS 服务器分为 4 类：_____、_____、_____、_____。
8. 一般在 DNS 服务器之间的查询请求属于_____查询。

二、选择题

1. 在 Linux 环境下，能实现域名解析的功能软件模块是（　　）。
   A. Apache　　　　B. dhcpd　　　　C. BIND　　　　D. SQUID
2. www.ryjiaoyu.com 是互联网中主机的（　　）。
   A. 用户名　　　　B. 密码　　　　C. 别名　　　　D. IP 地址
   E. FQDN
3. 在 DNS 服务器配置文件中 A 类资源记录是什么意思？（　　）
   A. 官方信息　　　　　　　　　B. IP 地址到名字的映射
   C. 名字到 IP 地址的映射　　　　D. 一个域名服务器的规范
4. 在 Linux DNS 系统中，根服务器提示文件是（　　）。
   A. /etc/named.ca　　　　　　　B. /var/named/named.ca
   C. /var/named/named.local　　　D. /etc/named.local
5. DNS 指针记录的标志是（　　）。
   A. A　　　　　　B. PTR　　　　C. CNAME　　　D. NS
6. DNS 服务使用的端口是（　　）。
   A. TCP 53　　　B. UDP 54　　　C. TCP 54　　　D. UDP 53
7. （　　）命令可以测试 DNS 服务器的工作情况。
   A. dig　　　　　　　　　　　　B. host
   C. nslookup　　　　　　　　　　D. named-checkzone

8. (　　) 命令可以启动 DNS 服务。
   A. systemctl start named　　　　　B. systemctl restart named
   C. service dns start　　　　　　　D. /etc/init.d/dns start
9. 指定 DNS 服务器位置的文件是 (　　)。
   A. /etc/hosts　　　　　　　　　　B. /etc/networks
   C. /etc/resolv.conf　　　　　　　 D. /.profile

项目 11　配置与管理 Apache 服务器

项目导入

学院已成功构建了校园网络环境，并在此基础上开发了学院官方网站。为了满足学院网站的运行需求，当前急需部署一台 Web 服务器，以稳定、高效地提供网站服务。此外，鉴于网站内容的频繁更新与文件传输需求，计划同时配置 FTP 服务器，旨在为学院内部人员及广大互联网用户提供便捷的 Web 访问与文件上传/下载服务。在此项目中，将首先着手于 Apache 服务器的配置与管理工作，确保其能够支持上述服务需求并保障系统的稳定运行。

知识和能力目标

- 认识 Apache。
- 掌握 Apache 服务器的安装与启动。
- 掌握 Apache 服务器的主配置文件。
- 掌握各种 Apache 服务器的配置。
- 学会创建 Web 网站和虚拟主机。

素养目标

- 厚植家国情怀，培养学生的大局意识和责任意识。
- 遵守职业伦理，培养学生树立正确的职业目标、建立正确的职业价值体系。

11.1　项目知识准备

由于能够提供图形、声音等多媒体数据，再加上可以交互的动态 Web 语言的广泛普及，万维网（World Wide Web，WWW）深受互联网用户欢迎。一个最重要的证明就是，当前绝大部分互联网流量都是由 Web 浏览产生的。

11.1.1　Web 服务概述

Web 服务是解决应用程序之间相互通信的一项技术。严格地说，Web 服务是描述一系列操作的接口，它使用标准、规范的可扩展标记语言（Extensible Markup Language，XML）描述接口。这一描述中包括与服务进行交互所需的全部细节，如消息格式、传输协议和服务位置。而在对外的接口中隐藏了服务实现的细节，仅提供一系列可执行的操作。这些操作独

微课 11-1　配置与管理 Apache 服务器

立于软、硬件平台和编写服务所用的编程语言。Web 服务既可单独使用,也可同其他 Web 服务一起使用,实现复杂的商业功能。

Web 服务是互联网上广泛应用的一种信息服务技术。它采用的是客户端/服务器结构,整理和存储各种资源,并响应客户端软件的请求,把所需的信息资源通过浏览器传送给用户。

Web 服务通常可以分为两种:静态 Web 服务和动态 Web 服务。

11.1.2　HTTP

超文本传输协议(Hypertext Transfer Protocol,HTTP)是目前国际互联网基础上的一个重要组成部分。而 Apache、IIS 服务器是 HTTP 的服务器软件,微软公司的 Internet Explorer 和 Mozilla 的 Firefox 则是 HTTP 的客户端实现。

11.2　项目设计与准备

11.2.1　项目设计

利用 Apache 服务建立普通 Web 站点、基于主机和用户认证的访问控制。

11.2.2　项目准备

安装有企业服务器版 Linux 的 PC 一台、测试用计算机 2 台(Windows 10、Linux),并且两台计算机都连入局域网。该环境也可以用虚拟机实现。规划好各台主机的 IP 地址,如表 11-1 所示。

表 11-1　Linux 服务器和客户端信息

主机名	操作系统	IP 地址	角色及网络连接模式
Server01	RHEL 9/CS9	192.168.10.1/24 192.168.10.10/24	Web 服务器、DNS 服务器;VMnet1
Client1	RHEL 9/CS9	192.168.10.20/24	Linux 客户端;VMnet1
Client3	Windows 10	192.168.10.40/24	Windows 客户端;VMnet1

11.3　项目实施

首先要安装 Apache 服务器软件。本项目的实例在 CS9 上调试通过。

> 慕课 11-2　配置与管理 Apache 服务器

任务 11-1　安装、启动与停止 Apache 服务器

下面是具体操作步骤。

1. 安装 Apache 相关软件(在线安装)

```
[root@Server01 ~]# rpm -q httpd
[root@Server01 ~]# dnf clean all                    //安装前先清除缓存
```

```
[root@Server01 ~]# dnf install httpd -y
[root@Server01 ~]# rpm -qa|grep httpd          //检查安装组件是否成功
```

启动 Apache 服务的命令如下（重新启动和停止的命令分别是 restart 和 stop）。

```
[root@Server01 ~]# systemctl start httpd
[root@Server01 ~]# systemctl stop  httpd
```

2. 让防火墙放行，并设置 SELinux 为允许

需要注意的是，CS9 采用了 SELinux 这种增强的安全模式，在默认配置下，只有 SSH 服务可以通过。像 Apache 服务，安装、配置、启动完毕，还需要为它放行才行。

1）使用防火墙命令，放行 http 服务。

```
[root@Server01 ~]# firewall-cmd --list-all
[root@Server01 ~]# firewall-cmd --permanent --add-service=http
[root@Server01 ~]# firewall-cmd --reload
[root@Server01 ~]# firewall-cmd --list-all
public (active)
  target: default
  icmp-block-inversion: no
  interfaces: ens160
  sources:
  services: cockpitdhcpv6-client http ssh
  ……
```

2）更改当前的 SELinux 值，后面可以跟 Enforcing、Permissive 或者 0、1。

```
[root@localhost ~]# getenforce
Enforcing
[root@Server01 ~]# setenforce 0
[root@Server01 ~]# getenforce
Permissive
```

> **注意**
>
> 利用 setenforce 设置 SELinux 值，重启系统后失效，如果再次使用 httpd，则仍需重新设置 SELinux，否则客户端无法访问 Web 服务器。如果想长期有效，请修改/etc/sysconfig/selinux 文件，按需赋予 SELinux 相应的值（Enforcing、Permissive 或者 0、1）。本书多次提到防火墙和 SELinux，请读者一定注意，许多问题可能是防火墙和 SELinux 引起的，且对于系统重启后失效的情况也要了如指掌。

3. 测试 httpd 服务是否安装成功

1）装完 Apache 服务器后，启动它，并设置开机自动加载 Apache 服务。

```
[root@Server01 ~]# systemctl start httpd
[root@Server01 ~]# systemctl enable httpd
[root@Server01 ~]# firefox localhost
```

2）如果看到图 11-1 所示的提示信息，则表示 Apache 服务器已安装成功。也可以在"活动"菜单中直接启动 firefox，然后在地址栏中输入 http://localhost 或 http://127.0.0.1，测试是否成功安装。

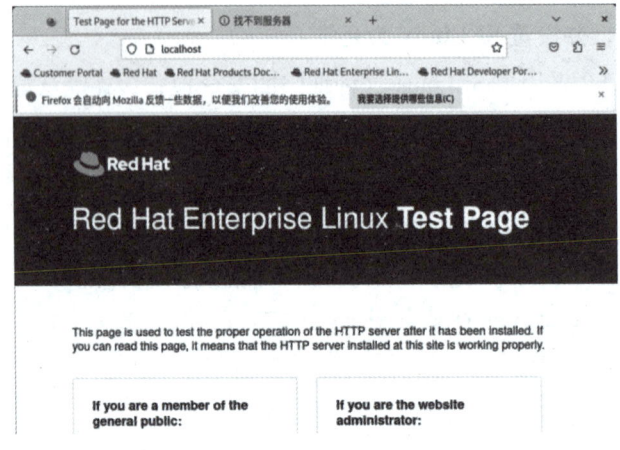

图 11-1　Apache 服务器运行正常

如果看到图 11-1 所示的提示信息，则表示 Apache 服务器已安装成功。

3）测试成功后将 SELinux 值恢复到初始状态。

```
[root@Server01 ~]# setenforce 1
```

任务 11-2　认识 Apache 服务器的配置文件

Apache 的主配置文件是 httpd.conf，位于/etc/httpd/conf/目录下。该文件包括了用于控制 Apache 服务器行为的指令，分为以下 3 个主要部分。

1）全局环境配置：影响整个服务器的基本设置。
2）主服务器配置：特定于主服务器的设置。
3）虚拟主机配置：针对托管多个网站的设置。

在配置 Apache 服务器时，理解各种配置指令及其用途是非常重要的。为了帮助初学者更好地掌握如何设置和优化 Apache，下面提供了一个详细的配置指令介绍，如表 11-2 所示。这个表格涵盖了 httpd.conf 配置文件中最常见和关键的配置项，包括每个指令的功能和常用的设置示例。

表 11-2　httpd.conf 配置文件指令详解

指令	用途	示例或默认值
ServerRoot	指定 Apache 服务器的根目录，所有核心文件和模块存放的位置	ServerRoot "/etc/httpd"
Listen	定义 Apache 监听的端口	Listen 80 或 Listen 12.34.56.78:80

(续)

指令	用途	示例或默认值
User	指定运行 Apache 进程的用户	User apache
Group	指定运行 Apache 进程的组	Group apache
LoadModule	加载特定的功能模块	LoadModule auth_basic_module modules/mod_auth_basic.so
DocumentRoot	定义服务器的文档根目录，网站文件的存放位置	DocumentRoot "/var/www/html"
ServerAdmin	设置服务器管理员的电子邮件地址	ServerAdmin webmaster@example.com
DirectoryIndex	指定目录中默认显示的网页文件名	DirectoryIndex index.html
\<Directory\>	定义对特定目录的详细权限设置	见下方详细说明
ErrorLog	定义错误日志的存放路径	ErrorLog "/var/log/httpd/error_log"
LogLevel	设置日志记录的详细级别	LogLevel warn
StartServers	启动时创建的服务器进程数	StartServers 5
MinSpareServers	控制空闲时保持的最小服务器进程数	MinSpareServers 5
MaxSpareServers	控制空闲时保持的最大服务器进程数	MaxSpareServers 20
MaxRequestWorkers	设置允许的最大并发请求数量	MaxRequestWorkers 256
KeepAlive	允许或禁止持久连接	KeepAlive On
MaxKeepAliveRequests	在一个持久连接中允许的最大请求数	MaxKeepAliveRequests 100
KeepAliveTimeout	客户端超时时间，如果没有新的请求则断开连接	KeepAliveTimeout 15

其中，<Directory> 指令是 Apache HTTP 服务器配置中非常重要的部分，用于控制特定目录及其子目录的访问权限和行为。这个指令块允许定义多项设置，比如文件列表展示、符号链接跟随、重写规则、访问权限等。

基本结构为：<Directory> 指令块以 <Directory> 开始，并指定目录的路径，以 </Directory> 结束，形成一个指令块。在这个块内部，可以设置多种指令来定义该目录的行为。

<Directory>块配置示例如下。

```
<Directory "/var/www/html">
Options Indexes FollowSymLinks
AllowOverride None
Require all granted
</Directory>
```

在这个示例中，详细解析如下。

① Options 选项。

- Indexes：如果请求的是一个目录而该目录中没有 DirectoryIndex（如 index.html）指定的

文件，服务器将返回目录中的文件列表。
- FollowSymLinks：允许服务器跟随符号链接，在安全性要求不高的情况下使用。

② AllowOverride 选项。
- None：不允许 .htaccess 文件改变任何目录级别的设置。
- All：允许 .htaccess 文件改变几乎所有的设置。

其他值（如 FileInfo、AuthConfig），Limit 分别允许 .htaccess 文件仅改变特定类型的设置。

③ Require 选项。
- all granted：允许所有人访问。
- all denied：拒绝所有人访问。

在权限管理场景中，存在一些其他复杂的权限设置方式。例如，使用"Require user username"语句，可将访问权限限定为只允许名为"username"的特定用户；而"Require valid-user"语句的作用则是允许所有通过身份验证的用户访问相应资源。这些设置为精细管控访问权限提供了有力手段，能够满足多样化的安全需求。

注意

通常建议不使用 Indexes，以防止信息泄露。

如果没有必要，应禁止 FollowSymLinks，因为它可能会引入安全风险。

通常设置 AllowOverride None 增强性能，因为每次请求都不需要检查 .htaccess 文件。

根据安全需求设置 Require，确保只有授权用户才能访问敏感目录。

从表 11-2 可知，DocumentRoot 参数用于定义网站数据的保存路径，其参数的默认值是把网站数据存放到 /var/www/html 目录中；而当前网站普遍的首页面名称是 index.html，因此可以向 /var/www/html 目录中写入一个文件，替换 httpd 服务程序的默认首页面，该操作会立即生效（在本机上测试）。

[root@Server01 ~]# echo " My first Apache website " > /var/www/html/index.html
[root@Server01 ~]# firefox http://localhost

程序的首页内容已发生改变，如图 11-2 所示。

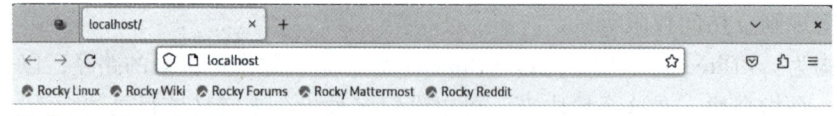

图 11-2　程序的首页内容已发生改变

提示

如果没有出现希望的画面，而是仍回到默认页面，那么一定是 SELinux 的问题。请在终端命令行运行 setenforce 0 后再测试。详细解决方法请见任务 11-3。

任务 11-3　设置文档根目录和首页文件的实例

【例 11-1】在默认情况下，网站的文档根目录保存在 /var/www/html 中，如果想把保存网站文档的根目录修改为 /home/www，并且将首页文件修改为 myweb.html，那么该如何操作呢？

1）分析。文档根目录是一个较为重要的设置，一般来说，网站上的内容都保存在文档根目录中。在默认情形下，除了记号和别名将改指它处以外，所有的请求都从这里开始。而打开网站时所显示的页面即该网站的首页（主页）。首页的文件名是由 DirectoryIndex 字段定义的。在默认情况下，Apache 的默认首页名称为 index.html。当然也可以根据实际情况更改。

2）解决方案。

① 在 Server01 上修改文档的根目录为/home/www，并创建首页文件 myweb.html。

```
[root@Server01 ~]# mkdir /home/www
[root@Server01 ~]# echo "The Web's DocumentRoot Test " > /home/www/myweb.html
```

② 在 Server01 上，先备份主配置文件，然后打开 httpd 服务程序的主配置文件，进行如下修改：将 DocumentRoot 参数修改为/home/www；将 Directory 参数修改为/home/www；将 DirectoryIndex 参数修改为 myweb.html index.html。最后保存并退出。

 技巧

在 Vim 的命令模式下（按<Esc>键进入），输入"：set number"或"：set nu"命令并按<Enter>键，可使文档内容加上行号显示。

```
[root@Server01 ~]# vim /etc/httpd/conf/httpd.conf
……
    DocumentRoot "/home/www"

    #
    # Relax access to content within /home/www
    #
    <Directory "/home/www">
        AllowOverride None
        # Allow open access：
        Require all granted
    </Directory>
……

    <IfModule dir_module>
        DirectoryIndex index.html myweb.html
    </IfModule>
```

③ 让防火墙放行 HTTP，重启 httpd 服务。

```
[root@Server01 ~]# firewall-cmd   --permanent   --add-service=http
[root@Server01 ~]# firewall-cmd   --reload
[root@Server01 ~]# firewall-cmd   --list-all
[root@Server01 ~]# systemctl   restart   httpd
```

④ 在 Client1 上测试（Server01 和 Client1 都是 VMnet1 连接，保证互相通信）。

```
[root@Client1 ~]# firefox    http://192.168.10.1
```

⑤ 故障排除。

此时显示的居然是 httpd 服务程序的默认首页。正常情况下，只有在网站的首页文件不存在或者用户权限不足时，才显示 httpd 服务程序的默认首页。更奇怪的是，在尝试访问 http://192.168.10.1/myweb.html 页面时，竟然发现页面中显示"Forbidden, You don't have permission to access this resource."，如图 11-3 所示。什么原因呢？是 SELinux 的问题。解决方法是在服务器 Server01 上运行 setenforce 0，设置 SELinux 为允许。

```
[root@Server01 ~]# getenforce
Enforcing
[root@Server01 ~]# setenforce 0
[root@Server01 ~]# getenforce
Permissive
```

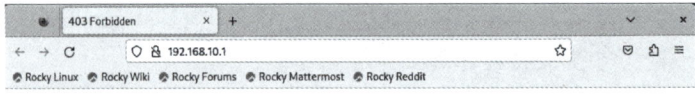

图 11-3　在客户端测试失败

特别提示

设置完成后再一次测试，结果如图 11-4 所示。设置这个环节的目的是告诉读者，SELinux 非常重要。强烈建议如果暂时不能很好地掌握 SELinux 细节，在做实训时一定要设置 setenforce 0。

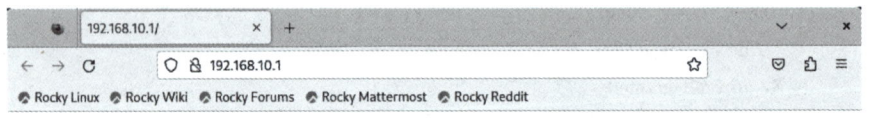

图 11-4　在客户端测试成功

任务 11-4　用户个人主页实例

现在许多网站（如网易）都允许用户拥有自己的主页空间，而用户可以很容易地管理自己的主页空间。Apache 可以实现用户的个人主页。客户端在浏览器中浏览个人主页 URL 地址的格式如下。

```
http://域名/~username
```

其中，~username 在利用 Linux 操作系统中的 Apache 服务器来实现时，是 Linux 操作系统的合法用户名（该用户必须在 Linux 操作系统中存在）。

【例 11-2】在 IP 地址为 192.168.10.1 的 Apache 服务器中，为系统中的 long 用户设置个人主页空间。该用户的家目录为/home/long，个人主页空间所在的目录为 public_html。

实现步骤如下。

1）修改用户的家目录权限，使其他用户具有读取和执行的权限。

```
[root@Server01 ~]# useradd long
[root@Server01 ~]# passwd long
[root@Server01 ~]# chmod   705   /home/long
```

2）创建存放用户个人主页空间的目录。

```
[root@Server01 ~]# mkdir   /home/long/public_html
```

3）创建个人主页空间的默认首页文件。

```
[root@Server01 ~]# cd   /home/long/public_html
[root@Server01 public_html]# echo "this is long's web。">>index.html
```

4）开启用户个人主页功能。

默认情况下，UserDir 的取值为 disable，表示没有开启 Linux 系统用户个人主页功能。如果想为 Linux 系统用户设置个人主页，可以修改 UserDir 的取值，一般为 public_html，该目录在用户的家目录下。若要修改 UserDir 的取值，需编辑配置文件/etc/httpd/conf.d/userdir.conf，将 UserDir disabled 删除或用"#"注释掉，同时将"UserDir public_html"行前面的"#"删除。修改完毕后，保存配置文件并退出（在 vim 编辑状态记得使用 set nu 显示行号）。

```
[root@Server01 ~]# vim /etc/httpd/conf.d/userdir.conf
……
17    # UserDir disabled
……
24    UserDir public_html
……
```

5）SELinux 设置为允许，让防火墙放行 httpd 服务，重启 httpd 服务。

```
[root@Server01 ~]# setenforce 0
[root@Server01 ~]# firewall-cmd --permanent --add-service=http
[root@Server01 ~]# firewall-cmd --reload
[root@Server01 ~]# firewall-cmd --list-all
[root@Server01 ~]# systemctl restart httpd
```

6）在客户端的浏览器中输入 http://192.168.10.1/~long，看到的用户个人空间访问效果如图 11-5 所示。

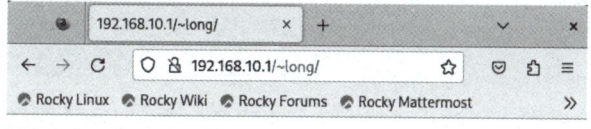

图 11-5　用户个人空间的访问效果

思考

如果分别运行如下命令，再在客户端测试，结果又会如何呢？试一试并思考原因。

```
[root@Server01 ~]# setenforce   1
[root@Server01 ~]# setsebool   -P   httpd_enable_homedirs=on
```

任务 11-5 虚拟目录实例

要从 Web 站点主目录以外的其他目录发布站点，可以使用虚拟目录实现。虚拟目录是一个位于 Apache 服务器主目录之外的目录，它不包含在 Apache 服务器的主目录中，但在访问 Web 站点的用户看来，它与位于主目录中的子目录是一样的。每一个虚拟目录都有一个别名，客户端可以通过此别名来访问虚拟目录。

由于每个虚拟目录都可以分别设置不同的访问权限，所以非常适合不同用户对不同目录拥有不同权限的情况。另外，只有知道虚拟目录名的用户才可以访问此虚拟目录，其他用户将无法访问此虚拟目录。

在 Apache 服务器的主配置文件 httpd.conf 文件中，通过 Alias 命令设置虚拟目录。

【例 11-3】 在 IP 地址为 192.168.10.1 的 Apache 服务器中，创建名为/test/的虚拟目录，它对应的物理路径是/virdir/，并在客户端测试。

1）创建物理目录/virdir/。

```
[root@Server01 ~]# mkdir   -p   /virdir/
```

2）创建虚拟目录中的默认文件。

```
[root@Server01 ~]# cd   /virdir/
[root@Server01 virdir]# echo "This is Virtual Directory sample。">>index.html
```

3）修改默认文件的权限，使其他用户具有读取和执行权限。

```
[root@Server01 virdir]# chmod 705 index.html
```

或者：

```
[root@Server01 ~]# chmod 705 /virdir   -R
```

4）修改/etc/httpd/conf/httpd.conf 文件，添加下面的语句。

```
Alias   /test   "/virdir"
<Directory "/virdir">
    AllowOverride None
    Require all granted
</Directory>
```

5）SELinux 设置为允许，让防火墙放行 httpd 服务，重启 httpd 服务。

```
[root@Server01 ~]# setenforce   0
```

```
[root@Server01 ~]# firewall-cmd    --permanent    --add-service=http
[root@Server01 ~]# firewall-cmd    --reload
[root@Server01 ~]# firewall-cmd    --list-all
[root@Server01 ~]# systemctl    restart    httpd
```

6）在客户端 Client1 的浏览器中输入"http://192.168.10.1/test"后，看到的虚拟目录访问效果如图 11-6 所示。

图 11-6　虚拟目录的访问效果

任务 11-6　配置基于 IP 地址的虚拟主机

虚拟主机在一台 Web 服务器上，可以为多个独立的 IP 地址、域名或端口号提供不同的 Web 站点。对于访问量不大的站点来说，这样可以降低单个站点的运营成本。

下面将分别配置基于 IP 地址的虚拟主机、基于域名的虚拟主机和基于端口号的虚拟主机。

要配置基于 IP 地址的虚拟主机，需要在服务器上绑定多个 IP 地址，并在 Apache 配置中指定不同的网站与不同的 IP 地址相关联。这样，访问服务器上的不同 IP 地址将显示不同的网站。

【例 11-4】假设 Apache 服务器具有 192.168.10.1 和 192.168.10.10 两个 IP 地址（提前在服务器中配置这两个 IP 地址）。现需要利用这两个 IP 地址分别创建两个基于 IP 地址的虚拟主机，要求不同的虚拟主机对应的主目录不同，默认文档的内容也不同。配置步骤如下。

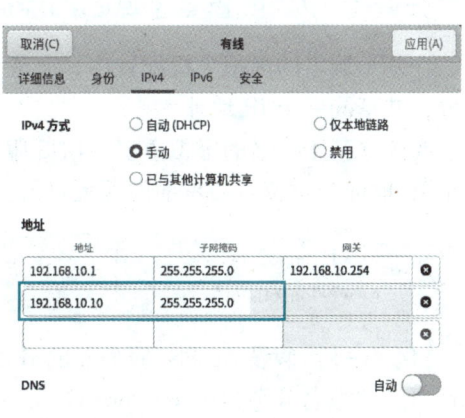

1）在 Server01 的桌面上依次单击"活动"→"显示应用程序"→"设置"→"网络"命令，再单击设置按钮 ，打开图 11-7 所示的"有线"对话框，增加一个 IP 地址 192.168.10.10/24，完成后单击"应用"按钮。这样可以在一块网卡上配置多个 IP 地址，当然也可以直接在多块网卡上配置多个 IP 地址。

图 11-7　添加 IP 地址

2）分别创建/var/www/ip1 和/var/www/ip2 两个主目录和默认文件。

```
[root@Server01 ~]# mkdir    /var/www/ip1    /var/www/ip2
[root@Server01 ~]# echo "this is 192.168.10.1's web. ">/var/www/ip1/index.html
[root@Server01 ~]# echo "this is 192.168.10.10's web. ">/var/www/ip2/index.html
```

3）添加/etc/httpd/conf.d/vhost.conf 文件。该文件的内容如下。

```
# 设置基于 IP 地址为 192.168.10.1 的虚拟主机
<Virtualhost 192.168.10.1>
```

```
        DocumentRoot    /var/www/ip1
    </Virtualhost>

    # 设置基于 IP 地址为 192.168.10.10 的虚拟主机
    <Virtualhost 192.168.10.10>
        DocumentRoot    /var/www/ip2
    </Virtualhost>
```

4）SELinux 设置为允许，让防火墙放行 httpd 服务，重启 httpd 服务（见前面操作）。

5）在客户端浏览器中可以看到 http://192.168.10.1 和 http://192.168.10.10 两个网站的浏览效果，如图 11-8 和图 11-9 所示。

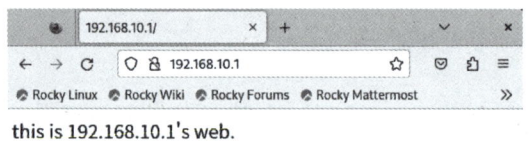 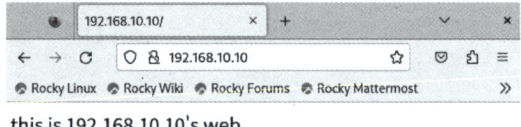

图 11-8　测试 IP1 效果图　　　　　　　　图 11-9　测试 IP2 效果图

注意

为了不使后面的实训受到前面虚拟主机设置的影响，做完一个实训后，请将配置文件中添加的内容删除，然后再继续下一个实训。

任务 11-7　配置基于域名的虚拟主机

在基于域名的虚拟主机配置中，服务器只需要一个 IP 地址。不同的虚拟主机通过域名来区分，共享同一个 IP 地址。

要建立基于域名的虚拟主机，DNS 服务器中应建立多个主机资源记录，使它们解析到同一个 IP 地址（请读者参考前面课程自行完成）。举例如下。

```
        www1.long60.cn.         IN      A       192.168.10.1
        www2.long60.cn.         IN      A       192.168.10.1
```

【例 11-5】假设 Apache 服务器的 IP 地址为 192.168.10.1。在本地 DNS 服务器中，该 IP 地址对应的域名分别为 www1.long60.cn 和 www2.long60.cn。现需要创建基于域名的虚拟主机，要求不同的虚拟主机对应的主目录不同，默认文档的内容也不同。配置步骤如下。

1）分别创建/var/www/www1 和/var/www/www2 两个主目录和默认文件。

```
    [root@Server01 ~]# mkdir    /var/www/www1   /var/www/www2
    [root@Server01 ~]# echo "www1.long60.cn's web.">/var/www/www1/index.html
    [root@Server01 ~]# echo "www2.long60.cn's web.">/var/www/www2/index.html
```

2）修改/etc/httpd/conf/httpd.conf 文件。添加目录权限内容如下。

```
    <Directory "/var/www">
        AllowOverride None
```

```
        Require all granted
    </Directory>
```

3）修改/etc/httpd/conf.d/vhost.conf 文件。该文件的内容如下（原来的内容清空）。

```
<Virtualhost 192.168.10.1>
    DocumentRoot  /var/www/www1
    ServerName   www1.long60.cn
</Virtualhost>

<Virtualhost 192.168.10.1>
    DocumentRoot  /var/www/www2
    ServerName   www2.long60.cn
</Virtualhost>
```

4）SELinux 设置为允许，让防火墙放行 httpd 服务，重启 httpd 服务。在客户端 Client1 上测试，要确保 DNS 服务器解析正确，确保给 Client1 设置正确的 DNS 服务器地址（etc/resolv.conf）。

注意

在本例的配置中，DNS 的正确配置至关重要，一定要确保 long60.cn 域名及主机正确解析，否则无法成功。正向区域配置文件如下（其他设置都与前文相同）。别忘记 DNS 的特殊设置及重启操作。

```
[root@Server01 long]# vim  /var/named/long60.cn.zone
$TTL 1D
@         IN SOA   dns.long60.cn. mail.long60.cn. (
                                    0          ; serial
                                    1D         ; refresh
                                    1H         ; retry
                                    1W         ; expire
                                    3H )       ; minimum

@         IN    NS              dns.long60.cn.
@         IN    MX    10        mail.long60.cn.

dns       IN    A               192.168.10.1
www1      IN    A               192.168.10.1
www2      IN    A               192.168.10.1
```

思考

为了测试方便，在 Client1 上直接设置/etc/hosts 为如下内容，能否代替 DNS 服务器？

```
192.168.10.1    www1.long60.cn
192.168.10.1    www2.long60.cn
```

5）在客户端浏览器中可以看到 http://www1.long60.cn 和 http://www2.long60.cn 两个网站的浏览效果，如图 11-10 和图 11-11 所示。

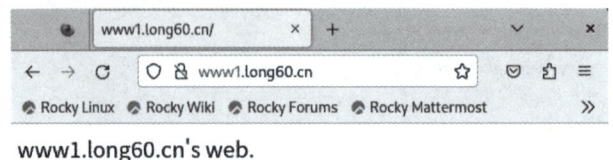

图 11-10　域名 1 效果

图 11-11　域名 2 效果

任务 11-8　配置基于端口号的虚拟主机

在基于端口号的虚拟主机配置中，服务器只需要一个 IP 地址。所有虚拟主机共享同一个 IP 地址，它们之间通过不同的端口号来区分。在配置基于端口号的虚拟主机时，需要使用 Listen 语句指定要监听的端口。

【例 11-6】假设 Apache 服务器的 IP 地址为 192.168.10.1。现需要创建基于 8088 和 8089 两个端口号的虚拟主机，要求不同的虚拟主机对应的主目录不同，默认文档的内容也不同，如何配置？配置步骤如下。

1）分别创建 /var/www/8088 和 /var/www/8089 两个主目录和默认文件。

```
[root@Server01~]# mkdir    /var/www/8088    /var/www/8089
[root@Server01~]# echo "8088 port's   web.">/var/www/8088/index.html
[root@Server01~]# echo "8089 port's   web.">/var/www/8089/index.html
```

2）修改 /etc/httpd/cof/httpd.conf 文件。该文件的修改内容如下。

```
Listen 80
Listen 8088
Listen 8089
……
<Directory "/home/www">
    AllowOverride None
    # Allow open access:
    Require all granted
</Directory>
```

3）修改/etc/httpd/conf.d/vhost.conf 文件。该文件的内容如下（原来的内容清空）。

```
<Virtualhost 192.168.10.1:8088>
    DocumentRoot    /var/www/8088
</Virtualhost>

<Virtualhost 192.168.10.1:8089>
    DocumentRoot    /var/www/8089
</Virtualhost>
```

4）关闭防火墙和允许 SELinux，重启 httpd 服务。然后在客户端 Client1 上测试。测试结果如图 11-12 所示。

5）处理故障。这是因为 firewall 防火墙检测到 8088 和 8089 端口原本不属于 Apache 服务器应该需要的资源，但现在却以 httpd 服务程序的名义监听使用了，所以防火墙会拒绝 Apache 服务器使用这两个端口。可以使用 firewall-cmd 命令永久添加需要的端口到 public 区域，并重启防火墙。

图 11-12　访问 192.168.10.1:8088 报错

```
[root@Server01 ~]# firewall-cmd --list-all
public (active)
    target: default
    icmp-block-inversion: no
    interfaces: ens33
    sources:
    services: cockpit dhcpv6-client http ssh
    ports:
    ……
[root@Server01 ~]# firewall-cmd --permanent --zone=public --add-port=8088/tcp
[root@Server01 ~]# firewall-cmd --permanent --zone=public --add-port=8089/tcp
[root@Server01 ~]# firewall-cmd --reload
[root@Server01 ~]# firewall-cmd --list-all
public (active)
    target: default
    icmp-block-inversion: no
    interfaces: ens33
    sources:
    services: cockpit dhcpv6-client http ssh
    ports: 8088/tcp 8089/tcp
    ……
```

6）再次在 Client1 上测试，结果如图 11-13 和图 11-14 所示。

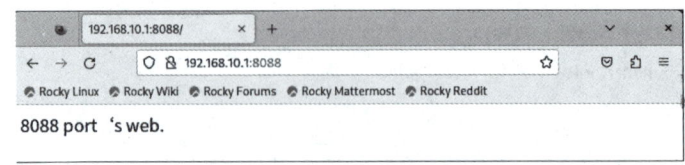

图 11-13　8088 端口虚拟主机的测试结果

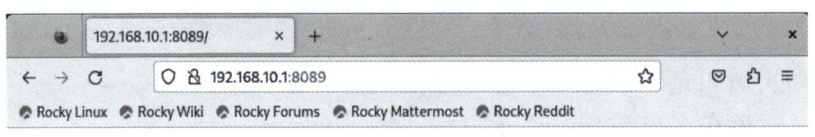

图 11-14　8089 端口虚拟主机的测试结果

> **技巧**
>
> 在终端窗口直接输入"firewall-config"打开图形界面的防火墙配置窗口，可以详尽地配置防火墙，包括配置 public 区域的端口等，读者不妨多操作试试。但这个命令默认没有安装，读者需要使用 dnf install firewall-config -y 命令先安装，安装完成后，在"活动"菜单中会有单独的防火墙配置菜单，非常方便。

11.4　项目实训：配置与管理 Web 服务器

1. 项目背景

假如自己是某学校的网络管理员，学校的域名为 www.long60.cn。学校计划为每位教师开通个人主页服务，为教师与学生之间建立沟通平台。该学校的 Web 服务器搭建与配置网络拓扑如图 11-15 所示。

项目实录 11-3
配置与管理 Web 服务器

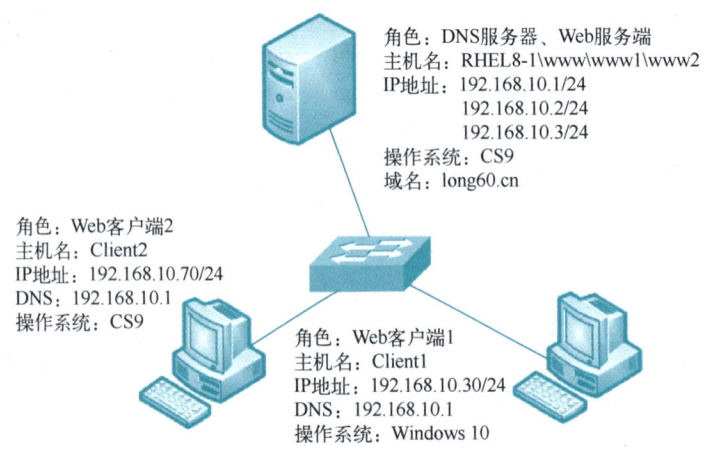

图 11-15　Web 服务器搭建与配置网络拓扑

学校计划为每位教师开通个人主页服务，要求实现如下功能。

1）网页文件上传完成后，立即自动发布 URL 为 http：//www.long60.cn/~的用户名。

2）在 Web 服务器中建立一个名为 private 的虚拟目录，其对应的物理路径是/data/private，并配置 Web 服务器对该虚拟目录启用用户认证，只允许 yun90 用户访问。

3）在 Web 服务器中建立一个名为 private 的虚拟目录，其对应的物理路径是/dir1/test，并配置 Web 服务器，仅允许来自网络 smile60.cn 域和 192.168.10.0/24 网段的客户机访问该虚拟目录。

4）使用 192.168.10.2 和 192.168.10.3 两个 IP 地址，创建基于 IP 地址的虚拟主机，其中，IP 地址为 192.168.10.2 的虚拟主机对应的主目录为/var/www/ip2，IP 地址为 192.168.10.3 的虚拟主机对应的主目录为/var/www/ip3。

5）创建基于 www1.long60.cn 和 www2.long60.cn 两个域名的虚拟主机，域名为 www1.long60.cn 的虚拟主机对应的主目录为/var/www/long901，域名为 www2.long60.cn 的虚拟主机对应的主目录为/var/www/long902。

2. 深度思考

思考以下几个问题。

1）使用虚拟目录有何好处？
2）基于域名的虚拟主机配置要注意什么？
3）如何启用用户身份认证？

3. 做一做

根据实训内容，将项目完整地完成。

11.5 练习题

一、填空题

1. Web 服务器使用的协议是_____，英文全称是_____，中文名称是_____。
2. HTTP 请求的默认端口是_____。
3. CS9 采用了 SELinux 这种增强的安全模式，在默认的配置下，只有_____服务可以通过。
4. 在命令行控制台窗口，输入_____命令打开 Linux 网络配置窗口。

二、选择题

1. 网络管理员可通过（　　）文件对 WWW 服务器进行访问、控制存取和运行等操作。
   A. lilo.conf　　　B. httpd.conf　　　C. inetd.conf　　　D. resolv.conf
2. 在 RHEL 8 中手动安装 Apache 服务器时，默认的 Web 站点目录为（　　）。
   A. /etc/httpd　　　B. /var/www/html　　　C. /etc/home　　　D. /home/httpd
3. 对于 Apache 服务器，提供的子进程的默认用户是（　　）。
   A. root　　　B. apached　　　C. httpd　　　D. nobody
4. 世界上排名第一的 Web 服务器是（　　）。
   A. Apache　　　B. IIS　　　C. SunONE　　　D. NCSA
5. 用户的主页存放的目录由文件 httpd.conf 的参数（　　）设定。

A. UserDir　　　　B. Directory　　　　C. public_html　　　　D. DocumentRoot

6. 设置 Apache 服务器时，一般将服务的端口绑定到系统的（　　）端口上。

A. 10000　　　　B. 23　　　　C. 80　　　　D. 53

7. 下面（　　）不是 Apache 基于主机的访问控制命令。

A. allow　　　　B. deny　　　　C. order　　　　D. all

8. 用来设定当服务器产生错误时，显示在浏览器上的管理员 E-mail 地址的命令是（　　）。

A. Servername　　　　B. ServerAdmin　　　　C. ServerRoot　　　　D. DocumentRoot

9. 在 Apache 基于用户名的访问控制中，生成用户密码文件的命令是（　　）。

A. smbpasswd　　　　B. htpasswd　　　　C. passwd　　　　D. password

项目 12　配置与管理 FTP 服务器

项目导入

某校园网中部署了学校网站，并且已经架设了 Web 服务器为学院网站提供服务，但在网站上传和更新时，需要用到文件上传和下载功能，因此还要架设 FTP 服务器，为学院内部和互联网用户提供 FTP 等服务。本项目配置与管理 FTP 服务器。

知识和能力目标

- 掌握 FTP 服务的工作原理。
- 学会配置 vsftpd 服务器。
- 掌握配置基于虚拟用户的 FTP 服务器。
- 实践典型的 FTP 服务器配置案例。

素养目标

- 厚植家国情怀，培养学生的大局意识和责任意识。
- 遵守职业伦理，培养学生树立正确的职业目标、建立正确的职业价值体系。

12.1　项目知识准备

以 HTTP 为基础的 Web 服务功能虽然强大，但对于文件传输来说却略显不足。一种专门用于文件传输的 FTP 服务应运而生。

FTP 服务就是文件传输服务，全称是 File Transfer Protocol，即文件传输协议，它具备更强的文件传输可靠性和更高的效率。

12.1.1　FTP 的工作原理

FTP 大大简化了文件传输的复杂性，它能够使文件通过网络从一台计算机传送到另外一台计算机上，却不受计算机和操作系统类型的限制。无论是计算机、服务器、大型机，还是 macOS、Linux、Windows 操作系统，只要双方都支持 FTP，就可以方便、可靠地进行文件传送。

微课 12-1　配置与管理 FTP 服务器

FTP 服务的工作过程如图 12-1 所示，具体介绍如下。

1）FTP 客户端向 FTP 服务器发送连接请求，同时 FTP 客户端系统动态地打开一个大于

1024 的端口（如 1031 端口），等候 FTP 服务器连接。

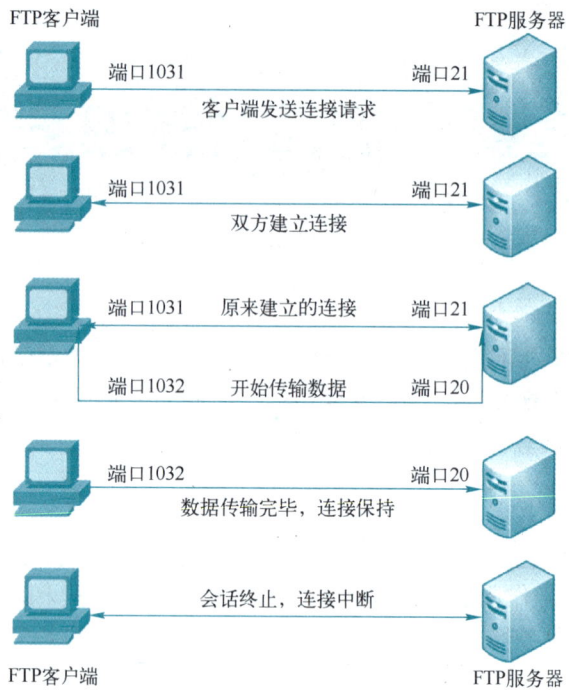

图 12-1　FTP 服务的工作过程

2）若 FTP 服务器在 21 端口侦听到该请求，则会在 FTP 客户端的 1031 端口和 FTP 服务器的 21 端口之间建立起一个 FTP 会话连接。

3）当需要传输数据时，FTP 客户端再动态地打开一个大于 1024 的端口（如 1032 端口），连接到 FTP 服务器的 20 端口，并在这两个端口之间进行数据传输。当数据传输完毕时，这两个端口会自动关闭。

4）当 FTP 客户端断开与 FTP 服务器的连接时，FTP 客户端上动态分配的端口将自动释放。

FTP 服务有两种工作模式：主动传输模式（Active FTP）和被动传输模式（Passive FTP）。

12.1.2　匿名用户

FTP 服务不同于 Web 服务，它首先要求登录服务器，然后再进行文件传输。这对于很多公开提供软件下载的服务器来说十分不便，于是匿名用户访问诞生了：通过使用一个共同的用户名 anonymous 和密码不限的管理策略（一般使用用户的邮箱作为密码即可），让任何用户都可以很方便地从 FTP 服务器上下载文件。

12.2　项目设计与准备

一共 3 台计算机，网络连接模式都设置为仅主机模式（VMnet1）。两台安装了 CS9，一台作为服务器，另一台作为客户端使用，还有一台安装了 Windows 10，也作为客户端使用。计算机的配置信息如表 12-1 所示（可以使用 VM 的"克隆"技术快速安装需要的 Linux 客户端）。

表 12-1　Linux 服务器和客户端的配置信息

主机名	操作系统	IP 地址	角色及网络连接模式
Server01	CS9	192.168.10.1/24	FTP 服务器；VMnet1
Client1	CS9	192.168.10.20/24	FTP 客户端；VMnet1
Client3	Windows 10	192.168.10.40/24	FTP 客户端；VMnet1

12.3　项目实施

任务 12-1　安装、启动与停止 vsftpd 服务

慕课 12-2　配置与管理 FTP 服务器

1. 安装 vsftpd 服务

安装 vsftpd 服务的过程如下。

```
[root@Server01 ~]# rpm   -q vsftpd
[root@Server01 ~]# mount   /dev/cdrom   /media
[root@Server01 ~]# dnf   clean   all                # 安装前先清除缓存
[root@Server01 ~]# dnf   install   vsftpd   -y
[root@Server01 ~]# dnf   install   ftp   -y         # 同时安装 ftp 软件包
[root@Server01 ~]# rpm   -qa|grep   ftp             # 检查安装组件是否成功
vsftpd-3.0.5-5.el9.x86_64
ftp-0.17-89.el9.x86_64
```

2. 启动、重启、随系统启动、停止 vsftpd 服务

安装完 vsftpd 服务后，下一步就是启动了。若要重新启动 vsftpd 服务、随系统启动，开放防火墙，开放 SELinux 和停止 vsftpd 服务，则输入下面的命令。

1）重新启动 vsftpd 服务。

```
[root@Server01 ~]# systemctl   restart   vsftpd
```

2）设置 vsftpd 服务随系统启动。

```
[root@Server01 ~]# systemctl   enable   vsftpd
```

3）开放防火墙。

```
[root@Server01 ~]# firewall-cmd   --add-service=ftp   --permanent
[root@Server01 ~]# firewall-cmd   --reload
```

4）开放 SELinux。

```
[root@Server01 ~]# setsebool   -P   ftpd_full_access=on
```

5）停止 vsftpd 服务。

```
[root@Server01 ~]# systemctl   stop   vsftpd
```

> **提示**
>
> 使用 setsebool -P ftpd_full_access=on 时要谨慎，考虑是否确实需要这样的权限设置。尽管 setsebool -P ftpd_full_access=on 命令也可用 setenforce 0 命令代替。但应该避免使用 setenforce 0 来禁用 SELinux，除非在特定测试或开发环境中确实需要。这是因为 setenforce 0 命令将完全禁用 SELinux，而不仅仅是针对 vsftpd 服务。这会降低系统的安全性。

任务 12-2　认识 vsftpd 的配置文件

vsftpd（Very Secure FTP Daemon）是 Linux 系统中一个广受欢迎的 FTP 服务器软件，以其出色的安全性而著称。其主配置文件和相关文件共同构成了 vsftpd 运行的核心，允许管理员根据需求自定义和控制 FTP 服务器的行为。

1. 主配置文件

- 位置：/etc/vsftpd/vsftpd.conf。
- 内容：包含服务器的各种设置，如用户认证、安全性、传输、日志记录、性能和目录权限等。
- 用户认证：是否允许匿名登录，本地用户是否能登录。
- 安全性：是否启用 SSL/TLS 加密，最大登录尝试次数等。
- 传输：被动模式端口范围，数据连接的配置。
- 日志记录：传输日志和登录日志的路径及格式。
- 性能：最大客户端数量，每 IP 最大连接数。
- 目录权限：文件权限掩码，chroot 环境设置。

2. 用户列表文件

- 位置：/etc/vsftpd/user_list 或 /etc/vsftpd/ftpusers。
- 用途：控制哪些用户可以或不能登录 FTP 服务器。
- user_list：根据 vsftpd.conf 中的设置，决定此文件中的用户是否被允许或拒绝登录。
- ftpusers：包含不允许通过 FTP 访问服务器的用户列表，作为额外的安全措施。

3. PAM 配置文件

- 位置：/etc/pam.d/vsftpd。
- 用途：定义 vsftpd 的 PAM 认证策略，包括用户名和密码的验证。

4. 日志文件

- 传输日志：通过 xferlog_file 在 vsftpd.conf 中定义，通常位于 /var/log/xferlog。
- 操作日志：如果启用了日志记录，通常保存在 /var/log/vsftpd.log 中。

5. SSL/TLS 证书文件

- 位置：通常位于 /etc/ssl/certs（证书文件）和 /etc/ssl/private（密钥文件）。
- 用途：为启用 SSL/TLS 支持的 FTP 连接提供加密。

任务 12-3　配置匿名访问模式的 FTP 服务器实例

vsftpd 的常规服务器主要是指在 UNIX 类操作系统上运行的 FTP 服务器，它可以运行在诸如 Linux、BSD、Solaris、HP-UX 以及 IRIX 等系统上。这款服务器软件以其高安全性、小巧轻快、易用性等特点而广受好评，特别是在 Linux 发行版中备受推崇。vsftpd 的常规服务器在配置为允许匿名上传时，需要进行一系列的设置。

在配置 FTP 服务器 vsftpd 时，认证模式扮演着至关重要的角色，它决定了用户如何访问和登录服务器。vsftpd 提供了多种灵活的认证方式，以满足不同管理员的需求和安全策略。

1. 匿名访问模式

匿名访问模式下，用户无须提供任何用户名或密码即可登录 FTP 服务器。这种模式通常用于提供公共文件下载服务。相关配置选项如下。

- anonymous_enable=YES：启用匿名登录功能。
- no_anon_password=YES：设置后，匿名用户在登录时无须输入密码。

2. 本地用户认证模式

本地用户认证模式要求用户使用 Linux 系统的本地账户和密码进行登录。这种认证方式依赖于系统的用户管理，适用于需要控制访问权限的环境。相关配置选项如下。

- local_enable=YES：允许本地用户通过 FTP 登录。
- chroot_local_user=YES（可选）：将用户限制在其主目录中，增强安全性。

3. 虚拟用户认证模式

虚拟用户认证允许管理员创建不在系统用户列表中的用户。这种认证方式需要与 PAM（可插拔认证模块）结合使用，通过配置文件定义用户认证逻辑。相关配置选项如下。

- guest_enable=YES：启用虚拟用户模式。
- guest_username=<指定的系统用户名>：所有虚拟用户在系统内部将使用该用户名进行认证。
- virtual_use_local_privs=YES：赋予虚拟用户本地用户的权限。

此外，PAM 配置文件（如/etc/pam.d/vsftpd_virtual）中需配置相应的验证逻辑，如使用数据库验证用户名和密码。

4. SSL/TLS 加密认证模式

vsftpd 支持通过 SSL 或 TLS 协议加密用户的登录过程和数据传输，确保认证信息和数据的安全性。相关配置选项如下。

- ssl_enable=YES：开启 SSL 支持。
- rsa_cert_file=/证书文件路径：指定服务器证书文件的位置。
- rsa_private_key_file=/私钥文件路径：指定服务器私钥文件的位置。
- ssl_tlsv1=YES：启用 TLSv1 协议（根据安全需求，可能需要启用更高版本的 TLS 协议）。
- ssl_sslv2=NO 和 ssl_sslv3=NO：禁用 SSLv2 和 SSLv3 协议，以提高安全性。

5. 匿名用户登录的参数说明

表 12-2 所示为可以向匿名用户开放的权限参数。

表 12-2 可以向匿名用户开放的权限参数

参数名	描述	推荐值	取值范围	备注
anonymous_enable	是否允许匿名用户登录 FTP 服务器	YES	YES/NO	控制匿名访问的总开关，开启后允许匿名用户登录

（续）

参数名	描述	推荐值	取值范围	备注
anon_root	设置匿名用户登录后的根目录	（未设置时默认为 FTP 服务器的默认目录）	任意有效路径	指定匿名用户登录后所能访问的起始目录
anon_upload_enable	是否允许匿名用户上传文件到 FTP 服务器	NO	YES/NO	出于安全考虑，通常不建议允许匿名上传，以防止恶意文件上传
anon_mkdir_write_enable	是否允许匿名用户在 FTP 服务器上创建目录	NO	YES/NO	出于安全考虑，通常不建议允许匿名创建目录，以防止目录结构被随意修改
anon_other_write_enable	是否允许匿名用户删除或重命名 FTP 服务器上的文件	NO	YES/NO	控制匿名用户是否可以对服务器上的文件进行删除或重命名操作，出于安全考虑，通常应设置为 NO
no_anon_password	匿名用户登录 FTP 服务器时是否需要输入密码	YES	YES/NO	如果设置为 YES，匿名用户在登录时将无须提供密码，简化了登录流程但可能降低了安全性
anon_max_rate	限制匿名用户从 FTP 服务器下载或上传数据的最大传输速率（每秒字节数）	（未设置时无速率限制）	数字（以字节为单位）	用来防止匿名用户占用过多带宽资源，确保服务器性能稳定
anon_world_readable_only	是否只允许匿名用户下载全局可读的文件（即其他用户也有读取权限的文件）	YES	YES/NO	当设置为 YES 时，可以增强文件的安全性，避免未授权访问服务器上的敏感数据

6. 配置匿名用户登录 FTP 服务器实例

【例 12-1】搭建一台 FTP 服务器，允许匿名用户上传和下载文件，匿名用户的根目录设置为 /var/ftp。

1）新建测试文件，编辑 /etc/vsftpd/vsftpd.conf。

— ［root@Server01~］# **touch /var/ftp/pub/sample.tar**
　　［root@Server01~］# **vim /etc/vsftpd/vsftpd.conf**

在文件后面添加如下 4 行语句（语句前后一定不要带空格，若有重复的语句，则删除或直接在其上更改，"#"及后面的内容不要写到文件里）。

anonymous_enable=YES
# 允许匿名用户访问
anon_root=/var/ftp
# 设置匿名用户的根目录为 /var/ftp
anon_upload_enable=YES
# 允许匿名用户上传文件
anon_mkdir_write_enable=YES
# 允许匿名用户创建目录

提示

anon_other_write_enable=YES 表示允许匿名用户删除文件。

2）SELinux 设为允许，让防火墙放行 FTP 服务，重启 vsftpd 服务。

```
[root@Server01~]# setenforce    0
[root@Server01~]# firewall-cmd    --permanent    --add-service=ftp
[root@Server01~]# firewall-cmd    --reload
[root@Server01~]# firewall-cmd    --list-all
[root@Server01~]# systemctl    restart    vsftpd
```

在 Windows 10 客户端的资源管理器中输入 ftp://192.168.10.1，打开 pub 目录，新建一个文件夹，结果出错了，如图 12-2 所示。

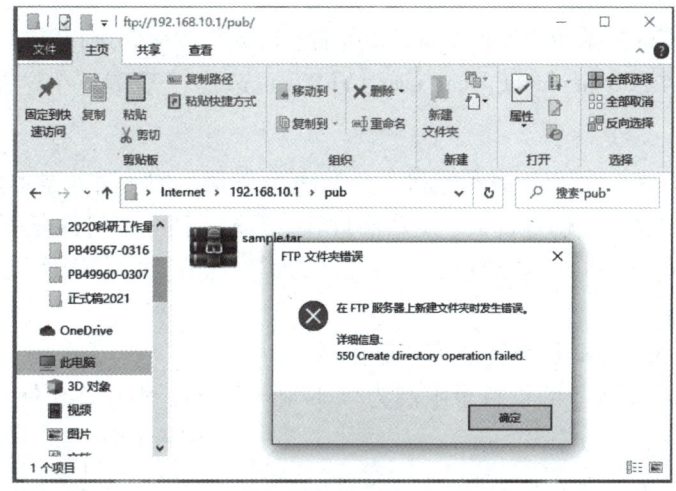

图 12-2　测试 FTP 服务器 192.168.10.1 出错

什么原因呢？系统的本地权限没有设置。

3）设置本地系统权限，将属主设为 ftp，或者为 pub 目录赋予其他用户写权限。

```
[root@Server01~]# ll   -ld  /var/ftp/pub
drwxr-xr-x. 2 root root 6 Mar 23   2017 /var/ftp/pub      # 其他用户没有写权限
[root@Server01~]# chown   ftp   /var/ftp/pub              # 将属主改为匿名用户 ftp
[root@Server01~]# ll   -ld   /var/ftp/pub
drwxr-xr-x. 2 ftp root 24 10 月   6 09:22 /var/ftp/pub
```

或者：

```
[root@Server01~]# chmod   o+w   /var/ftp/pub              # 为其他用户赋予写权限
[root@Server01~]# ll   -ld   /var/ftp/pub
drwxr-xrwx. 3 root root 44 10 月   6 09:28 /var/ftp/pub   # 为其他用户赋予写权限
[root@Server01~]# systemctl    restart    vsftpd
```

4）在 Windows 10 客户端再次测试，在 pub 目录下能够建立新文件夹。

> **提示**
> 如果在 Linux 上测试，则输入"ftp 192.168.10.1"命令，用户名输入 ftp，不必输入密码，直接按<Enter>键即可。但要注意需要在 Linux 客户端上先安装 ftp 工具。

> **注意**
> 要实现匿名用户创建文件等功能，仅仅在配置文件中开启这些功能是不够的，还需要注意开放本地文件系统权限，使匿名用户拥有写权限才行，或者改变属主为 ftp。在项目实录中有针对此问题的解决方案。另外也要特别注意防火墙和 SELinux 设置，否则一样会出问题。

任务 12-4　配置本地用户认证模式的 FTP 服务器实例

本地用户认证模式要求用户使用 Linux 系统的本地账户和密码进行登录。这种认证方式需要配置 local_enable=YES 和 chroot_local_user=YES（可选）。下面是一个详细实例。

1. 背景描述

高校内部目前拥有一台 FTP 服务器和一台 Web 服务器。FTP 服务器主要用于维护学校的网站内容，包括上传文件、创建目录、更新网页等。学校有两个部门负责网站的维护工作，这两个部门分别使用 dept1 和 dept2 账号进行管理。为了确保安全性和管理效率，需要配置 FTP 服务器以满足以下要求。

- 仅允许 dept1 和 dept2 账号登录 FTP 服务器。
- 将 dept1 和 dept2 账号的根目录限制为/web/www/html，不允许访问该目录以外的任何目录。

2. 需求分析

将 FTP 服务器和 Web 服务器部署在同一台机器上是高校常见的做法，这样可以简化网站维护流程。为了满足安全性和管理需求，需要进行以下配置。

（1）限制访问用户
- 禁止匿名用户登录 FTP 服务器。
- 仅允许 dept1 和 dept2 这两个本地用户账号登录 FTP 服务器。

（2）使用 chroot 功能

利用 chroot 功能将 dept1 和 dept2 账号锁定在/web/www/html 目录下，防止他们访问其他目录。

（3）权限管理

确保 dept1 和 dept2 账号在/web/www/html 目录下具有必要的文件操作权限（如上传、删除文件等）。

3. 解决方案

1）安装 vsftpd 服务和 ftp 工具（略）。

2）创建主目录/web/www/html，建立维护网站内容的账号 dept1、dept2，并为其设置密码。

项目 12　配置与管理 FTP 服务器

```
[root@Server01 ~]# mkdir   -p   /web/www/html
[root@Server01 ~]# useradd   dept1
[root@Server01 ~]# useradd   dept2
[root@Server01 ~]# useradd   user1
[root@Server01 ~]# passwd    dept1
[root@Server01 ~]# passwd    dept2
[root@Server01 ~]# passwd    user1
```

3）配置 vsftpd.conf 主配置文件并做相应修改写入配置文件时，去掉注释，语句前后不要加空格。另外，要把任务 12-3 的配置文件恢复到最初状态（可在语句前面加上"#"），以免实训间互相影响，且如果有重复的语句，请把和本配置相冲突的配置删除。

```
[root@Server01 ~]# vim   /etc/vsftpd/vsftpd.conf
anonymous_enable=NO
# 禁止匿名用户登录
local_enable=YES
# 允许本地用户登录
local_root=/web/www/html
# 设置本地用户的根目录为/web/www/html
chroot_local_user=NO
# 是否限制本地用户,这也是默认值,可以省略
chroot_list_enable=YES
# 激活 chroot 功能
chroot_list_file=/etc/vsftpd/chroot_list
# 设置锁定用户在根目录中的列表文件
allow_writeable_chroot=YES
# 只要启用 chroot,就一定加入这条：允许 chroot 限制,否则会出现连接错误
```

特别提示

　　chroot_local_user=NO 是默认设置，即如果不做任何 chroot 设置，则 FTP 登录目录是不做限制的。另外，只要启用 chroot，就一定要增加 allow_writeable_chroot=YES 语句。

注意

　　因为 chroot 是靠"例外列表"来实现的，列表内用户即例外的用户，所以根据是否启用本地用户转换，可设置不同目的的"例外列表"，从而实现 chroot 功能。因此实现锁定目录有两种方法。

① 锁定主目录的第一种表示是除列表内的用户外，其他用户都被限定在固定目录内，即列表内用户自由，列表外用户受限制。这时启用 chroot_local_user=YES。

```
chroot_local_user=YES
chroot_list_enable=YES
chroot_list_file=/etc/vsftpd/chroot_list
allow_writeable_chroot=YES
```

② 锁定主目录的第二种表示是除列表内的用户外，其他用户都可自由转换目录，即列表内用户受限制，列表外用户自由。这时启用 chroot_local_user=NO。本例使用第二种。

```
chroot_local_user=NO
chroot_list_enable=YES
chroot_list_file=/etc/vsftpd/chroot_list
allow_writeable_chroot=YES
```

4）建立 /etc/vsftpd/chroot_list 文件，添加 dept1 和 dept2 账号。

```
[root@Server01 ~]# vim  /etc/vsftpd/chroot_list
dept1
dept2
```

5）让防火墙放行 FTP 服务和允许 SELinux。重启 vsftpd 服务。

```
[root@Server01 ~]# firewall-cmd  --permanent  --add-service=ftp
[root@Server01 ~]# firewall-cmd  --reload
[root@Server01 ~]# setenforce  0
[root@Server01 ~]# systemctl  restart  vsftpd
[root@Server01 ~]# systemctl  enable  vsftpd
Created symlink /etc/systemd/system/multi-user.target.wants/vsftpd.service → /usr/lib/systemd/system/vsftpd.service.
```

思考

如果设置 setenforce 1，那么必须执行 setsebool -P ftpd_full_access=on。这样能保证目录的正常写入和删除等操作。

6）确保目录权限。

确保 /web/www/html 目录及其子目录具有适当的权限，以便 dept1 和 dept2 用户能够上传、删除和修改文件。

```
[root@Server01 ~]# useradd   www-data
[root@Server01 ~]# passwd    www-data

# 假设 Web 服务器运行用户为 www-data
[root@Server01 ~]# chown  -R  www-data:www-data  /web/www/html
[root@Server01 ~]# touch   /web/www/html/test.sample


[root@Server01 ~]# chmod  -R  755  /web/www/html
[root@Server01 ~]# ll -d  /web/www/html
drwxr-xr-x. 2 www-data www-data 25 10月  6 12:08 /web/www/html
[root@Server01 ~]# setfacl  -m  u:dept1:rwx  /web/www/html   # 使用 ACL 为 dept1 设置权限
[root@Server01 ~]# setfacl  -m  u:dept2:rwx  /web/www/html   # 使用 ACL 为 dept2 设置权限
[root@Server01 ~]# setfacl  -m  u:user1:rwx  /web/www/html   # 使用 ACL 为 user1 设置权限
```

```
[root@Server01~]# ll  -d  /web/www/html
drwxrwxr-x+2 www-data www-data 25 10月  6 12:08 /web/www/html
[root@Server01~]# getfacl  /web/www/html
getfacl: Removing leading '/' from absolute path names
# file: web/www/html
# owner: www-data
# group: www-data
user::rwx
user:dept1:rwx
user:dept2:rwx
user:user1:rwx
group::r-x
mask::rwx
other::r-x
```

> **注意**
>
> 这里使用了ACL（Access Control Lists）来为用户设置特定权限，因为传统的chown和chmod命令可能不足以满足复杂权限需求。

7）在Linux客户端Client1上先安装ftp工具，然后测试。

```
[root@Client1~]# mount  /dev/cdrom  /so
[root@Client1~]# dnf  clean  all
[root@Client1~]# dnf  install  ftp -y
```

① 使用dept1和dept2用户，两者不能转换目录，但能建立新文件夹，显示的目录是"/"，其实是/web/www/html文件夹。

```
[root@client1~]# ftp  192.168.10.1
Connected to 192.168.10.1 (192.168.10.1).
220 (vsFTPd 3.0.2)
Name (192.168.10.1:root):dept1              # 锁定用户测试
331 Please specify the password.
Password:                                    # 输入dept1用户密码
230 Login successful.
Remote system type is UNIX.
Using binary mode to transfer files.
ftp>pwd
257 "/"       # 显示的目录是"/"，从所列的文件中可知，其实是/web/www/html
ftp>mkdir testdept1
257 "/testdept1" created
ftp> ls
……
-rw-r--r--    1 0         0              0 Jul 21 01:25 test.sample
```

```
drwxr-xr-x    2 1001     1001         6 Jul 21 01:48 testdept1
226 Directory send OK.
ftp>get   test.sample   test1111.sample              #下载到客户端的当前目录
local: test1111.sample remote: test.sample
227 Entering Passive Mode (192,168,10,1,84,24).
150 Opening BINARY mode data connection for test.sample (0 bytes).
226 Transfer complete.
ftp>put   test1111.sample   test00.sample            #上传文件并改名为test00.sample
local: test1111.sample remote: test00.sample
227 Entering Passive Mode (192,168,10,1,158,223).
150 Ok to send data.
226 Transfer complete.
ftp>ls
227 Entering Passive Mode (192,168,10,1,44,116).
150 Here comes the directory listing.
-rw-r--r--    1 0        0            0 Feb 08 16:16 test.sample
-rw-r--r--    1 1003     1003         0 Feb 08 16:21 test00.sample
drwxr-xr-x    2 1001     1001         6 Feb 08 07:05 testdept1
226 Directory send OK.
ftp>cd   /etc
550 Failed to change directory.                      #不允许更改目录
ftp>exit
221 Goodbye.
```

② 使用user1用户，其能自由转换目录，可以将/etc/passwd文件下载到主目录，但极其危险。

```
[root@client1 ~]# ftp 192.168.10.1
Connected to 192.168.10.1 (192.168.10.1).
220 (vsFTPd 3.0.2)
Name (192.168.10.1:root):user1                       #列表外的用户是自由的
331 Please specify the password.
Password:                                            #输入user1用户密码
230 Login successful.
Remote system type is UNIX.
Using binary mode to transfer files.
ftp>pwd
257 "/web/www/html"
ftp>mkdir   testuser1
257 "/web/www/html/testuser1" created
ftp>cd   /etc                                        #成功转换到/etc目录
250 Directory successfully changed.
ftp>get   passwd
local: passwd remote: passwd
```

```
227 Entering Passive Mode（192,168,10,1,70,163）.
150 Opening BINARY mode data connection for passwd（2790 bytes）.
226 Transfer complete.
2790 bytes received in 0.000106 secs（26320.75 Kbytes/sec）
ftp>cd  /web/www/html
250 Directory successfully changed.
ftp>ls
227 Entering Passive Mode（192,168,10,1,239,79）.
150 Here comes the directory listing.
-rwxr-xr-x      1 0         0         0 Oct 06 04:08 test.sample
-rw-r--r--      1 1001      1001      0 Oct 06 04:12 test00.sample
drwxr-xr-x      2 1001      1001      6 Oct 06 04:12 testdept1
drwxr-xr-x      2 1003      1003      6 Oct 06 04:13 testuser1
226 Directory send OK.
ftp>exit
[root@Client1~]#
```

未经授权即可将系统密码文件 passwd 下载至本地用户当前目录（本例是/root），退出会话后仍可访问。此操作存在严重安全隐患，passwd 文件包含用户关键信息，易导致数据泄露与权限非法获取，威胁系统安全。

8）在 Server01 上把该任务的配置文件新增语句加上"#"注释掉。

任务 12-5　构建安全的支持虚拟用户访问的 FTP 服务器

构建 FTP 服务器并不复杂，但关键在于根据服务器的具体用途进行周密的配置规划。如果 FTP 服务器不打算对公众开放，那么应当禁用匿名访问，转而启用实体账号或虚拟账号的验证机制来确保访问控制。然而，使用实体账号登录存在潜在风险，因为一旦用户掌握了服务器的真实用户名和密码，他们就有可能对服务器进行不当操作。为了避免这种风险，FTP 服务器的安全配置尤为重要。

为了提升 FTP 服务器的安全性，可以采用虚拟用户验证机制。这一机制的核心是将虚拟账号映射到服务器的实体账号上，而客户端则通过虚拟账号进行访问。这种方式不仅增强了服务器的安全性，还使得用户管理更加灵活和便捷。

通过虚拟用户验证机制，可以为不同的用户分配不同的虚拟账号，并设置相应的访问权限。这样，即使某个虚拟账号被泄露或滥用，也不会直接影响到服务器的实体账号和整体安全性。同时，还能够根据需要对虚拟账号进行快速修改或删除，以适应不断变化的安全需求。

综上所述，为了确保 FTP 服务器的安全性和稳定性，应当合理规划配置，并采用虚拟用户验证机制来增强访问控制。这将有助于保护服务器的数据安全，防止未经授权的访问和操作。下面将给出一个构建安全的 FTP 服务器以支持虚拟用户访问的实例。

1. 背景描述

为了安全地提供 FTP 服务，高校决定使用 vsftpd 来搭建 FTP 服务器，并启用虚拟用户验证机制。要求虚拟用户 user2 和 user3 能够登录 FTP 服务器，并只能查看位于/var/ftp/vuser 目录下的文件，而不能进行上传、修改等写操作。

2. 需求分析

- FTP 服务器仅供内部员工访问，不对外网开放。
- 需要为特定员工创建虚拟账号，避免使用服务器真实用户名和密码。
- 虚拟用户应仅具备查看文件的权限，禁止上传、修改或删除文件。

3. 规划与设计

- 确定 FTP 服务器的主目录为/var/ftp/vuser，用于存放共享文件。
- 创建两个虚拟用户 user2 和 user3，分别对应不同的内部员工。
- 配置 FTP 服务器，将虚拟用户映射到服务器的实体账号（如 ftpuser），但虚拟用户不具备实体账号的完整权限。
- 设置 FTP 服务器的访问控制列表（Access Control List，ACL），确保虚拟用户仅能查看文件，无法进行其他操作。

4. 配置步骤

支持虚拟用户访问的 FTP 服务器的配置主要有以下几个步骤。

（1）安装 vsftpd

按照前文的步骤安装 vsftpd。

（2）创建虚拟用户数据库

1）创建用户文本文件。

① 建立保存虚拟账号和密码的文本文件，格式如下。

```
虚拟账号 1
密码
虚拟账号 2
密码
```

② 使用 vim 编辑器建立用户文件 vuser.txt，添加虚拟账号 user2 和 user3，如下所示。

```
[root@Server01 ~]# mkdir    /vftp
[root@Server01 ~]# vim    /vftp/vuser.txt
user2
12345678
user3
12345678
```

2）生成数据库。保存虚拟账号及密码的文本文件无法被系统账号直接调用，需要使用 db_load 命令生成 db 数据库文件。

 特别注意

需要安装"libdb-utils"来提供"db_load"命令，该命令默认没有安装。

```
[root@Server01 ~]# dnf   install   libdb-utils   -y
[root@Server01 ~]# rpm   -qa|grep   libdb
libdb-5.3.28-53.el9.x86_64
libdb-utils-5.3.28-53.el9.x86_64
```

项目 12　配置与管理 FTP 服务器

```
[root@Server01 ~]# db_load  -T  -t  hash  -f  /vftp/vuser.txt  /vftp/vuser.db
[root@Server01 ~]# ls   /vftp
vuser.db    vuser.txt
```

3）修改数据库文件访问权限。数据库文件中保存着虚拟账号和密码信息，为了防止用户非法盗取，可以修改该文件的访问权限。

```
[root@Server01 ~]# chmod   700  /vftp/vuser.db; ll   /vftp
总用量 16
-rwx------. 1 root root 12288 10月   6 12:46 vuser.db
-rw-r--r--. 1 root root    31 10月   6 12:42 vuser.txt
```

(3) 配置 PAM 认证

为了使服务器能够使用数据库文件，对客户端进行身份验证，需要调用系统的可插拔认证模块（Pluggable Authentication Modules，PAM），不必重新安装应用程序，通过修改指定的配置文件，调整对该程序的认证方式。PAM 配置文件的路径为/etc/pam.d。该目录下保存着大量与认证有关的配置文件，并以服务名称命名。

下面修改 vsftpd 对应的 PAM 配置文件/etc/pam.d/vsftpd，使用"#"将默认配置全部注释掉，添加相应字段，如下所示。

```
[root@Server01 ~]# vim   /etc/pam.d/vsftpd
# %PAM-1.0
# session    optional    pam_keyinit.so   force revoke
# auth required pam_listfile.so item=user sense=deny file=/etc/vsftpd/ftpusers onerr=succeed
# auth        required    pam_shells.so
# auth        include     password-auth
# account     include     password-auth
# session     required    pam_loginuid.so
# session     include     password-auth
auth          required    pam_userdb.so    db=/vftp/vuser
account       required    pam_userdb.so    db=/vftp/vuser
```

(4) 创建虚拟账号对应的系统用户，并建立测试文件和目录

```
[root@Server01 ~]# useradd  -d  /var/ftp/vuser  vuser            ①
[root@Server01 ~]# chown  vuser.vuser  /var/ftp/vuser             ②
[root@Server01 ~]# chmod  555  /var/ftp/vuser                     ③
[root@Server01 ~]# touch  /var/ftp/vuser/file1; mkdir  /var/ftp/vuser/dir1
[root@Server01 ~]# ls  -ld  /var/ftp/vuser                        ④
dr-xr-xr-x. 4 vuser vuser 103 10月   6 12:51 /var/ftp/vuser
```

以上代码中，带序号的各行功能说明如下。

① 用 useradd 命令添加系统账号 vuser，并将其/home 目录指定为/var/ftp 下的 vuser。
② 变更 vuser 目录的所属用户和组，设定为 vuser 用户、vuser 组。

③ 匿名账号登录时会映射为系统账号，并登录/var/ftp/vuser 目录，但其没有访问该目录的权限，需要为 vuser 目录的属主、属组以及其他用户和组添加读和执行权限。

④ 使用 ls 命令查看 vuser 目录的详细信息，系统账号主目录设置完毕。

（5）修改/etc/vsftpd/vsftpd.conf

```
anonymous_enable=NO              ①
anon_upload_enable=NO
anon_mkdir_write_enable=NO
anon_other_write_enable=NO
local_enable=YES                 ②
chroot_local_user=YES            ③
allow_writeable_chroot=YES
write_enable=NO                  ④
guest_enable=YES                 ⑤
guest_username=vuser             ⑥
listen=YES                       ⑦
listen_ipv6=NO                   ⑧
pam_service_name=vsftpd          ⑨
```

 注意

①"="两边不要加空格。②将该内容直接加到配置文件的尾部，但与原文件相同的配置选项，请在原配置前面加上"#"注释掉，避免冲突。③一定不要出现 local_root 语句。

以上代码中，带序号的各行功能说明如下。

① 为了保证服务器安全，关闭匿名访问以及其他匿名相关设置。

② 因为虚拟账号会映射为服务器的系统账号，所以需要开启本地账号的支持。

③ 锁定账号的根目录。

④ 关闭用户的写权限。

⑤ 开启虚拟账号访问功能。

⑥ 设置虚拟账号对应的系统账号为 vuser。

⑦ 设置 FTP 服务器为独立运行。

⑧ 目前网络环境尚不支持 ipv6，在 listen 设置为 Yes 的情况下会导致出现错误而无法启动，所以将其值改为 NO。

⑨ 配置 vsftpd 使用的 PAM 为 vsftpd。

（6）设置防火墙放行和 SELinux 允许，重启 vsftpd 服务

```
[root@Server01 ~]# firewall-cmd --permanent --add-service=ftp
[root@Server01 ~]# firewall-cmd --reload
[root@Server01 ~]# firewall-cmd --list-all
[root@Server01 ~]# setenforce 0
[root@Server01 ~]# systemctl restart vsftpd
[root@Server01 ~]# systemctl enable  vsftpd
```

（7）在 Client1 上测试

使用虚拟账号 user2、user3 登录 FTP 服务器进行测试，会发现虚拟账号登录成功，并显示 FTP 服务器目录信息。

```
[root@Client1 ~]# ftp 192.168.10.1
Connected to 192.168.10.1 (192.168.10.1).
220 (vsFTPd 3.0.2)
Name (192.168.10.1:root):user2
331 Please specify the password.
Password：
230 Login successful.
Remote system type is UNIX.
Using binary mode to transfer files.
ftp>ls                                    # 可以列出目录信息，该目录是主目录/var/ftp
227 Entering Passive Mode (192,168,10,1,141,36).
150 Here comes the directory listing.
drwxr-xr-x    2  0        0            6 May 09   2023 pub
dr-xr-xr-x    4  1005     1005       103 Oct 06 04:51 vuser
226 Directory send OK.

ftp>cd  /etc                              # 不能更改主目录
550 Failed to change directory.
ftp>mkdir  testuser1                      # 仅能查看，不能写入
550 Permission denied.
ftp>quit
221 Goodbye.
```

> **特别提示**
> 匿名开放模式、本地用户认证模式和虚拟用户认证模式的配置文件，请在配套资源中获取。

（8）安全考虑
- 确保 FTP 服务器的防火墙规则仅允许内部网络访问。
- 定期检查 FTP 服务器的日志文件，监控任何异常访问行为。
- 定期对虚拟用户账号和密码进行更新，增强安全性。

12.4 项目实训：配置与管理 FTP 服务器

1. 项目背景

某企业的 FTP 服务器搭建与配置网络拓扑如图 12-3 所示。该企业想构建一台 FTP 服务器，为企业局域网中的计算机提供文件传输服务，为财务部、销售部和 OA 系统等提供异地数据备份。要求能够对 FTP 服务器设置连接限制、日志记录、消息、验证客户端身

项目实录 12-3
配置与管理 FTP
服务器

份等属性，并能创建用户隔离的 FTP 站点。

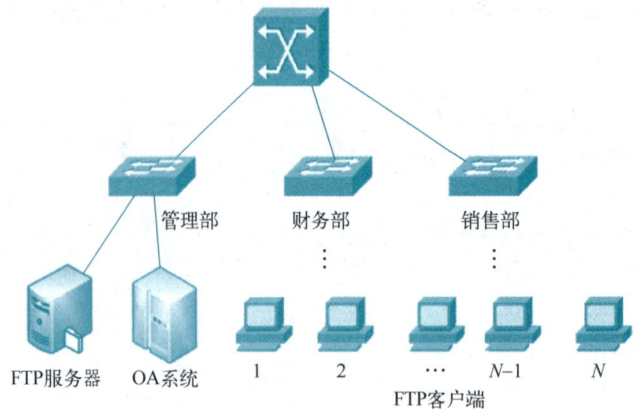

图 12-3　某企业的 FTP 服务器搭建与配置网络拓扑

2. 深度思考

思考以下几个问题。

1）如何使用 service vsftpd status 命令检查 vsftp 的安装状态？
2）FTP 权限和文件系统权限有何不同？如何进行设置？
3）为何不建议对根目录设置写权限？
4）如何设置进入目录后的欢迎信息？
5）如何锁定 FTP 用户在其"宿主"目录中？
6）user_list 和 ftpusers 文件都存有用户名列表，如果一个用户同时存在于两个文件中，则最终的执行结果是怎样的？

3. 做一做

根据实训内容，将项目完整地完成。

12.5　练习题

一、填空题

1. FTP 服务就是_____服务，FTP 的英文全称是_____。
2. FTP 服务通过使用一个共同的用户名_____和密码不限的管理策略，让任何用户都可以很方便地从这些服务器上下载软件。
3. FTP 服务有两种工作模式：_____和_____。
4. ftp 命令的格式为：_____。

二、选择题

1. ftp 命令的参数（　　）可以与指定的机器建立连接。
A. connect　　　　　B. close　　　　　C. cdup　　　　　D. open
2. FTP 服务使用的端口是（　　）。
A. 21　　　　　　　B. 23　　　　　　　C. 25　　　　　　　D. 53
3. 从互联网上获得软件时最常采用的是（　　）。

A. WWW B. telnet C. FTP D. DNS

4. 一次下载多个文件可以用（　　）命令。

A. mget B. get C. put D. mput

5. 下面（　　）不是 FTP 用户的类别。

A. real B. anonymous C. guest D. users

6. 修改文件 vsftpd.conf 的（　　）可以实现 vsftpd 服务独立启动。

A. listen=YES B. listen=NO C. boot=standalone D. #listen=YES

7. 将用户加入以下（　　）文件中可能会阻止用户访问 FTP 服务器。

A. vsftpd/ftpusers B. vsftpd/user_list C. ftpd/ftpusers D. ftpd/userlist

三、简答题

1. 简述 FTP 的工作原理。
2. 简述 FTP 服务的工作模式。
3. 简述常用的 FTP 软件。

项目 13　配置与管理电子邮件服务器

项目导入

部署校园网电子邮件服务器，要进行全面而细致的规划。首先，明确邮件服务器的物理部署位置，选定安全稳定的校园网核心区域，并详细规划其网络配置，包括所属网段、IP 地址及域名等关键信息，以确保邮件服务器的网络接入与通信畅通无阻。其次，根据高校内部公文发送与工作交流的实际需求，预先确定每位用户的用户名，为后续的用户账号创建与管理奠定坚实基础。通过这一系列科学规划与准备，将为高校提供高效、稳定且经济的电子邮件服务。

知识和能力目标

- 了解电子邮件服务的工作原理。
- 掌握 postfix 和 POP3 邮件服务器的配置。
- 掌握电子邮件服务器的测试。

素养目标

- 培养开放包容、文明交流互鉴的精神。
- 培养继承和弘扬中华优秀文化的历史自觉。

13.1　项目知识准备

13.1.1　电子邮件服务概述

电子邮件（Electronic Mail，E-mail）服务是 Internet 最基本也是最重要的服务之一。

与传统邮件相比，电子邮件服务的诱人之处在于传递迅速。如果采用传统的方式发送信件，发一封特快专递也需要至少一天的时间，而发送一封电子邮件给远方的用户，通常来说，对方几秒之内就能收到。与最常用的通信手段——电话系统相比，电子邮件在速度上虽然不占优势，但它不要求通信双方同时在场。由于电子邮件采用存储转发的方式发送邮件，发送邮件时并不需要收件人处于在线状态，收件人可以根据实际需要随时上网从邮件服务器上收取邮件，方便了信息交流。

微课 13-1　配置与管理 postfix 邮件

与现实生活中的邮件传递类似，每个人必须有一个唯一的电子邮件地址。电子邮件地址的格式为"USER@RHEL 9.COM"，由 3 部分组成。第 1 部分"USER"代表用户邮箱账号，对于同一个邮件接收服务器来说，这个账号必须是唯一的；第 2 部分"@"是分隔符；第 3 部分"SERVER.COM"是用户邮箱的邮件接收服务器域名，用以标识其所在的位置。这样的一个电子邮件地址表明该用户在指定的计算机（邮件服务器）上有一块存储空间。Linux 邮件服务器上的邮件存储空间通常是位于/var/spool/mail 目录下的文件。

与常用的网络通信方式不同，电子邮件系统采用缓冲池（spooling）技术处理传递的延迟。用户发送邮件时，邮件服务器将完整的邮件信息存放到缓冲区队列中，系统后台进程会在适当的时候将队列中的邮件发送出去。RFC822 定义了电子邮件的标准格式，它将一封电子邮件分成头部（head）和正文（body）两部分。邮件的头部包含了邮件的发送方、接收方、发送日期、邮件主题等内容，而正文通常是要发送的信息。

13.1.2 电子邮件系统的组成

Linux 系统中的电子邮件系统包括 3 个组件：邮件用户代理（Mail User Agent，MUA）、邮件传送代理（Mail Transfer Agent，MTA）和邮件投递代理（Mail Dilivery Agent，MDA）。

1. MUA

MUA 是电子邮件系统的客户端程序。它是用户与电子邮件系统的接口，主要负责邮件的发送和接收以及邮件的撰写、阅读等工作。目前主流的用户代理软件有基于 Windows 平台的 Outlook、Foxmail 和基于 Linux 平台的 mail、elm、pine、Evolution 等。

2. MTA

MTA 是电子邮件系统的服务器程序，它主要负责邮件的存储和转发。最常用的 MTA 软件有基于 Windows 平台的 Exchange 和基于 Linux 平台的 qmail 和 postfix 等。

3. MDA

MDA 有时也称为本地投递代理（Local Dilivery Agent，LDA）。MTA 把邮件投递到邮件收件人所在的邮件服务器，MDA 则负责把邮件按照收件人的用户名投递到邮箱中。

总的来说，当使用 MUA 程序（如 mail、elm、pine）写邮件时，应用程序把邮件传给 postfix 或 postfix 这样的 MTA 程序。如果邮件是寄给局域网或本地主机的，MTA 程序应该从地址上就可以确定这个信息。如果邮件是发给远程系统用户的，那么 MTA 程序必须能够选择路由，与远程邮件服务器建立连接并发送邮件。MTA 程序还必须能够处理发送邮件时产生的问题，并且能向发件人报告出错信息。例如，当邮件没有填写地址或收件人不存在时，MTA 程序要向发件人报错。MTA 程序还支持别名机制，使用户能够方便地用不同的名字与其他用户、主机或网络通信。MDA 的作用主要是把收件人 MTA 收到的邮件信息投递到相应的邮箱中。

13.1.3 电子邮件传输过程

电子邮件与普通邮件有类似的地方，发件人注明收件人的姓名与地址（邮件地址），发送方服务器把邮件传到收件方服务器，收件方服务器再把邮件发到收件人的邮箱中。图 13-1 所示解释了电子邮件的发送过程。

电子邮件传输的基本过程如图 13-2 所示。

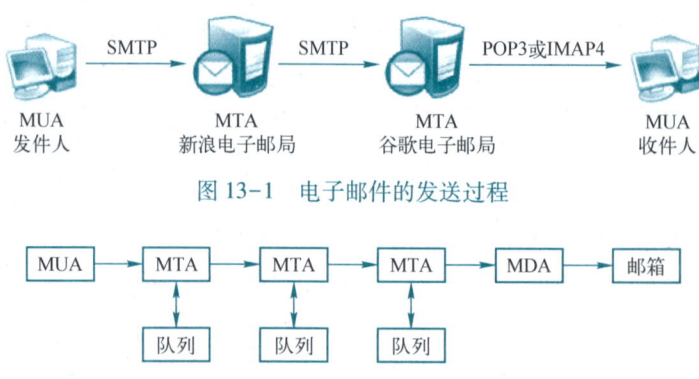

图 13-1　电子邮件的发送过程

图 13-2　电子邮件传输的基本过程

1）用户在客户端使用 MUA 撰写邮件，并将写好的邮件提交给本地 MTA 上的缓冲区。

2）MTA 每隔一定时间发送一次缓冲区中的邮件队列。MTA 根据邮件的收件人地址，使用 DNS 服务器的 MX（邮件交换器）资源记录解析邮件地址的域名部分，从而决定将邮件投递到哪一个目标主机。

3）目标主机上的 MTA 收到邮件以后，根据邮件地址中的用户名部分判断用户的邮箱，并使用 MDA 将邮件投递到该用户的邮箱中。

4）该邮件的发件人可以使用常用的 MUA 软件登录邮箱，查阅新邮件，并根据需要做相应的处理。

13.1.4　与电子邮件相关的协议

常用的与电子邮件相关的协议有 SMTP、POP3 和 IMAP4。

1. SMTP

简单邮件传送协议（Simple Mail Transfer Protocol，SMTP）默认工作在 TCP 的 25 端口。SMTP 属于客户端/服务器模型，它是一组用于由源地址到目的地址传送邮件的规则，由它来控制邮件的中转方式。SMTP 属于 TCP/IP 协议簇，它帮助每台计算机在发送或中转邮件时找到下一个目的地。通过 SMTP 指定的服务器，就可以把电子邮件寄到收件人的服务器上了。SMTP 服务器是遵循 SMTP 的发送邮件服务器，用来发送或中转发出的电子邮件。SMTP 仅能用来传输基本的文本信息，不支持字体、颜色、声音、图像等信息的传输。为了传输这些内容，目前在 Internet 中广为使用的是多用途 Internet 邮件扩展（Multipurpose Internet Mail Extension，MIME）协议。MIME 弥补了 SMTP 的不足，解决了 SMTP 仅能传送 ASCII 文本的限制。目前，SMTP 和 MIME 协议已经广泛应用于各种电子邮件系统中。

2. POP3

邮局协议的第 3 个版本（Post Office Protocol 3，POP3）默认工作在 TCP 的 110 端口。POP3 同样也属于客户端/服务器模型，它规定怎样将个人计算机连接到 Internet 的邮件服务器和怎样下载电子邮件。它是 Internet 电子邮件的第一个离线协议标准，POP3 允许从服务器上把邮件存储到本地主机，即自己的计算机上，同时删除保存在邮件服务器上的邮件。遵循 POP3 来接收电子邮件的服务器是 POP3 服务器。

3. IMAP4

Internet 信息访问协议的第 4 个版本（Internet Message Access Protocol 4，IMAP4）默认工

作在 TCP 的 143 端口。它是用于从本地服务器上访问电子邮件的协议，也是一个客户端/服务器模型协议，用户的电子邮件由服务器负责接收保存，用户可以通过浏览邮件头来决定是否要下载此邮件。用户也可以在服务器上创建或更改文件夹或邮箱、删除邮件或检索邮件的特定部分。

注意

虽然 POP3 和 IMAP4 都用于处理电子邮件的接收，但二者在机制上有所不同。当用户访问电子邮件时，IMAP4 需要持续访问邮件服务器，而 POP3 则是将电子邮件保存在服务器上，当用户阅读电子邮件时，所有内容都会被立即下载到用户的机器上。

13.1.5 邮件中继

前文讲解了整个邮件转发的流程，实际上，邮件服务器在接收到邮件以后，会根据邮件的目标地址来判断该邮件是发送至本域还是外部，然后分别进行不同的操作，常见的处理方法有以下两种。

1. 本地邮件发送

当邮件服务器检测到邮件发往本地邮箱时，如 yun@smile60.cn 发送至 ph@smile60.cn，处理方法比较简单，即直接将邮件发往指定的邮箱。

2. 邮件中继

邮件中继是指用户服务器向其他服务器发起的邮件传递请求。服务器处理的邮件类型主要有两类：外发邮件，即本域用户经服务器向外部转发的邮件；接收邮件，即发送至本域用户的邮件。

服务器不应处理过路邮件，此类邮件既非本域用户发送，也不是发送给本域用户，而是由一个外部用户发送给另一个外部用户，这种行为被称为第三方中继。若邮件中继至组织外部无需验证，则被定义为开放中继（OPEN RELAY）。第三方中继与开放中继需予以禁止，但邮件中继功能本身不能关闭。以下为相关概念详述。

1）邮件中继：用户借助服务器将邮件传递至组织外部。

2）开放中继：在向组织外部进行邮件中继时，缺乏限制机制，使得未经验证的用户也能够提交中继请求。

3）第三方中继：由服务器发起的开放中继，并非源于客户端直接提交。例如，若用户所在域为 A，用户通过属于 B 域的服务器 B 中转邮件至 C 域。在此情形下，服务器 B 接收到的连接请求来自 A 域的服务器（并非客户端），且邮件既非服务器 B 所在域用户提交，也不是发送至 B 域，此类情况即属于第三方中继。第三方中继是垃圾邮件产生的根源之一。若用户直接连接服务器发送邮件，如通过群发软件，此类行为难以阻止。但当关闭开放中继功能后，此类用户仅能将邮件发送至组织内部用户，而无法将邮件中继至组织外部。

如果关闭了开放中继，那么只有该组织内的用户通过验证后，才可以提交中继请求。也就是说，用户要发邮件到组织外，一定要经过验证。要注意的是不能关闭中继，否则邮件系统只能在组织内使用。邮件认证机制要求用户在发送邮件时必须提交账号及密码，邮件服务器验证该用户属于该域合法用户后，才允许转发邮件。

13.2 项目设计与准备

13.2.1 项目设计

本项目选择企业版 Linux 网络操作系统提供的电子邮件系统 postfix 来部署电子邮件服务，利用 Windows 10 的 Outlook 程序来收发邮件（如果没安装请从网上下载后安装）。

13.2.2 项目准备

部署电子邮件服务应做好下列准备工作。

1）安装好企业版 Linux 网络操作系统，并且必须保证 Apache 服务和 perl 语言解释器正常工作。客户端使用 Linux 和 Windows 操作系统。服务器和客户端能够通过网络进行通信。

2）电子邮件服务器的 IP 地址、子网掩码等 TCP/IP 参数应手动配置。

3）电子邮件服务器应拥有友好的 DNS 名称，应能够被正常解析，并且具有电子邮件服务所需的 MX 资源记录。

4）创建任何电子邮件域之前，规划并设置好 POP3 服务器的身份验证方法。

计算机的配置信息如表 13-1 所示（可以使用 VMware workstation 的"克隆"技术快速安装需要的 Linux 客户端）。

表 13-1　Linux 服务器和客户端的配置信息

主机名	操作系统	IP 地址	角色及其他
邮件服务器：Server01	CS9	192.168.10.1	DNS 服务器、postfix 邮件服务器，VMnet1
Linux 客户端：Client1	CS9	IP 和 DNS 根据不同任务设定	邮件测试客户端，VMnet1
Windows 客户端：Client2	Windows 10	IP 和 DNS 根据不同任务设定	邮件测试客户端，VMnet1

13.3 项目实施

任务 13-1　配置 postfix 邮件服务器

在早期 Linux 系统中，默认使用的发件服务是由 sendmail 服务程序提供的，而在 CS9 中已经替换为 postfix 服务程序。相较于 postfix 服务程序，postfix 服务程序减少了很多不必要的配置步骤，而且在稳定性、并发性方面也有很大改进。

想要成功地架设 postfix 邮件服务器，除了需要理解其工作原理外，还需要清楚整个设定流程，以及在整个流程中每一步的作用。设定一个简易 postfix 邮件服务器主要包含以下几个步骤。

慕课 13-2　配置与管理 postfix 邮件服务器

1）配置好 DNS。
2）配置 postfix 服务程序。
3）配置 dovecot 服务程序。
4）创建电子邮件系统的登录账户。
5）启动 postfix 邮件服务器。

6）测试电子邮件系统。

1. 在线安装 bind 和 postfix 服务

```
[root@Server01 ~]# rpm -q postfix
//未安装软件包 postfix
[root@Server01 ~]# dnf clean all                    //安装前先清除缓存
[root@Server01 ~]# dnf install bind postfix -y
[root@Server01 ~]# rpm-qa|grep postfix              //检查安装组件是否成功
```

2. 开放 dns、smtp 服务

打开 SELinux 有关的布尔值，在防火墙中开放 dns、smtp 服务。重启服务，并设置开机重启生效（DNS 服务器提前安装）。

```
[root@Server01 ~]# setsebool -P allow_postfix_local_write_mail_spool on
[root@Server01 ~]# systemctl restart postfix
[root@Server01 ~]# systemctl restart named
[root@Server01 ~]# systemctl enable named
[root@Server01 ~]# systemctl enable postfix
[root@Server01 ~]# firewall-cmd --permanent --add-service=dns
[root@Server01 ~]# firewall-cmd --permanent --add-service=smtp
[root@Server01 ~]# firewall-cmd --reload
```

3. 修改 postfix 服务程序主配置文件

postfix 服务程序主配置文件/etc/postfix/main.cf 有 679 行左右的内容，其主要参数如表 13-2 所示。

表 13-2　postfix 服务程序主配置文件中的主要参数

参数	作用
myhostname	邮局系统的主机名
mydomain	邮局系统的域名
myorigin	从本机发出邮件的域名名称
inet_interfaces	监听的网卡接口
mydestination	可接收邮件的主机名或域名
mynetworks	设置可转发哪些主机的邮件
relay_domains	设置可转发哪些网域的邮件

使用如下命令可以查看带行号的主配置文件内容（内容比较多，加上行号显示）。

```
[root@Server01 ~]# cat /etc/postfix/main.cf -n
```

在主配置文件中，总计需要修改以下 5 处。使用 **vim /etc/postfix/main.cf** 命令修改（在末行模式下输入 set number，可以显示行号）。

1）在第 96 行定义一个名为 myhostname 的变量，用来保存服务器的主机名。还要记住以下参数，有时需要调用它。

```
myhostname = mail.long60.cn
```

2) 在第 103 行定义一个名为 mydomain 的变量,用来保存邮件域的名称。后文也要调用这个变量。

```
mydomain = long60.cn
```

3) 在第 119 行调用 mydomain 变量,用来定义发出邮件的域。调用变量的好处是避免重复写入信息,以及便于日后统一修改。

```
myorigin = $mydomain
```

4) 在第 135 行定义网卡监听地址。可以指定要使用服务器的哪些 IP 地址对外提供电子邮件服务;也可以直接将 localhost 改写成 all,代表所有 IP 地址都能提供电子邮件服务。

```
inet_interfaces = all
```

5) 在第 183 行定义可接收邮件的主机名或域名列表。这里可以直接调用前面定义好的 myhostname 和 mydomain 变量(如果不想调用变量,也可直接调用变量中的值)。

```
mydestination = $myhostname , $mydomain , localhost
```

4. 别名和群发设置

用户别名是经常用到的一个功能。顾名思义,别名就是给用户起的另外一个名字。例如,给用户 A 起个别名为 B,以后发给 B 的邮件实际是 A 用户来接收的。为什么说这是一个经常用到的功能呢?第一,root 用户无法收发邮件,如果有发给 root 用户的邮件,就必须为 root 用户建立别名。第二,群发设置需要用到这个功能。企业内部在使用邮件服务时,经常会按照部门群发邮件,发给财务部门的邮件只有财务部的人才会收到,其他部门的人则无法收到。

要使用别名设置功能,首先需要在 /etc 目录下建立文件 aliases,然后编辑文件内容,其格式如下。

```
alias:recipient[ ,recipient,…]
```

其中,alias 为邮件地址中的用户名(别名),recipient 是实际接收该邮件的用户。下面通过几个例子来说明用户别名的设置方法。

【例 13-1】为 user1 账号设置别名为 zhangsan,为 user2 账号设置别名为 lisi。方法如下。

```
[root@Server01 ~]# vim   /etc/aliases
//添加下面两行:
zhangsan:user1
lisi:user2
```

【例 13-2】假设网络组的每位成员在本地 Linux 系统中都拥有一个真实的电子邮件账号,现在要给这些成员发送一封相同内容的电子邮件。可以使用用户别名机制中的邮件列表功能实现,方法如下。

项目 13 配置与管理电子邮件服务器

```
[root@Server01 ~]# vim /etc/aliases
network_group: net1,net2,net3,net4
```

这样,通过给 network_group 发送邮件就可以给网络组中的 net1、net2、net3 和 net4 都发送一封同样的邮件。

最后,在设置过 aliases 文件后,还要使用 newaliases 命令生成 aliases.db 数据库文件。

```
[root@Server01 ~]# newaliases
```

5. 利用 Access 文件设置邮件中继

Access 文件用于控制邮件中继和邮件的进出管理。可以利用 Access 文件来限制哪些客户端可以使用此邮件服务器来转发邮件。例如,限制某个域的客户端拒绝转发邮件,也可以限制某个网段的客户端可以转发邮件。Access 文件的内容会以列表形式体现出来。其格式如下。

| 对象 | 处理方式 |

对象和处理方式的表现形式并不单一,每一行都包含对象和对它们的处理方式。下面简单介绍常见的对象和处理方式的类型。

Access 文件中的每一行都具有一个对象和一种处理方式,需要根据环境进行二者的组合。来看一个示例,使用 vim 命令查看默认的 Access 文件。

默认的设置表示来自本地的客户端允许使用 Mail 服务器收发邮件。通过修改 Access 文件,可以设置邮件服务器对电子邮件的转发行为,但是配置后必须使用 postmap 建立新的 access.db 数据库。

【例 13-3】允许 192.168.10.0/24 网段和 long60.cn 自由发送邮件,但拒绝客户端 clm.long60.cn 及除 192.168.2.100 以外的 192.168.2.0/24 网段的所有主机。

```
[root@Server01 ~]# vim /etc/postfix/access
192.168.10.0/24            OK
.long60.cn                 OK
clm.long60.cn              REJECT
192.168.2.100              OK
192.168.2.0/24             REJECT
```

还需要在/etc/postfix/main.cf 中增加以下内容。

```
smtpd_client_restrictions = check_client_access hash:/etc/postfix/access
```

 特别注意

只有增加最后一行内容,访问控制的过滤规则才生效。

最后使用 postmap 生成新的 access.db 数据库。

```
[root@Server01 ~]# postmap   hash:/etc/postfix/access
[root@Server01 ~]# ls  -l  /etc/postfix/access*
-rw-r--r--. 1 root root 21289  9月 15 13:25 /etc/postfix/access
-rw-r--r--. 1 root root 12288  9月 15 13:40 /etc/postfix/access.db
```

6. 设置邮箱容量

1）设置用户邮件的大小限制。编辑/etc/postfix/main.cf 配置文件，限制发送的邮件大小最大为 5 MB，添加以下内容。

> message_size_limit = 5000000

2）通过磁盘配额限制用户邮箱空间。

① 使用 **df －hT** 命令查看邮件目录挂载信息，如图 13-3 所示。

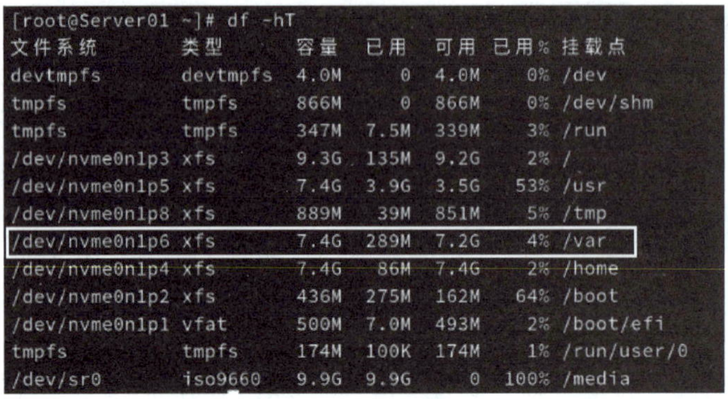

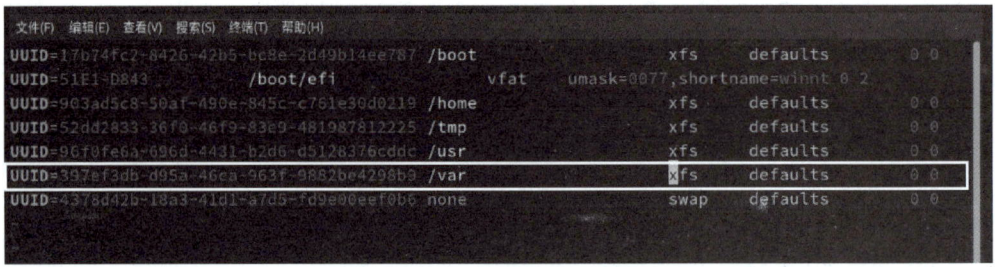

图 13-3　查看邮件目录挂载信息

在项目 1 的硬盘分区中已经考虑了独立分区的问题，这样就保证了该实训的正常进行。从图 13-3 可以看出，/var 已经自动挂载了。

② 使用 vim 编辑器修改/etc/fstab 文件，如图 13-4 所示（一定要保证/var 是单独的 xfs 分区）。

图 13-4　修改/etc/fstab 文件

③ /dev/mapper/rl-var 分区格式为 xfs，查看是否自动开启磁盘配额功能。

> ［root@Server01 ~］# **mount ｜grep /var**
> /dev/nvme0n1p6 on /var type xfs（rw, relatime, seclabel, attr2, inode64, logbufs = 8, logbsize = 32k, **noquota**）
> sunrpc on /var/lib/nfs/rpc_pipefs type rpc_pipefs（rw, relatime）

④ "noquota" 说明没有自动开启磁盘配额功能，所以要编辑/etc/fstab 文件，在 defaults 后面增加 ",usrquota,grpquota" 配额开启参数，如下所示（其中，UUID 值使用 blkid 命令查看）。

```
......
UUID=5f56401e-b362-4df4-8cbc-6ebd4c466844    /           xfs   defaults                      0 0
UUID=17b74fc2-8426-42b5-bc8e-2d49b14ee787    /boot       xfs   defaults                      0 0
UUID=51E1-D843                               /boot/efi   vfat  umask=0077,shortname=winnt    0 2
UUID=903ad5c8-50af-490e-845c-c761e30d0219    /home       xfs   defaults                      0 0
UUID=52dd2833-36f0-46f9-83e9-481987812225    /tmp        xfs   defaults                      0 0
UUID=96f0fe6a-696d-4431-b2d6-d5128376cddc    /usr        xfs   defaults                      0 0
UUID=397ef3db-d95a-46ca-963f-9882be4298b9    /var        xfs   defaults,usrquota,grpquota    0 0
......
```

usrquota 为用户的配额参数，grpquota 为组的配额参数。保存退出，重新启动系统，使操作系统按照新的参数挂载文件系统。

⑤ 重启系统后再次查看配额激活情况。

```
[root@Server01 ~]# mount |grep /var
/dev/nvme0n1p6 on /var type xfs (rw,relatime,seclabel,attr2,inode64,logbufs=8,logbsize=32k,usrquota,grpquota)
sunrpc on /var/lib/nfs/rpc_pipefs type rpc_pipefs (rw,relatime)
[root@Server01 ~]# quotaon -p /var
group quota on /var (/dev/nvme0n1p6) is on
user quota on /var (/dev/nvme0n1p6) is on
project quota on /var (/dev/nvme0n1p6) is off
```

⑥ 设置磁盘配额。下面为用户和组配置详细的配额限制，使用 edquota 命令设置磁盘配额，命令格式如下。

```
edquota -u 用户名或 edquota -g 组名
```

为用户 bob 配置磁盘配额限制，执行 edquota 命令，打开用户配额编辑文件，如下所示（bob 用户一定是存在的 Linux 系统用户）。

```
[root@Server01 ~]# useradd bob; passwd bob
[root@Server01 ~]# edquota  -u   bob
Disk quotas for user bob (uid 1001):
  Filesystem              blocks      soft      hard     inodes    soft    hard
  /dev/mapper/rl-var         0          0         0          1       0       0
```

磁盘配额参数的含义如表 13-3 所示。

表 13-3 磁盘配额参数的含义

参数	含义
Filesystem	文件系统的名称
blocks	用户当前使用的块数（磁盘空间），单位为 KB
soft	可以使用的最大磁盘空间。可以在一段时间内超过软限制规定

（续）

参数	含义
hard	可以使用的磁盘空间的最大绝对值。达到该限制后，操作系统将不再为用户或组分配磁盘空间
inodes	用户当前使用的索引节点数量（文件数）
soft	可以使用的最大文件数。可以在一段时间内超过软限制规定
hard	可以使用的文件数的最大绝对值。达到该限制后，用户或组将不能再建立文件

设置磁盘空间或者文件数限制，需要修改对应的 soft、hard 值，而不修改 blocks 和 inodes 值，根据当前磁盘的使用状态，操作系统会自动设置这两个字段的值。

注意

如果 soft 或者 hard 设置为 0，则表示没有限制。

这里将磁盘空间的硬限制设置为 100 MB，编辑完成后保存退出。

```
［root@Server01 ~］# edquota  -u  bob
Disk quotas for user bob（uid 1001）:
    Filesystem        blocks       soft       hard      inodes      soft       hard
    /dev/nvme0n1p6         0          0     100000          2         0          0
```

任务 13-2　配置 dovecot 服务程序

在 postfix 邮件服务器 Server01 上进行基本配置以后，Mail Server 就可以完成电子邮件的发送工作，但是如果需要使用 POP3 和 IMAP 接收邮件，则还需要安装 dovecot 软件包。

1. 安装 dovecot 服务程序软件包

1）安装 POP3 和 IMAP。

```
［root@Server01 ~］# dnf install dovecot -y
［root@Server01 ~］# rpm -qa |grep dovecot
dovecot-2.3.16-11.el9_4.1.x86_64
```

2）启动 POP3 服务，同时开放 POP3 和 IMAP 对应的 TCP 端口 110 和 143。

```
［root@Server01 ~］# systemctl  restart  dovecot
［root@Server01 ~］# systemctl  enable  dovecot
［root@Server01 ~］# firewall-cmd --permanent --add-port=110/tcp
［root@Server01 ~］# firewall-cmd --permanent --add-port=25/tcp
［root@Server01 ~］# firewall-cmd --permanent --add-port=143/tcp
［root@Server01 ~］# firewall-cmd --reload
```

3）测试。使用 netstat 命令测试是否开启 POP3 的 110 端口和 IMAP 的 143 端口。

```
［root@Server01 ~］# netstat  -an|grep   :110
tcp        0      0 0.0.0.0:110      0.0.0.0:*        LISTEN
tcp6       0      0 :::110           :::*             LISTEN
```

```
[root@Server01 ~]# netstat  -an|grep    :143
tcp     0       0 0.0.0.0:143       0.0.0.0:*         LISTEN
tcp6    0       0 :::143            :::*              LISTEN
```

如果显示110和143端口开启，则表示POP3以及IMAP服务已经可以正常工作。

2. 配置部署dovecot服务程序

1）在dovecot服务程序的主配置文件中进行如下修改。首先是第24行，把dovecot服务程序支持的电子邮件协议修改为imap、pop3和lmtp。一定去掉该语句前面的"#"注释符。

```
[root@Server01  ~]# vim /etc/dovecot/dovecot.conf
protocols = imap pop3 lmtp
```

2）在主配置文件中的第48行，设置允许登录的网段地址，也就是说，可以在这里限制只有来自某个网段的用户才能使用电子邮件系统。如果想允许所有人都能使用，则修改本参数如下。

```
login_trusted_networks = 0.0.0.0/0
```

也可修改为某网段，如192.168.10.0/24。

特别注意

本字段一定要启用，否则在连接telnet使用25号端口收邮件时会出现错误："-ERR [AUTH] Plaintext authentication disallowed on non-secure (SSL/TLS) connections."。

3. 配置邮件格式与存储路径

在dovecot服务程序单独的子配置文件中，定义一个路径，用于指定将收到的邮件存放到服务器本地的哪个位置。这个路径默认已经定义好了，只需要将该配置文件中第25行前面的"#"删除即可，然后保存退出。

```
[root@Server01 ~]# vim /etc/dovecot/conf.d/10-mail.conf
mail_location =mbox:~/mail:INBOX=/var/mail/%u
```

4. 创建用户，建立保存邮件的目录

以创建user1和user2为例。创建用户完成后，建立相应用户保存邮件的目录（这是必需的，否则会出错）。

```
[root@Server01 ~]# useradd user1
[root@Server01 ~]# useradd user2
[root@Server01 ~]# passwd user1
[root@Server01 ~]# passwd user2
[root@Server01 ~]# mkdir -p /home/user1/mail/.imap/INBOX
[root@Server01 ~]# mkdir -p /home/user2/mail/.imap/INBOX
```

至此，对dovecot服务程序的配置部署全部结束。

任务 13-3　配置一个完整的收发邮件服务器并测试

postfix 邮件服务器和 DNS 服务器的地址为 192.168.10.1，利用 telnet 命令，使邮件地址为 user3@long60.cn 的用户向邮件地址为 user4@long60.cn 的用户发送主题为"The first mail：user3 TO user4"的邮件，同时使用 telnet 命令从 IP 地址为 192.168.10.1 的 POP3 服务器接收电子邮件。

当 postfix 邮件服务器搭建好之后，应该尽可能快地保证服务器正常使用，一种快速、有效的测试方法是使用 telnet 命令直接登录服务器的 25 端口，并收发邮件以及对 postfix 进行测试。

在测试之前，先确保 Telnet 的服务器软件和客户端软件已经安装（分别在 Server01 和 Client1 上安装，不再一一分述）。为了避免原来的设置影响本次实训，建议将计算机恢复到初始状态。具体操作过程如下。

1）在 Server01 上安装 dns、postfix、dovecot 和 telnet，并启动。

① 安装 dns、postfix、dovecot 和 telnet。

```
[root@Server01 ~]# dnf clean all                      //安装前先清除缓存
[root@Server01 ~]# dnf install bind postfix dovecot telnet-server telnet -y
```

② 打开 SELinux 有关的布尔值，在防火墙中开放 DNS、SMTP 服务。

```
[root@Server01 ~]# setsebool -P allow_postfix_local_write_mail_spool on
[root@Server01 ~]# firewall-cmd --permanent --add-service=dns
[root@Server01 ~]# firewall-cmd --permanent --add-service=smtp
[root@Server01 ~]# firewall-cmd --permanent --add-service=telnet
[root@Server01 ~]# firewall-cmd --reload
```

③ 启动 POP3 服务，同时开放 POP3 和 IMAP 对应的 TCP 端口 110 和 143。

```
[root@Server01 ~]# firewall-cmd --permanent --add-port=110/tcp
[root@Server01 ~]# firewall-cmd --permanent --add-port=25/tcp
[root@Server01 ~]# firewall-cmd --permanent --add-port=143/tcp
[root@Server01 ~]# firewall-cmd --reload
```

2）在 Server01 上配置 DNS 服务器，设置 MX 资源记录。

配置 DNS 服务器，并设置虚拟域的 MX 资源记录。具体步骤如下。

① 编辑修改 DNS 服务器的主配置文件，添加 long60.cn 域的区域声明（options 部分省略，按常规配置即可，完全的配置文件见配套资源）。

```
[root@Server01 ~]# vim /etc/named.conf
options {
        listen-on port 53 {any; };
        listen-on-v6 port 53 {any; };
        directory       "/var/named";
        dump-file       "/var/named/data/cache_dump.db";
        ……
```

```
            allow-query        { any; };
    ……
            dnssec-validation no;
    ……
    };
    ……
    zone "long60.cn" IN {
         type master;
         file "long60.cn.zone";   };

    zone "10.168.192.in-addr.arpa" IN {
         type          master;
         file          "1.10.168.192.zone";
    };
    //include "/etc/named.zones";
```

行首用"//"注释掉 include 语句，避免受影响，因为本例在 named.conf 中已经直接写入了域的声明，所以不需要再定义 named.zones。也就是该例已将 named.conf 和 named.zones 两个文件的内容合并到 named.conf 一个文件中了。

② 编辑 long60.cn 区域的正向解析数据库文件。

```
[root@Server01 ~]# vim /var/named/long60.cn.zone
$TTL 1D
@       IN SOA   long60.cn.    root.long60.cn. (
                               2013120800    ;serial
                               1D            ;refresh
                               1H            ;retry
                               1W            ;expire
                               3H )          ;minimum

@                IN      NS         dns.long60.cn.
@                IN      MX    10   mail.long60.cn.
dns              IN      A          192.168.10.1
mail             IN      A          192.168.10.1
smtp             IN      A          192.168.10.1
pop3             IN      A          192.168.10.1
```

③ 编辑 long60.cn 区域的反向解析数据库文件。

```
[root@Server01 ~]# vim /var/named/1.10.168.192.zone
$TTL 1D
@       IN SOA   long60.cn.    root.long60.cn. (
                               0             ;serial
```

```
                              1D              ;refresh
                              1H              ;retry
                              1W              ;expire
                              3H )            ;minimum

      @           IN          NS              dns.long60.cn.
      @           IN          MX       10     mail.long60.cn.

      1           IN          PTR             dns.long60.cn.
      1           IN          PTR             mail.long60.cn.
      1           IN          PTR             smtp.long60.cn.
      1           IN          PTR             pop3.long60.cn.
```

④ 利用下面的命令重新启动 DNS 服务，使配置生效，并测试。

```
[root@Server01 ~]# systemctl restart named
[root@Server01 ~]# systemctl enable named
[root@Server01 ~]# nslookup
>mail.long60.cn
Server:     192.168.10.1
Address:192.168.10.1#53

Name:   mail.long60.cn
Address:192.168.10.1
>192.168.10.1
1.10.168.192.in-addr.arpa    name = mail.long60.cn.
1.10.168.192.in-addr.arpa    name = dns.long60.cn.
1.10.168.192.in-addr.arpa    name = pop3.long60.cn.
1.10.168.192.in-addr.arpa    name = smtp.long60.cn.
> exit
```

3) 在 Server01 上配置邮件服务器。

先配置/etc/postfix/main.cf，再配置 Dovecot 服务程序。

① 配置/etc/postfix/main.cf（前面配置过）。

```
[root@Server01 ~]# vim /etc/postfix/main.cf
myhostname = mail.long60.cn
mydomain = long60.cn
myorigin = $mydomain
inet_interfaces = all
mydestination = $myhostname,$mydomain,localhost
```

② 配置 dovecot.conf（前面配置过）。

```
[root@Server01 ~]# vim /etc/dovecot/dovecot.conf
```

```
protocols = imap pop3 lmtp
login_trusted_networks = 0.0.0.0/0
```

③ 配置邮件格式和路径（默认已配置好，在第25行左右），建立邮件目录（极易出错）。

```
[root@Server01 ~]# vim /etc/dovecot/conf.d/10-mail.conf
mail_location =mbox:~/mail:INBOX=/var/mail/%u
[root@Server01 ~]# useradd user3
[root@Server01 ~]# useradd user4
[root@Server01 ~]# passwd user3
[root@Server01 ~]# passwd user4
[root@Server01 ~]# mkdir -p /home/user3/mail/.imap/INBOX
[root@Server01 ~]# mkdir -p /home/user4/mail/.imap/INBOX
```

④ 启动各种服务，配置防火墙，允许布尔值等。

```
[root@Server01 ~]# systemctl restart postfix
[root@Server01 ~]# systemctl restart named
[root@Server01 ~]# systemctl restart  dovecot
[root@Server01 ~]# systemctl enable postfix
[root@Server01 ~]# systemctl enable  dovecot
[root@Server01 ~]# systemctl enable named
[root@Server01 ~]# setsebool  -P  allow_postfix_local_write_mail_spool  on
```

4）在 Client1 上使用 telnet 发送邮件。

使用 telnet 发送邮件（在 Client1 客户端测试，确保 DNS 服务器设为 192.168.10.1）。

① 在 Client1 上测试 DNS 是否正常，这一步至关重要。

```
[root@Client1 ~]# vim /etc/resolv.conf
nameserver 192.168.10.1
[root@Client1 ~]# nslookup
>set type=MX
> long60.cn
Server:      192.168.10.1
Address:     192.168.10.1# 53

long60.cn mail exchanger = 10 mail.long60.cn.
> exit
```

② 在 Client1 上依次安装 telnet 所需的软件包（在线安装）。

```
[root@Client1 ~]# rpm -qa|grep telnet
[root@Client1 ~]# dnf install telnet-server -y      //安装 telnet 服务器软件
[root@Client1 ~]# dnf install telnet -y             //安装 telnet 客户端软件
[root@Client1 ~]# rpm -qa|grep telnet               //检查安装组件是否成功
```

```
telnet-server-0.17-85.el9.x86_64
telnet-0.17-85.el9.x86_64
```

③ 在 Client1 客户端测试。

```
[root@Client1 ~]# telnet 192.168.10.1 25        //利用 telnet 命令连接邮件服务器的 25 端口
Trying 192.168.10.1...
Connected to 192.168.10.1.
Escape character is '^]'.
220 mail.long60.cn ESMTP postfix
helo long60.cn                                   //利用 helo 命令向邮件服务器表明身份,注意不是 hello
250 mail.long60.cn
mail from:"test"<user3@long60.cn>                //设置邮件标题以及发件人地址。其中邮件标题
                                                 //为"test",发件人地址为 client1@smile60.cn
250 2.1.0 Ok
rcpt to:<user4@long60.cn>                        //利用 rcpt to 命令输入收件人的邮件地址
250 2.1.5 Ok
data                                             //data 表示要求开始写邮件内容了。输入 data 命令
                                                 //后,会提示以一个单行的"."结束邮件
354 End data with <CR><LF>.<CR><LF>
The first mail:user3 TO user4                    //邮件内容
.                                                //"."表示结束邮件内容。千万不要忘记输入"."
250 2.0.0 Ok: queued as C6820C0FC54
quit                                             //退出 telnet 命令
221 2.0.0 Bye
Connection closed by foreign host.
```

细心的读者一定已经注意到,每当输入命令后,服务器总会回应一个数字代码给用户。熟知这些代码的含义对于判断服务器的错误是很有帮助的。常见的邮件回应代码及其说明如表 13-4 所示。

表 13-4 常见的邮件回应代码及其说明

回应代码	说明
220	表示 SMTP 服务器开始提供服务
250	表示命令指定完毕,回应正确
354	可以开始输入邮件内容,并以"."结束
500	表示 SMTP 语法错误,无法执行命令
501	表示命令参数或引述的语法有误
502	表示不支持该命令

5) 利用 telnet 命令接收电子邮件。

```
[root@Client1 ~]# telnet 192.168.10.1 110        //利用 telnet 命令连接邮件服务器 110 端口
Trying 192.168.10.1...
```

```
Connected to 192.168.10.1.
Escape character is '^]'.
+OK Dovecot ready.
user user4                    //利用 user 命令输入用户的用户名为 user4
+OK
pass 12345678                 //利用 pass 命令输入 user4 账户的密码为 12345678
+OK Logged in.
list                          //利用 list 命令获得 user4 账户邮箱中各邮件的编号
+OK 1 messages：
1 292
.
retr 1                        //利用 retr 命令收取邮件编号为 1 的邮件信息，下面各行为邮件信息
+OK 291 octets
Return-Path：<user3@long60.cn>
X-Original-To：user4@long60.cn
Delivered-To：user4@long60.cn
Received：from long60.cn（unknown [192.168.10.20]）
      by mail.long60.cn（postfix）with SMTP id 2FB57404391
      for <user4@long60.cn>；Sun, 15 Sep 2024 17：59：59 +0800（CST）
The first mail：user3 TO user4
.
quit                          //退出 telnet 命令
+OK Logging out.
Connection closed by foreign host.
```

运行 telnet 命令后有以下命令可以使用，其命令格式及参数说明如表 13-5 所示。

表 13-5 telnet 命令格式及参数说明

命令	格式	详细功能
stat	stat 无需参数	stat 命令不带参数，对于此命令，POP3 服务器会响应一个正确应答，此响应为一个单行的信息提示，它以"+OK"开头，接着是两个数字，第一个是邮件数目，第二个是邮件的大小，如"+OK 4 1603"
list	list [n] 参数 n 可选，n 为邮件编号	list 命令的参数可选，该参数是一个数字，表示邮件在邮箱中的编号。可以利用不带参数的 list 命令获得各邮件的编号，并且每一封邮件均占用一行显示，前面的数为邮件的编号，后面的数为邮件的大小
uidl	uidl [n] 参数 n 可选，n 为邮件编号	uidl 命令与 list 命令用途差不多，只不过 uidl 命令显示的邮件信息比 list 命令更详细、更具体
retr	retr n 参数 n 不可省略，n 为邮件编号	retr 命令是接收邮件中最重要的一条命令，它的作用是查看邮件的内容，它必须带参数运行。该命令执行之后，服务器应答的信息比较长，其中包括发件人的电子邮箱地址、发件时间、邮件主题等，这些信息统称为邮件头，紧接在邮件头之后的信息便是邮件正文
dele	dele n 参数 n 不可省略，n 为邮件编号	dele 命令用来删除指定的邮件（注意：dele n 命令只是给邮件做删除标记，只有在执行 quit 命令之后，邮件才会真正删除）
top	top n m 参数 n、m 不可省略，n 为邮件编号，m 为行数	top 命令有两个参数，形如 top n m。其中 n 为邮件编号，m 是要读出邮件正文的行数，如果 m=0，则只读出邮件的邮件头部分

（续）

命令	格式	详细功能
noop	noop 无需参数	noop 命令发出后，POP3 服务器不做任何事，仅返回一个正确响应"+OK"
quit	quit 无需参数	quit 命令发出后，telnet 断开与服务器的连接，系统进入更新状态

6）查看用户邮件目录/var/spool/mail。

可以在邮件服务器 Server01 上查看用户邮件，确保邮件服务器已经正常工作了。postfix 在 /var/spool/mail 目录中为每个用户分别建立单独的文件用于存放每个用户的邮件，这些文件的名称和用户名是相同的。例如，邮件用户 user3@long60.cn 的文件是 user3。

```
[root@Server01 ~]# ls    /var/spool/mail
bob  dept1  dept2  rpc  user1  user2  user3  user4  yangyun
```

7）查看邮件队列的内容

邮件服务器配置成功后，就能够为用户提供电子邮件的发送服务了，但如果接收这些邮件的服务器出现问题，或者因为其他原因导致邮件无法安全地到达目的地，而发送的 SMTP 服务器又没有保存邮件，这封邮件就可能会"失踪"。postfix 采用了邮件队列来保存这些发送不成功的邮件，而且，服务器会每隔一段时间重新发送这些邮件。通过 mailq 命令来查看邮件队列的内容。

```
[root@Server01 ~]# mailq
```

邮件队列的说明如下。
- Q-ID：表示此封邮件队列的编号（ID）。
- Size：表示邮件的大小。
- Q-Time：邮件进入/var/spool/mqueue 目录的时间，并且说明无法立即传送出去的原因。
- Sender/Recipient：发件人和收件人的邮件地址。

如果邮件队列中有大量的邮件，那么请检查邮件服务器是否设置不当，或者是否被当作了转发邮件服务器。

任务 13-4　使用 Cyrus-SASL 实现 SMTP 认证

无论是本地域内的不同用户，还是本地域与远程域的用户，要实现邮件通信都要求邮件服务器开启邮件的转发功能。为了避免邮件服务器成为各类广告与垃圾邮件的中转站和集结地，对转发邮件的客户端进行身份认证（用户名和密码验证）是非常必要的。postfix 邮件服务器使用 SMTP 认证。SMTP 认证，简单地说就是要求必须在提供了账户名和密码之后才可以登录 SMTP 服务器，这就使得那些垃圾邮件的散播者无可乘之机。SMTP 认证机制是通过 Cyrus-SASL 包来实现的。

实例：建立一个能够实现 SMTP 认证的服务器，邮件服务器和 DNS 服务器的 IP 地址是 192.168.10.1，客户端 Client1 的 IP 地址是 192.168.10.20，系统用户是 user3 和 user4，DNS 服务器的配置沿用任务 13-3。其具体配置步骤如下。

1. 编辑认证配置文件

1）安装 cyrus-sasl 软件。

```
[root@Server01 ~]# dnf install cyrus-sasl -y
```

2）查看、选择、启动和测试所选的密码验证方式。

```
［root@Server01 ~］# saslauthd  -v          //查看支持的密码验证方式
saslauthd 2.1.27
authentication mechanisms:getpwent kerberos5 pam rimap shadow ldap httpform
［root@Mail ~］# vim  /etc/sysconfig/saslauthd    //将密码验证机制修改为shadow
……
MECH=shadow       //指定对用户及密码的验证方式，由pam改为shadow，本地用户认证
……
［root@Server01 ~］# systemctl restart saslauthd    //重启认证服务
［root@Server01 ~］# ps aux | grep saslauthd        //查看saslauthd进程是否已经运行
……
root       37957  0.0  0.1 221680  2304 pts/0     S+   18:12   0:00 grep --color=auto saslauthd
//开启SELinux，允许saslauthd程序读取/etc/shadow文件
［root@Server01 ~］# setsebool  -P  allow_saslauthd_read_shadow  on
［root@Server01 ~］# testsaslauthd  -u user3  -p  '12345678'    //测试saslauthd的认证功能
0:OK "Success."                                    //表示saslauthd的认证功能已起作用
```

3）编辑smtpd.conf文件，使Cyrus-SASL支持SMTP认证。

```
［root@Server01 ~］# vim  /etc/sasl2/smtpd.conf
pwcheck_method:saslauthd
mech_list:plain   login
log_level:3                          //记录log的模式
saslauthd_path:/run/saslauthd/mux     //设置smtp寻找cyrus-sasl的路径
```

2. 编辑main.cf文件，使postfix支持SMTP认证

1）在默认情况下，postfix并没有启用SMTP认证机制。要让postfix启用SMTP认证，就必须在main.cf文件中添加如下配置（**放文件最后**）。

```
［root@Server01 ~］# vim  /etc/postfix/main.cf
smtpd_sasl_auth_enable = yes                //启用Cyrus-SASL作为SMTP认证
smtpd_sasl_security_options = noanonymous   //禁止采用匿名登录方式
broken_sasl_auth_clients = yes              //兼容早期非标准的SMTP认证（如OE4.x）
smtpd_recipient_restrictions =  permit_sasl_authenticated, reject_unauth_destination
                                 //允许SMTP认证的用户，拒绝没有认证的用户
```

最后一句设置基于收件人地址的过滤规则，允许通过SMTP认证的用户向外发送邮件，拒绝不是发往默认转发和默认接收的连接。

2）重新载入postfix服务，使配置文件生效（防火墙、端口、SELinux的设置同前文内容）。

```
［root@Server01 ~］# postfix check
［root@Server01 ~］# postfix  reload
［root@Server01 ~］# systemctl  restart  saslauthd
［root@Server01 ~］# systemctl  enable  saslauthd
```

3. 测试普通发信验证

```
[root@Client1 ~]# telnet mail.long60.cn 25
Trying 192.168.10.1...
Connected to mail.long60.cn.
Escape character is '^]'.
220 mail.long60.cn ESMTP postfix
helo long60.cn
250 mail.long60.cn
mail from: user3@long60.cn
250 2.1.0 Ok
rcpt to: 23126653@qq.com
554 5.7.1 <23126653@qq.com>: Relay access denied    //未认证，所以拒绝访问，发送失败
quit
```

4. 字符终端测试 postfix 的 SMTP 认证（使用域名来测试）

1）由于前文采用的用户身份认证方式不是明文方式，所以首先要通过 printf 命令计算出用户名和密码的相应编码。

```
[root@Server01 ~]# printf "user3" | openssl base64
dXNlcjM=                        //用户名 user3 的 Base64 编码
[root@Server01 ~]# printf "12345678" | openssl base64
MTIzNDU2Nzg=                    //密码 12345678 的 Base64 编码
```

2）字符终端测试认证发信。

```
[root@Client1 ~]# telnet 192.168.10.1 25
Trying 192.168.10.1...
Connected to 192.168.10.1.
Escape character is '^]'.
220 mail.long60.cn ESMTP postfix
ehlo localhost                  //告知客户端地址
250-mail.long60.cn
250-PIPELINING
250-SIZE 10240000
250-VRFY
250-ETRN
250-STARTTLS
250-AUTH PLAIN LOGIN
250-AUTH=PLAIN LOGIN
250-ENHANCEDSTATUSCODES
250-8BITMIME
250-DSN
250-SMTPUTF8
250 CHUNKING
```

auth login	//声明开始进行 SMTP 认证登录
334VXNlcm5hbWU6	//"Username:"的 Base64 编码
dXNlcjM=	//输入 user3 用户名对应的 Base64 编码
334UGFzc3dvcmQ6	
MTIzNDU2Nzg=	//用户密码"12345678a"的 Base64 编码,前后不要加空格
235 2.7.0 Authentication successful	//通过了身份认证

mail from:user3@long60.cn
250 2.1.0 Ok
rcpt to:23126653@qq.com
250 2.1.5 Ok
data
354 End data with <CR><LF>.<CR><LF>
This a test mail!
250 2.0.0 Ok:queued as B4C90404389   //经过身份认证后的发信成功
quit
221 2.0.0 Bye
Connection closed by foreign host.

5. 在客户端启用认证支持

当服务器启用认证机制后,客户端也需要启用认证支持。以 Outlook 2010 为例,在图 13-5 所示的对话框中一定要勾选"我的发送服务器(SMTP)要求验证",否则,不能向其他域的用户发送邮件,而只能给本域内的其他用户发送邮件。

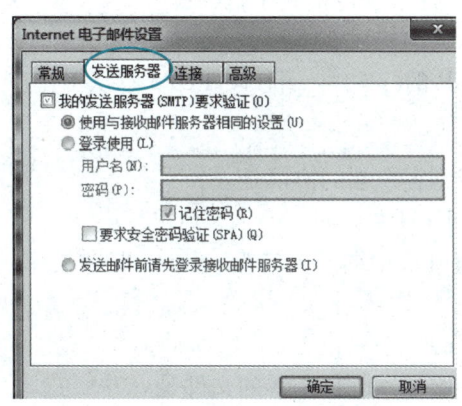

图 13-5 在客户端启用认证支持

13.4 项目实训:配置与管理电子邮件服务器

1. 项目实训目的

- 能熟练完成企业 POP3 邮件服务器的安装与配置。
- 能熟练完成企业邮件服务器的安装与配置。

项目实录 13-3
配置与管理电子
邮件服务器

- 能熟练测试邮件服务器。

2. 项目背景与任务

企业需求：企业需要构建自己的邮件服务器供员工使用；该企业已经申请了域名 long60.cn，要求企业内部员工的邮件地址为 username@long60.cn 格式。员工可以通过浏览器或者专门的客户端软件收发邮件。

任务：假设邮件服务器的 IP 地址为 192.168.10.2，域名为 mail.long60.cn。请构建 POP3 和 SMTP 服务器，为局域网中的用户提供电子邮件；邮件要能发送到 Internet 上，同时 Internet 上的用户也能把邮件发到企业内部用户的邮箱。

3. 项目实训内容

1) 复习 DNS 在邮件中的使用。
2) 练习 Linux 系统下邮件服务器的配置方法。
3) 使用 Telnet 进行邮件的发送和接收测试。

4. 做一做

根据实训内容进行项目实训，检查学习效果。

13.5 练习题

一、填空题

1. 电子邮件地址的格式是 user@RHEL6.com。一个完整的电子邮件由 3 部分组成，第 1 部分是_____，第 2 部分是_____，第 3 部分是_____。
2. Linux 系统中的电子邮件系统包括 3 个组件：_____、_____和_____。
3. 常用的与电子邮件相关的协议有_____、_____和_____。
4. SMTP 默认工作在 TCP 的_____端口，POP3 默认工作在 TCP 的_____端口。

二、选择题

1. 用来将电子邮件下载到客户端的协议是（   ）。
   A. SMTP   B. IMAP4   C. POP3   D. MIME
2. 利用 Access 文件设置邮件中继需要转换 access.db 数据库，转换 access.db 数据库需要使用命令（   ）。
   A. postmap   B. m4   C. access   D. macro
3. 用来控制 postfix 邮件服务器邮件中继的文件是（   ）。
   A. main.cf   B. postfix.cf   C. postfix.conf   D. access.db
4. 邮件转发代理也称邮件转发服务器，邮件转发代理可以使用 SMTP，也可以使用（   ）。
   A. FTP   B. TCP   C. UUCP   D. POP
5. （   ）不是邮件系统的组成部分。
   A. 用户代理   B. 代理服务器   C. 传输代理   D. 投递代理
6. 在 Linux 系统下可用哪些 MTA 服务器？（   ）
   A. postfix   B. qmail   C. IMAP   D. sendmail
7. postfix 常用的 MTA 软件有（   ）。
   A. sendmail   B. postfix   C. qmail   D. exchange

8. postfix 的主配置文件是（　　）。
   A. postfix.cf　　　　B. main.cf　　　　C. access　　　　D. local-host-name
9. Access 数据库中的访问控制操作有（　　）。
   A. OK　　　　B. REJECT　　　　C. DISCARD　　　　D. RELAY
10. 默认的邮件别名数据库文件是（　　）。
    A. /etc/names　　　　　　　　　　B. /etc/aliases
    C. /etc/postfix/aliases　　　　　　D. /etc/hosts

三、简答题

1. 简述电子邮件系统的构成。
2. 简述电子邮件的传输过程。
3. 电子邮件服务与 HTTP、FTP、NFS 等程序的服务模式的最大区别是什么？
4. 电子邮件系统中 MUA、MTA、MDA 这 3 种服务角色的用途分别是什么？
5. 能否让 Dovecot 服务程序限制允许连接的主机范围？
6. 如何定义用户别名信箱以及让其立即生效？如何设置群发邮件？

参 考 文 献

［1］杨云，杨昊龙，吴敏，等．Linux 网络操作系统项目教程：欧拉/麒麟：微课版［M］.5 版．北京：人民邮电出版社，2024.

［2］吴敏，杨昊龙，等．网络服务器搭建、配置与管理：Linux（统信 UOS V20）：微课版［M］．北京：人民邮电出版社，2024.

［3］杨云，余建浙，王春身，等．Linux 网络操作系统项目教程：Ubuntu：微课版［M］．北京：人民邮电出版社，2024.

［4］杨云，吴敏，马玉英，等．Linux 网络操作系统项目教程：RHEL 7.4/CentOS 7.4：微课版［M］.4 版．北京：人民邮电出版社，2023.

［5］杨云，魏尧，王雪蓉，等．网络服务器搭建、配置与管理：Linux 版：RHEL 8/CentOS 8：微课版［M］.4 版．北京：人民邮电出版社，2021.

［6］杨云，林哲．Linux 网络操作系统项目教程：RHEL 8/CentOS 8：微课版［M］.4 版．北京：人民邮电出版社，2021.

［7］杨云，吴敏，郑丛，等．Linux 系统管理项目教程：RHEL 8/ CentOS 8：微课版［M］．北京：人民邮电出版社，2022.

［8］夏栋梁，宁菲菲．Red Hat Enterprise Linux 8 系统管理实战［M］．北京：清华大学出版社，2020.

［9］鸟哥．鸟哥的 Linux 私房菜：基础学习篇［M］.4 版．北京：人民邮电出版社，2018.

［10］刘遄．Linux 就该这么学［M］．北京：人民邮电出版社，2017.